Frauke Ion
Markus Brand
Motivorientiertes Führen

Frauke Ion
Markus Brand

Motivorientiertes Führen

**Führen auf Basis
der 16 Lebensmotive
nach Steven Reiss**

Mit einem Vorwort
von Prof. Steven Reiss

Bibliografische Information der Deutschen Nationalbibliothek

Die Deutsche Nationalbibliothek verzeichnet diese Publikation
in der Deutschen Nationalbibliografie; detaillierte bibliografische Daten
sind im Internet über http://dnb.d-nb.de abrufbar.

ISBN 978-3-86936-005-8

Lektorat: Friederike Mannsperger, Offenbach
Umschlaggestaltung: Martin Zech, Bremen | www.martinzech.de
Satz und Layout: Das Herstellungsbüro, Hamburg | www.buch-herstellungsbuero.de
Druck und Bindung: Salzland Druck, Staßfurt

© 2009 GABAL Verlag GmbH, Offenbach

Über aktuelle Neuerscheinungen und Veranstaltungen informiert Sie
der GABAL-Newsletter unter: www.gabal-verlag.de

Inhaltsverzeichnis

Unser Dank

Ein Buch schreibt sich nicht so einfach. Es gehören viele Ideen, Nachforschungen, Gespräche, andere Theorien und Bücher, Vergleiche und vieles mehr dazu. Wenn wir dann noch nebenbei einfach nur unserem Beruf nachgehen wollen, bekommt Zeit noch mal eine besondere Würze.

Aus diesem Grund gehört unsere erste Seite den Menschen, die uns tatkräftig unterstützt und inspiriert haben:

Christin Weißenborn
Martina Bruhns
Dr. Silke Brand
Ursula Stenzel
unseren Coachees und Kunden
dem GABAL Verlag

und vor allem *Sonja Eimla*, denn ihre Mitarbeit sucht ihresgleichen. Schön, dass es Dich gibt!

Vorwort von Prof. Steven Reiss

Bestimmte Ziele wie Ernährung, soziale Beziehungen, Sicherheit und Unabhängigkeit sind der Menschheit als Art gemeinsam. Als die wissenschaftliche Psychologie gerade im Entstehen war, schlugen William James und William McDougall – sowie später William Murray und Abraham Maslow – eine psychologische Analyse vor, die auf dem Konstrukt der Lebensmotive beruht.

Leider lieferten diese Koryphäen der Psychologie keine wissenschaftlich gültige Taxonomie der Lebensmotive, und sie verließen sich zu sehr auf Erhebungsmethoden, die heute in der Wissenschaft umstritten sind: die projektiven Verfahren. Auch führten sie ihre Aufgabe, die Bedürfnisse in der Liste der Lebensmotive mit der Praxis in Zusammenhang zu bringen, nicht vollständig zu Ende. Folgerichtig sind die Lebensmotive in der Psychologie zu einem vergessenen Thema geworden.

Ich habe daran gearbeitet, die alten Einsichten zur Bedeutung der Lebensmotive neu zu beleben, und dabei zugleich die früheren Defizite korrigiert. Aus empirischen Befunden habe ich eine Taxonomie der 16 Lebensmotive abgeleitet und dann mein Modell durch die umfassendsten wissenschaftlichen Befunde gestützt, die je für eine solche Taxonomie zur Verfügung gestellt wurden. Bei den 16 Lebensmotiven handelt es sich um die erste wissenschaftlich validierte Klassifizierung der menschlichen Motive.

Eine der aufregendsten Entwicklungen innerhalb der Theorie der Lebensmotivation bestand darin, dass sie kreativ auf praktische

Aktivitäten angewendet wurde. In der Sportpsychologie zum Beispiel wurden die 16 Lebensmotive dazu genutzt, einen Gewichtheber darin zu unterstützen, dass er die Goldmedaille bei den Olympischen Spielen gewinnt, eine Handballmannschaft darin, Weltmeister zu werden, und eine Bundesligafußballmannschaft darin, am DFB-Pokal-Endspiel teilzunehmen sowie um die Meisterschaft zu spielen. Zu den weiteren Anwendungen im Bereich des Managements gehören das Coaching, die Führungskräfteentwicklung, Beziehungs- und Motivationsthemen und vieles mehr.

Markus Brand war einer der Ersten, der sich dafür interessierte, die 16 Lebensmotive auf das Geschäftsleben in Deutschland anzuwenden. Im Juni 2004 besuchte er mich zu einem Ideenaustausch, und zwar gemeinsam mit einem Team von Reiss Profile Masters in Columbus (Ohio). Und er hat die 16 Lebensmotive seit dieser Zeit auf diverse Bereiche der Praxis angewandt. Zusammen mit seiner Koautorin Frauke Ion und dem gemeinsamen Institut für Lebensmotive lieferte er seinen Lesern die erste spannende und schnelle Anwendung auf das wichtige Thema der Work-Life-Balance. (Das Buch *30 Minuten für mehr Work-Life-Balance durch die 16 Lebensmotive* wurde im Oktober 2008 bei GABAL veröffentlicht.)

Das neue Buch vermittelt nicht nur tiefere Einsichten in die 16 Grundbedürfnisse. Mehr noch, viele praktische Beispiele und Erfahrungsberichte werden zudem den Leser und vor allem alle Führungskräfte darin unterstützen, wirkungsvoller und effektiver zu werden. Hier handelt es sich genau um die Anleitung, die Führungskräfte brauchen – nicht nur in diesen schwierigen Zeiten. Ich freue mich, dass dieses Werk erschienen ist.

Steven Reiss, Ph.D.
Emeritierter Professor, Ohio State University, Columbus (Ohio)
Im März 2009

(übersetzt von Dr. Matthias Reiss)

Über dieses Buch

Herr Chef ist seit fünf Jahren Abteilungsleiter bei einer renommierten Versicherungsgesellschaft und führt ein Team von zehn Mitarbeitern. Aufgrund einer starken Mitarbeiterfluktuation und hohen Krankheitsständen hat die Personalabteilung nun erstmalig eine Mitarbeiterumfrage zur Zufriedenheit am Arbeitsplatz initiiert. Auch im Team von Herrn Chef sind viele Fehltage zu verzeichnen. Als Herrn Chef die Ergebnisse der Mitarbeiterumfrage vorliegen, wundert er sich, warum er bei der Frage »Zufriedenheit mit der Führung Ihrer Abteilung« von seinen Leuten so schlecht bewertet wurde. Er fragt sich: »Mein Führungsstil ist doch modern. Ich habe ein gutes Verhältnis zu all meinen Teammitgliedern und ich lasse ihnen viel Freiraum, sodass sie selbstständig arbeiten können. Woher kommen dann die schlechten Ergebnisse bei der Mitarbeiterbefragung?«

Beispiel Herr Chef

Nach dem Gallup-Engagement-Index 2008 sind die Verhältnisse in der Versicherungsgesellschaft aus dem oben aufgeführten Beispiel kein Einzelfall. Die Gallup-Studie zeigt, dass nur 13 % aller Mitarbeiter eine hohe emotionale Bindung an ihr Unternehmen besitzen. Der Großteil der Mitarbeiter weist mit 67 % nur eine geringe emotionale Bindung auf und macht »Dienst nach Vorschrift«, während sich 20 % aller Mitarbeiter nicht mit ihrem Unternehmen verbunden fühlen und innerlich gekündigt haben. Diese geringe Bindung äußert sich unter anderem in starker Mitarbeiterfluktuation und hohen Krankheitsständen. Die Gallup-Studie konnte zeigen, dass Beschäftigte mit geringer oder ohne emotionale Bindung zwei oder sogar vier Fehltage mehr aufweisen als ein sich emotional stark verbunden fühlender Mitarbeiter.

Der Gallup-Engagement-Index 2008

Die Ergebnisse der Mitarbeiterbefragung aus dem Unternehmen von Herrn Chef zeigen: Die Hauptursache für eine geringe emotionale Bindung der Mitarbeiter an das Unternehmen ist in Defiziten der Personalführung zu suchen. Dazu gehört, dass viele Mitarbeiter Positionen besetzen, die nicht ihren wirklichen Stärken entsprechen. Zusätzlich legen ihre Vorgesetzten den Fokus ihrer Führung meist nicht auf die individuellen Stärken und Eigenschaften ihrer Teammitglieder.

Dieses Buch setzt an der wohl wichtigsten Erkenntnis aus dem Gallup-Engagement-Index an:

Die emotionale Bindung eines Mitarbeiters an sein Unternehmen ist durch eine Änderung des Führungsstils unabhängig vom Ausgangsniveau veränderbar.

Vom Individuum ausgehen

Motivorientiertes Führen setzt einerseits bei der Individualität der Führungskraft, andererseits bei den einzigartigen Persönlichkeiten der einzelnen Mitarbeiter an. Es gilt: *Gleichbehandlung ist nicht gleiche Behandlung!* Nur wenn die individuellen Motivstrukturen der Führungskraft wie des Mitarbeiters berücksichtigt werden, kann eine dauerhafte Steigerung der Führungsqualität erreicht werden.

Die wissenschaftliche Grundlage der motivorientierten Führung liegt in der Motivationspsychologie von Prof. Steven Reiss. Das von ihm entwickelte Reiss Profile ist ein renommiertes Instrument der Persönlichkeitspsychologie, das mit den individuellen Ausprägungen der 16 Lebensmotive die persönliche Antriebs- und Motivationsstruktur eines Menschen analysiert. Diese dient als »Navigator«, um für eine schnelle und effektive Zielerreichung passgenaue Maßnahmen für verschiedenste Wirkungsbereiche abzuleiten – zum Beispiel in der Mitarbeiterführung.

Ein lizenziertes Analyseinstrument

Mit dem lizenzierten Instrument kann eine ausführliche Analyse der Lebensmotivstruktur eines Menschen nur von einem ausgebildeten Reiss Profile Master vorgenommen werden. Die Intuitivität des Modells ermöglicht Ihnen, eine intensive Beschäftigung mit der Theorie der 16 Lebensmotive, eine Selbsteinschätzung wie auch eine fundierte Einschätzung Ihrer Mitarbeiter vorzunehmen. Die Autoren dieses Buches, Frauke Ion und Markus Brand, sind von der Reiss Profile Europe B. V. für den deutschsprachigen Raum lizenziert und arbeiten nicht nur seit mehreren Jahren mit diesem Instrument, ihr Institut für Lebensmotive bildet auch interessierte Menschen zum Reiss Profile Master aus, damit sie das Instrument in Training, Coaching sowie Personalauswahl und -entwicklung anwenden können.

In diesem Buch erhalten Sie in Teil 1 zunächst einen theoretischen Überblick darüber, wie motivorientierte Führung in die bestehenden Modelle der Führungs- und Motivationstheorie einzuordnen ist. Anschließend lernen Sie das Reiss Profile als Instrument für die Mitarbeiterführung kennen.

Teil 2 des Buches beginnt mit einem wichtigen Teil des motivorientierten Führens – Ihrer eigenen Führungspersönlichkeit! Nach dem Credo: »Nur wer sich selbst führt, kann auch andere führen« möchten wir mittels praxisnaher Beispiele zur Selbstreflektion anregen und Ihnen die Möglichkeit geben, über eine Selbsteinschätzung auf der Basis der 16 Lebensmotive Ihr eigenes »Strickmuster« zu erkennen. Denn wenn Sie sich als Führungskraft mit Ihrer eigenen Motivation und deren Auswirkungen auf Ihr Führungshandeln auseinandersetzen, finden Sie einen Ansatzpunkt, um Ihre Führungsqualität nachhaltig zu erhöhen.

Die Motivstruktur erkennen

Anschließend geben wir Ihnen das nötige Handwerkszeug, um Ihre Mitarbeiter individuell einschätzen und ihre Motivationsstruktur erkennen zu können. Denn im Führungsalltag zeigt sich deutlich, dass jeder Mitarbeiter ganz unterschiedliche Einstellungen und Herangehensweisen besitzt. Sie erhalten Antworten auf die Fragen:

- Wieso isoliert sich der eine Mitarbeiter mehr von seinem Team als der andere?
- Weshalb nimmt ein Mitarbeiter Herausforderungen gerne an, der andere nicht?

- Warum schreckt ein Mitarbeiter vor Veränderungen zurück, während der andere sie kontinuierlich anstößt?

Den Kern dieses Buches bilden konkrete und praxisnahe Kommunikations- und Handlungsweisen der motivorientierten Führung. Dabei nimmt motivorientiertes Führen insbesondere die Führungskraft selbst in die (Führungs-)Pflicht. Denn ob Führung im Alltag erfolgreich ist, hängt schließlich nicht davon ab, ob (wie im Beispiel von Herrn Chef) lediglich die Führungskraft selbst davon überzeugt ist, erfolgreich zu führen. Ausschlaggebend ist vielmehr, ob sich jeder Mitarbeiter gemäß seiner Persönlichkeit angesprochen und motiviert fühlt, nach dem Motto: *Der Wurm muss dem Fisch schmecken, nicht dem Angler!*

Aus diesem Grund orientieren sich die Kommunikations- und Handlungsweisen der motivorientierten Führung immer an den Motiven der Mitarbeiter, nicht »selbstverliebt« an denen der Führungskraft!

Lebensmotiv Anerkennung Zusätzlich zu den Handlungs- und Kommunikationsweisen gehen wir aufgrund der hohen Bedeutung für die betriebliche Führungspraxis in einem Exkurs ausführlich auf das Lebensmotiv der Anerkennung ein.

In Teil 3 des Buches finden Sie abschließend Interviews, Erfahrungen und Fallbeispiele, wie Sie motivorientierte Führung mit dem Reiss Profile in der Praxis gestalten können.

Wir wünschen Ihnen viel Erfolg dabei!

Auf der Website *www.motivorientiertes-führen.de* finden Sie Informationen zum Buch und zu unserem Institut.

Frauke Ion und *Markus Brand*

TEIL 1

Einführung in die Theorie des motivorientierten Führens

Hintergrund der motivorientierten Führung

Was ist motivorientierte Führung, was ist sie nicht? Der Ansatz der motivorientierten Führung ist weder Zauberei noch ein Allheilmittel. Vielleicht haben Sie sich selbst auch schon gefragt, warum es Ihnen so leichtfällt, manche Ihrer Führungsziele zu erreichen, während Sie in andere zwar viel Energie stecken, aber letztlich scheitern? Die Berücksichtigung der zentralen Motive Ihrer Mitarbeiter, also motivorientiertes Führen, kann Ihnen helfen, Ihre Führungsziele künftig schneller und effektiver zu erreichen. Schließlich liegen die Erkenntnisse des motivorientierten Führens bereits mehr oder weniger bewusst in Ihnen – in Ihrer Fähigkeit, sich selbst und andere einzuschätzen und Ihr Handeln danach auszurichten.

Ziel dieses Kapitels ist es, Ihnen einen Einblick in die motivations- und führungstheoretischen Grundlagen der motivorientierten Führung zu geben. Ihnen werden Antworten auf die drei folgenden Fragen gegeben: **Theoretische Grundlagen**

- Was bedingt unser Verhalten?
- Wie ist Motivation erkennbar?
- Wie kann Führung auf Motive ausgerichtet werden?

Die folgende Einordnung der motivorientierten Führung in bestehende Theorien ist vor allem für die Leser von Interesse, die motivorientiertes Führen nicht nur anwenden, sondern als fundierte Einstellung zum Thema »Führung« für sich selbst annehmen wollen. Wer insbesondere an der Anwendung der motivorientierten Führung in der Praxis interessiert ist, kann gerne auch direkt zu den Handlungs- und Kommunikationsmaßnahmen vorblättern (siehe Seite 125). Er sollte sich jedoch bewusst machen, dass das grundlegende Verständnis der motivorientierten Führung durch die nachfolgenden Ausführungen einen nachhaltigen Erfolg in der Praxis bringt.

Was bedingt unser Verhalten?

Interne und externe Faktoren

Wenn Sie jemand fragen würde, was Ihrer Meinung nach Ihr Verhalten in den unterschiedlichsten Situationen beeinflusst – was würden Sie antworten? Vermutlich würden Sie in Ihrer Antwort damit beginnen, dass immer eine ganze Reihe von Komponenten für das Verhalten verantwortlich ist. Einige davon sind in Ihnen und Ihrer Persönlichkeit begründet, andere durch situative Faktoren beeinflusst.

Können, Wollen, Dürfen

Das Modell des *Können, Wollen und Dürfen* fasst diese internen und externen Bedingungsfaktoren für das Verhalten zusammen und stellt Begriffe zur Verfügung, mit deren Hilfe der Hintergrund von Verhalten näher beschrieben werden kann.

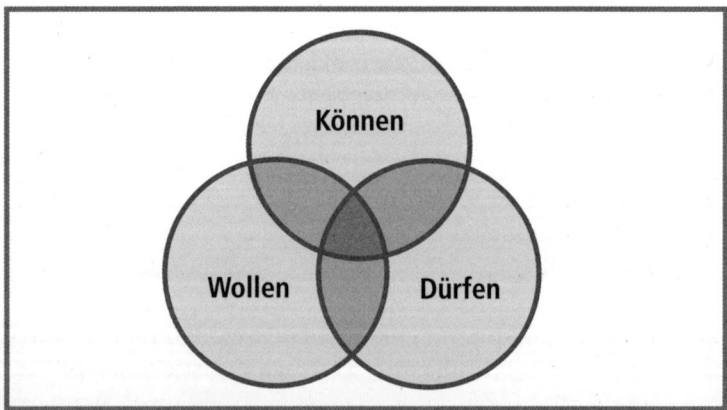

Abb. 1: Das Modell des Können, Wollen und Dürfen

Dabei ist das Wollen eines Mitarbeiters ein intern begründeter Einflussfaktor auf das Verhalten, während das Dürfen eine extern angesiedelte Komponente darstellt. Das Können wiederum ist sowohl durch den Menschen selbst als auch durch sein Umfeld bestimmt.

- Das *Können* eines Menschen beschreibt seine individuellen Fähigkeiten, die er im Laufe seines Lebens erworben hat. Ein Mitarbeiter z. B. besitzt bestimmte Fachkenntnisse und Erfahrungen, durch die er seine Aufgaben bearbeiten kann.

- Das *Dürfen* einer Person sind geschriebene und ungeschriebene Regeln und Normen des Verhaltens, die durch das Unternehmen, die Position oder die Führungskraft bestimmt sind. Beispielsweise darf ein Mitarbeiter nur in dem Rahmen Entscheidungen treffen, der ihm durch seine Führungskraft zur Verfügung gestellt wird.

- Das *Wollen* eines Menschen stellt seine Ziele und Motive dar, die er mit seinem Verhalten anstrebt. Sie sind wichtig und erstrebenswert für ihn. Beispiel: ein Mitarbeiter, der sich in einem bestimmten Gebiet weiterbilden und Expertise aufbauen will.

Eine Führungskraft hat verschiedene Möglichkeiten, das Können, Dürfen und Wollen eines Mitarbeiters zu beeinflussen. Das Können eines Mitarbeiters kann weiter ausgebaut werden, wenn ihm zum Beispiel über Personalentwicklungsmaßnahmen wie fachliche Trainings die Mittel und Ressourcen dazu bereitgestellt werden. Des Weiteren kann eine Führungskraft in der Regel leicht Einfluss auf das Dürfen des Mitarbeiters ausüben, da die Gestaltung vieler Prozesse und Regeln unmittelbar in ihrem Einflussbereich liegt.

Einfluss der Führungskraft

Um zu verstehen, inwiefern das Wollen eines Mitarbeiters durch die Führungskraft beeinflussbar ist, ist zunächst einmal die Frage zu beantworten, wie das individuelle Wollen eines Menschen zustande kommt.

Das Wollen im eigentlichen Sinne kann das Ergebnis von expliziten, zumeist rationalen Zielen und/oder impliziten, zumeist emotionalen Motiven, sein. Idealerweise ist es die Schnittmenge von beidem. Bildlich hilft es, sich Motive und Ziele als zwei Kreise vorzustellen, die sich überschneiden können:

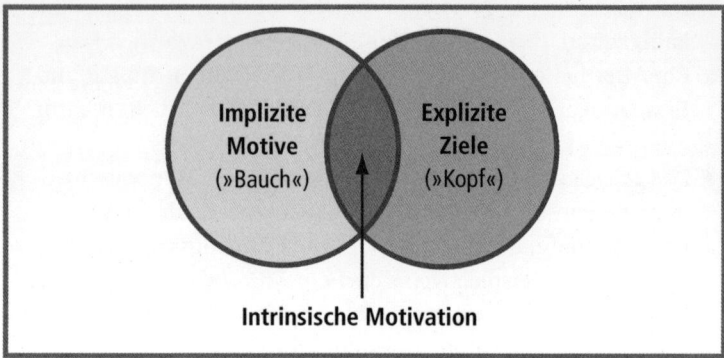

Abb. 2: Explizite Ziele und implizite Motive, angelehnt an Kehr (2009)

Eine Führungskraft kann beispielsweise durch Zielvereinbarungsgespräche die expliziten Ziele eines Mitarbeiters beeinflussen, jedoch nicht seine impliziten Motive (die 16 Lebensmotive nach Steven Reiss).

Schnittmengen-modell nach Kehr

Diesen Zusammenhang zwischen bewusst oder unbewusst gesetzten Zielen und internen persönlichkeitsspezifischen Motiven eines Menschen beschreibt auch das *Schnittmengenmodell von Motivation und Wille* nach Hugo M. Kehr (2009) näher. Es entsteht danach intrinsische Motivation, wenn implizite Motive und explizite Ziele übereinstimmen:

- *Implizite Motive* bezeichnen stabile Prägungen, die uns antreiben und unsere Wahrnehmung beeinflussen. Oft nehmen wir diese als ein undeutliches »Bauchgefühl« wahr. In der Regel sind uns diese Motive nicht bewusst, sondern werden durch unser individuelles genetisches Erbe und unsere Erfahrungen in der frühen Kindheit geprägt.

- *Explizite Ziele* werden oft extern vorgegeben oder bewusst gesteckt. Sie sind durch sozialen Einfluss, Normen und Werte geprägt, da Ziele das Ergebnis unserer eigenen Erwartungen und der Erwartungen anderer sind.

Der Grad der Überschneidung drückt dabei aus, wie stark die Motive und Ziele eines Menschen übereinstimmen. In der Schnittmenge aus impliziten Motiven und expliziten Zielen sind wir intrinsisch motiviert – wir erledigen also eine Aufgabe, weil sie uns Spaß macht und wir das mit ihr verfolgte Ziel erreichen wollen. Bewegt man sich innerhalb dieser Schnittmenge, benötigt man keine besondere Willenskraft, um die Aufgabe zu erledigen und verfällt eventuell sogar in einen »Flow«. Wir nennen diese Fläche »Sweet-Spot«. Der Sweet-Spot ist eine besonders effektive Zone. Wenn sich etwas im Sweet-Spot befindet, hat es die optimale Wirkung. In Sportarten wie Tennis oder Golf ist es zum Beispiel der optimale Treffpunkt am Schläger. Mit wenig Kraft wird ein idealer Schlag ausgeübt.

Es gilt also:

Ein Verhalten kostet am wenigsten Kraft, wenn implizite Motive und explizite Ziele übereinstimmen.

Das implizite Motiv eines Mitarbeiters ist es, Kontakt zu Menschen zu haben und mit ihnen zusammenzuarbeiten. Wenn er das explizite Ziel hat, ein Projektteam zusammenzustellen und mit ihnen gemeinsam eine Aufgabe zu bewältigen, wird es ihm mit großer Wahrscheinlichkeit sehr leichtfallen, das Ziel zu erreichen.

Beispiel

In diesem Beispiel gab es eine sehr große Schnittmenge, einen großen Sweet-Spot von impliziten Motiven und expliziten Zielen.

Im Gegensatz dazu ist es aber auch möglich, dass implizite Motive und explizite Ziele stark voneinander abweichen. Dies kann zum einen daran liegen, dass die Menschen ihre inneren Motive gar nicht kennen und sich Ziele wählen oder ihnen zustimmen, die nicht zu ihrer Persönlichkeit passen. Zum anderen ist es auch möglich, dass sie ihre Motive zwar kennen, sich jedoch bei der Auswahl ihrer Ziele von anderen Erwägungen leiten lassen.

<table>
<tr><td>

Beispiel

</td><td>

Wenn ein Mitarbeiter ein Projektteam zusammenstellen soll, der durch den Kontakt zu Menschen und die Zusammenarbeit mit ihnen nicht motiviert wird, sondern lieber alleine arbeitet, wird es ihm natürlich möglich sein, aber eher schwerfallen, dieses Ziel zu erreichen.

</td></tr>
</table>

Immer dann, wenn derartige Diskrepanzen zwischen den Motiven und Zielen eines Menschen bestehen, kann das Ziel nur mit viel Willenskraft, »Volition«, erreicht werden. Bestehen diese Diskrepanzen über lange Zeit, kann es zu starken inneren Konflikten und physischen wie psychischen Problemen kommen.

Wo ein Wille ist, ist auch ein Weg? Bestimmt haben auch Sie schon einmal von Kollegen oder Freunden den Rat gehört: »Wenn du es wirklich willst, schaffst du es auch!« Das mag zwar kurzfristig stimmen, langfristig ist man jedoch in der Regel erfolgreicher, wenn die inneren Motive mit den gesetzten Zielen übereinstimmen. Die wahre Weisheit liegt also nicht in »Selbstüberlistung« und darin, nach der Maxime des »eisernen Willens« vorzugehen, sondern darin, gemäß der individuellen Motive zu handeln.

Was bedeuten diese Ausführungen zu den allgemeingültigen Faktoren, die das menschliche Verhalten bedingen, nun für die Mitarbeiterführung? Zentral ist die Erkenntnis:

> **Die Motivation eines Mitarbeiters kann gesteigert werden, wenn die gesetzten Ziele mit den individuellen Motiven des Mitarbeiters übereinstimmen.**

Somit sollte in der Mitarbeiterführung zwar immer das Können, Dürfen und Wollen eines Mitarbeiters berücksichtigt werden. Den Ansatz- und Schwerpunkt der motivorientierten Führung stellt hingegen allein das Wollen dar. Auch wenn das Wollen eines Mitarbeiters durch seinen Vorgesetzten nur indirekt beeinflusst werden kann, ist es dennoch die Grundlage dafür, mit wie viel

Energieaufwand und wie erfolgreich er die übertragenen Aufgaben erfüllen kann.

> **Ziel der motivationsorientierten Führung ist es, dem Mitarbeiter durch passgenaue Handlungs- und Kommunikationsmaßnahmen eine Plattform zu bieten, auf der die innere Motivation mit den vorgegebenen Zielen weitestgehend abgestimmt (worden) ist. So kann ein Mitarbeiter durch das Ausleben seiner Motive wie im »Flow« seine vorgegebenen Ziele erreichen.**

Wie sind Motive erkennbar?

Um motivorientiert zu führen, ist es von entscheidender Bedeutung, die Motivation eines Mitarbeiters zu erkennen – nur auf dieser Basis können individuelle Handlungs- und Kommunikationsmaßnahmen entwickelt und angewendet werden. Doch wo ist dabei anzusetzen, wie ist die Motivation eines Menschen erkennbar? Die wissenschaftliche Motivationsforschung setzt sich schon seit Jahrzehnten mit dieser Fragestellung auseinander. In den folgenden Abschnitten möchten wir Ihnen verschiedene Ansätze der Motivationsforschung vorstellen, ihre praktische Anwendbarkeit diskutieren und Ihnen abschließend mit der Theorie der 16 Lebensmotive nach Prof. Steven Reiss einen entsprechenden Weg aufzeigen, wie die individuelle Motivation eines Menschen erkennbar gemacht werden kann.

Eine der ersten Motivationstheorien überhaupt entwickelte Abraham Maslow 1943 mit seiner *Bedürfnispyramide*, die auch heute noch als Grundlage in der wissenschaftlichen Auseinandersetzung mit Motivation verwendet wird. Darin geht er von einer hierarchischen Anordnung menschlicher Bedürfnisse aus und differenziert die Motivation eines Menschen in fünf unterschiedliche Motivklassen, die aufeinander aufbauen:

Bedürfnispyramide nach Maslow

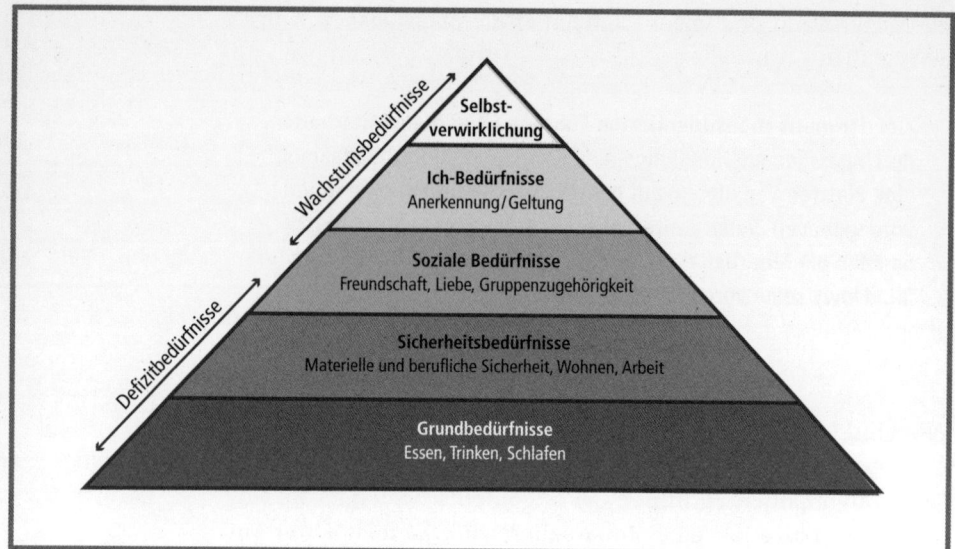

Abb. 3: Die Bedürfnispyramide nach Abraham Maslow

Schon Bertolt Brecht schreibt in seiner *Dreigroschenoper*: »Erst kommt das Fressen, dann kommt die Moral.« Ganz in diesem Sinne geht Maslow davon aus, dass zuerst die unterste Stufe der Bedürfnispyramide erfüllt sein muss, bevor das Bedürfnis nach der nächsthöheren Stufe zunimmt und ein Mensch beginnt, sein Verhalten auch auf deren Erfüllung auszurichten.

Defizitbedürfnisse Die Basis der maslowschen Bedürfnispyramide bilden menschliche *Grundbedürfnisse* wie Atmung, Schlaf, Nahrung, Wärme und Sexualität, die zur Selbsterhaltung notwendig sind. Erst wenn diese erfüllt sind, entwickelt ein Mensch *Sicherheitsbedürfnisse*, das heißt, er verspürt ein Bedürfnis nach Recht, Schutz vor Gefahren und Absicherung. Die nächste Stufe bezeichnet Maslow als *soziale Bedürfnisse* wie Freundschaften, Kommunikation und Zugehörigkeit zu einer Gruppe. Wie die Grundbedürfnisse und Sicherheitsbedürfnisse sind auch die sozialen Bedürfnisse eines Menschen Defizitbedürfnisse. Das bedeutet, dass ein Mensch nach der Befriedigung dieser Bedürfnisse keine weitere Motivation hat, diese noch weiter zu verfolgen – beispielsweise isst man nicht weiter, wenn man ein ausgeprägtes Sättigungsgefühl empfindet. Zum Teil zählen auch noch die *ICH-Bedürfnisse* der nächsten Stufe zu den Defizitbedürfnissen, da die Erfüllung von Anerkennung, Status, Respekt und Geltung bis zu einem gewissen Grad für den Menschen notwendig ist.

Auf der anderen Seite gehören diese jedoch auch zu den Wachstumsbedürfnissen, da sie nie wirklich vollständig befriedigt werden können. Es gibt nämlich keinen »Endpunkt« der Bedürfnisbefriedigung. Gleiches gilt auch für die oberste Stufe der Bedürfnispyramide, die *Selbstverwirklichung*, die durch individuelle Talententfaltung ausgelebt und befriedigt wird.

Wachstumsbedürfnisse

Versuchen Sie sich selbst die Frage zu beantworten: Ist dieses Modell geeignet, die Motivation eines Menschen zu erkennen? Es erweist sich zwar als hilfreich, um sich dem Motivationsbegriff anzunähern und sich grundlegend mit der Frage auseinanderzusetzen, was einen Menschen antreibt. Vielleicht finden Sie sich ja auch in Maslows Annahme wieder, dass andere Dinge zunächst nebensächlich werden, wenn Sie starken Hunger verspüren oder vor Müdigkeit die Augen kaum noch offen halten können. Ein wesentlicher Kritikpunkt an Maslows Modell ist jedoch, dass Defizitbedürfnisse nicht auf Dauer befriedigt werden können – egal wie viel Sie essen oder schlafen, nach einer Weile verspüren Sie erneut das Bedürfnis danach.

Des Weiteren haben empirische Untersuchungen gezeigt, dass ein Mensch trotz Hunger weiterhin nach Gefühlen wie Gruppenzugehörigkeit und Liebe strebt – was Maslows Annahme der stufenweise aufeinander aufbauenden Motive widerlegt. Insgesamt ist das Modell somit zwar grundlegend in dem Sinne praktikabel, dass es die grundlegenden menschlichen Bedürfnisse verdeutlicht. Es ermöglicht aber keine Ableitung von konkreten Faktoren, durch die ein Mensch dauerhaft motiviert werden kann.

Während Abraham Maslow versucht hat, ein für alle Menschen und Situationen gültiges Motivationsmodell zu entwickeln, konzentriert sich Frederick Herzberg mit seiner *Zwei-Faktoren-Theorie*

Zwei-Faktoren-Theorie von Herzberg

von 1959 auf den Kontext der Arbeitsmotivation. Dabei unterscheidet er zwischen zwei verschiedenen Klassen von Anreizen:

- *Hygienefaktoren* sind Faktoren, bei deren Vorhandensein ein Mitarbeiter nicht unzufrieden ist. Das heißt, er nimmt ihr Vorhandensein so lange nicht deutlich wahr, bis sie fehlen. Er empfindet aber einen Mangel und Unzufriedenheit, wenn sie nicht vorhanden sind. Ein Hygienefaktor verhindert also die Entstehung von Unzufriedenheit, trägt aber auch nicht zur Entstehung von Zufriedenheit bei. Oft sind einem Mitarbeiter diese Hygienefaktoren gar nicht bewusst, da sie von ihm als Selbstverständlichkeit betrachtet werden. Beispiele für Hygienefaktoren sind Gehalt, Führungsstil des Vorgesetzten, Unternehmenspolitik, Arbeitsbedingungen etc.

- *Motivationsfaktoren* sind auf der einen Seite Faktoren, bei deren Vorhandensein ein Mitarbeiter zufrieden ist und Motivation für die Arbeit empfindet. Auf der anderen Seite ist ein Mitarbeiter aber nicht zwangsläufig unzufrieden, wenn sie nicht vorhanden sind. Ein Motivationsfaktor trägt also wesentlich zur Entstehung von Zufriedenheit bei. Beispiele für Motivationsfaktoren sind Leistung, Anerkennung, Arbeitsinhalte, Verantwortung und Wachstum.

Nicht-Unzufriedenheit Die Essenz aus Herzbergs Überlegungen ist, dass ein Mitarbeiter nicht zwangsläufig motiviert und zufrieden ist, wenn keine Gründe für Unzufriedenheit vorliegen. Diesen Zustand bezeichnet Herzberg treffend als *Nicht-Unzufriedenheit*.

So kann auch erklärt werden, warum die Zufriedenheit eines Mitarbeiters nicht unbegrenzt über Lohnerhöhungen gesteigert werden kann, denn zur Mitarbeitermotivation reicht es nicht aus, sich auf die Beseitigung von Unzufriedenheitsquellen zu konzentrieren. Vielmehr steht im Vordergrund, einen Mitarbeiter über das Vorhandensein von Hygienefaktoren hinaus durch zusätzliche Motivationsfaktoren zufrieden zu stellen und zu motivieren – beispielsweise durch Entwicklungsmöglichkeiten.

Stellen Sie sich erneut die Frage: Ist nun die Zwei-Faktoren-Theorie von Herzberg dazu geeignet, die Motivation eines jeden Menschen zu erkennen und im Arbeitskontext individuell auf sie einzugehen? Zweifellos hat sein Modell einen wichtigen Beitrag dazu geleistet, Zufriedenheit und deren Ursachen am Arbeitsplatz differenzierter zu betrachten. Wie schon die Bedürfnispyramide nach Maslow bietet jedoch auch die Zwei-Faktoren-Theorie von Herzberg keine Möglichkeit, Aussagen über die individuellen Motive eines Menschen abzuleiten. Theoretisch werden Menschen nach beiden Modellen durch die gleichen Faktoren motiviert – in der Realität ist Motivation jedoch ausgesprochen individuell.

Motivation ist individuell verschieden

Um einen Mitarbeiter durch genau auf seine individuelle Motivation passende Maßnahmen zu motivieren, bedarf es also motivationspsychologischer Modelle mit einem individuumszentrierten Ansatz. William James, William McDougall und Henry Murray haben nacheinander Modelle vorgelegt, die diesem Ansatz entsprechen. James war der Erste, der eine Liste von Motiven veröffentlicht hat, die von McDougall und Murray in zwei weiteren Schritten jeweils überarbeitet und erweitert wurden. So hat beispielsweise McDougall eine Liste von mehr als 10 000 Motiven entwickelt und publiziert.

Während die Motivationsfaktoren nach Maslow und Herzberg zu allgemein gehalten sind, ist eine reine Auflistung von Motivationsfaktoren (z.B. nach McDougall) deutlich zu umfangreich, um einen praktikablen Ansatz für die Mitarbeitermotivation in der Führungspraxis zu ermöglichen. Dafür ist mehr als nur eine Vereinfachung der langen Liste menschlicher Motivationsfaktoren notwendig. Da wir uns unserer wahren, tief verwurzelten Motive meist nicht bewusst sind, braucht es zusätzlich ein wissenschaftlich fundiertes Instrument, um die Motivation eines Menschen »sichtbar« zu machen.

Motivation sichtbar machen

Aus diesem Grund entwickelte beispielsweise Murray bereits im Jahr 1935 seinen *Thematischen Apperzeptionstext (TAT)*. Bei diesem komplizierten Vorgehen musste ein Proband zu zwei Sitzungen erscheinen, bei denen er jeweils Geschichten zu vorgelegten Bildern erzählen sollte. Basierend auf einem zusätzlich durchgeführten biografischen Interview schloss der durchführende Psychologe dann von den erzählten Geschichten auf das Erleben, die Innenwelt und damit die Motivation der Versuchsperson.

Unbestreitbar ist eine wissenschaftlich fundierte Annäherung an die individuelle Motivation eines Menschen als Grundlage der Mitarbeiterführung durch den TAT nicht möglich, da es sich hierbei um einen sogenannten »projektiven Test« handelt. Das bedeutet, dass das Testergebnis, wie bei dem bekannten Rorschach-Test (Bilder wie Tintenkleckse deuten), in hohem Maße von der Interpretation des Testers abhängig ist und somit nur eine geringe testtheoretische Fundierung aufweist.

Ansatz des Reiss Profiles Welche weiteren Möglichkeiten gibt es nun, die Motivation eines Menschen erkennbar zu machen? Das *Reiss Profile* nach Prof. Steven Reiss setzt genau an diesem Punkt an. Steven Reiss hat durch zahlreiche empirische Untersuchungen herausgearbeitet, dass es insgesamt 16 verschiedene Motive gibt, von ihm »Lebensmotive« genannt, die einen Menschen motivieren können. Dabei wird jeder Mensch durch andere Motivausprägungen motiviert. Diese können durch einen wissenschaftlich fundierten Fragebogen »sichtbar« gemacht werden. Grundlage dieses Fragebogens sind 128 Fragen, die nach der Beantwortung computergestützt ausgewertet werden. Durch die empirisch bestätigte Reliabilität und Validität dieses Instrumentes ist somit eine Grundlage gefunden worden, um die individuelle Motivstruktur eines Menschen erkennbar zu machen. In einem zweiten Schritt können dann von einem ausgebildeten Reiss Profile Master in Zusammenarbeit mit der Führungskraft gemäß des Ansatzes der motivorientierten Führung passgenaue Maßnahmen abgeleitet werden. Damit wird erstmalig eine fundierte Plattform geboten, um eine weitestgehende Übereinstimmung der inneren Motive mit den extern vorgegebenen Zielen zu erreichen.

Die Theorie der 16 Lebensmotive und das Reiss Profile als Grundlage der motivorientierten Führung werden im Folgenden (siehe Seite 40) noch ausführlich beschrieben.

Wie kann Führung auf Motivation ausgerichtet werden?

Motivation und Führung sind eng miteinander verbunden. Ein kurzes Beispiel des amerikanischen Führungsforschers Richard M. Hare soll verdeutlichen, was der Begriff Führung eigentlich beinhaltet:

Jemand möchte eine kleine Hütte bauen. Um dieses Ziel zu erreichen, braucht er nur das entsprechende Baumaterial, Werkzeug und seine Arbeitskraft. Möchte jemand jedoch ein mehrstöckiges Haus bauen, wird er dieses Ziel alleine nicht erreichen können, sondern braucht Mit-Arbeiter.

Beispiel

Solange ein Ziel alleine erreicht werden kann, entstehen keine Führungsschwierigkeiten. In Anlehnung an Comelli und Rosenstiel sind Vorgesetzte also vor allem aus einem Grund Führungskräfte:

Eine Führungskraft hat mehr zu tun, als sie alleine schaffen kann!

Aufbauend auf dieser Erkenntnis lässt sich Führung – ebenfalls nach Comelli und Rosenstiel – in einem zweiten Schritt also folgendermaßen definieren:

Führung ist ein intentionaler und ein Beeinflussungsprozess, bei dem eine Person versucht, eine andere Person zur Erfüllung gemeinsamer Aufgaben und Erreichung gemeinsamer Ziele zu veranlassen.

Vielen Vorgesetzen ist nicht immer bewusst, dass eine Führungskraft nicht einfach über ihre Mitarbeiter »herrscht«, sondern sogar auf sie angewiesen ist, da sie ihre Aufgaben alleine nicht bewältigen kann. Entsprechend sollte eine Führungskraft versuchen, ihre Mitarbeiter so zu motivieren, dass sie sie bei der Erreichung ihrer Ziele unterstützen. Comelli und Rosenstiel führen aus, dass Mitarbeiter dafür jedoch eine Gegenleistung erwarten, die weit über die monetäre Entlohnung des Arbeitsverhältnisses hinausgeht: Sie möchten, dass ihre Führungskraft ihre Interessen

Mitarbeiter für Ziele gewinnen

vertritt und sich für die Befriedigung ihrer Bedürfnisse einsetzt. Andernfalls finden sie Mittel und Wege, ihr »Führungsrecht« einzufordern. Sie verringern zum Beispiel ihr Engagement bis hin zur Kündigung. Führung ist also ein »Geschäft auf Gegenseitigkeit«.

Rahmenmodell der Führung

Führungserfolg ist deshalb von weit mehr Faktoren abhängig als lediglich von der Person des Führenden und seinem Führungsverhalten. Comelli und Rosenstiel haben in diesem Zusammenhang ein *Rahmenmodell der Führung* entwickelt:

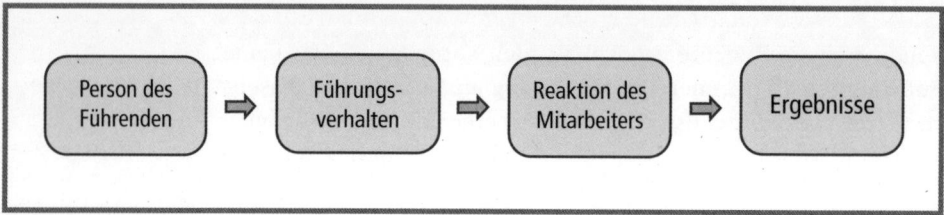

Abb. 4: Rahmenmodell der Führung

Persönlichkeit des Führenden

Der generelle Rahmen wird durch die *Führungssituation* gestellt, die zum Beispiel durch das politische oder kulturelle Umfeld oder die Branchenzugehörigkeit des Unternehmens geprägt wird. Eingebettet in diese Bedingungen ist der Ausgangspunkt eines Führungsprozesses immer die *Person des Führenden* selbst mit ihrer Intelligenz, ihrem Wissen, ihren Kompetenzen etc. Die Persönlichkeit des Führenden hat wiederum unmittelbaren Einfluss auf das *Führungsverhalten*, das sich beispielsweise in einem eher konsensorientierten oder autoritären Führungsstil zeigt. Dieses Führungsverhalten ruft letztlich die eigentliche *Reaktion des Mitarbeiters* hervor: Wie hoch ist seine Arbeitszufriedenheit? Wie stark engagiert er sich? Wie viele Krankheitstage hat der Mitarbeiter? Erst am Ende dieser Führungskette stehen die *Ergebnisse*, die den Grad der Zielerreichung bestimmen.

Viele Vorgesetzte wollen im Alltag immer noch direkt Einfluss nehmen auf das Ende dieser Kette. Sie fokussieren sich nicht als Multiplikator auf die Mitarbeiter, sondern direkt auf das zu lösende Problem. Sie verpassen es, als Führungskraft und Multiplikator die anderen dazu zu bewegen, gute Ergebnisse zu erzielen. Mit einem Satz: Sie führen zu wenig die Mitarbeiter als Menschen und managen zu stark Aufgaben und Probleme. Sie sind Manager und nicht Führungskraft. Als Letztere werden sie aber in der Regel eingestellt und bezahlt.

Stephen Covey, der mit seinen Ideen und Ansätzen zum Thema Selbstmanagement und Persönlichkeitsentwicklung als einer der einflussreichsten Amerikaner des 20. Jahrhunderts gilt, habe ich bei einem Mittagessen gefragt:»Stephen, wenn Sie nur einen Satz hätten, um die ideale Grundeinstellung einer Führungskraft auszudrücken – welcher wäre das?« Covey hat daraufhin in seiner Antwort das Prinzip der Gegenseitigkeit und die Notwendigkeit der Fokussierung auf den Mitarbeiter treffend zusammengefasst. Seiner Ansicht nach soll sich jede Führungskraft in Bezug auf jeden Mitarbeiter immer wieder aufs Neue fragen:»How can I serve you?«

Das ist oft leichter gesagt als getan, denn zusammen mit den immer anspruchsvolleren Aufgaben sind gleichzeitig auch die Anforderungen an Führungskräfte gestiegen. Die folgende Auflistung zeigt in Anlehnung an Comelli und Rosenstiel, welche Anforderungen an eine Führungskraft bestehen und wie sich diese in den letzten Jahrzehnten gewandelt haben:

Anforderungen an die Führungskraft

- *Fachkompetenz:* Vor allem in den 70er Jahren wurde jemand ausschließlich dann in eine Führungsposition befördert, wenn er ein guter Fachmann war – so wurde z. B. nur der beste Verkäufer zum Verkaufsleiter ernannt. Fachkompetenz wurde lange als hinreichendes Kriterium für Führungserfolg gesehen. In dieser Position jedoch sind heute vollkommen andere Kompetenzen gefragt: nicht mehr das gute eigene Verkaufen eines Vertriebsleiters steht im Vordergrund, sondern das Führen einer Gruppe durch Mitarbeiter- und Zielvereinbarungsgespräche, das Treffen von strategischen Entscheidungen, Ressourcenplanung etc.

- *Soziale Fähigkeiten:* Das Führen eines Teams bedeutet immer auch, dass der Führungskraft die wertvollste Ressource des Unternehmens anvertraut wird – das humane Kapital, die Mitarbeiter. In den 80er Jahren stieg das Bewusstsein dafür, dass Führungskräfte auch ein »gutes Händchen« im Umgang mit ihren Mitarbeitern benötigen, da Führung immer ein Interaktionsprozess zwischen Führer und Geführtem ist. Zu diesen sozialen Fähigkeiten zählt unter anderem Kommunikations- und Konfliktkompetenz, aber auch die Entwicklung eines entsprechenden Einstellungs- und Wertesystems.

- *Management Skills:* In den 90er Jahren erweiterte sich das Spektrum an Führungsanforderungen neben Fachkompetenz und sozialen Fähigkeiten zusätzlich um das Bewusstsein dafür, dass auch Management Skills für einen langfristigen Führungserfolg erworben und ausgebaut werden sollten. Zu diesen Management-Skills zählen u.a. Zielsetzung und -vereinbarung (Management by Objectives), Delegation, Moderation, Kreativitätstechniken etc. Noch heute werden Führungskräfte in weltweiten Konzernen wie kleinen und mittelständischen Unternehmen schwerpunktmäßig in diesen Kompetenzen trainiert.

- *Selbstkontroll-Kompetenz:* In der heutigen Zeit steht zusätzlich zu den bereits aufgeführten Anforderungen die Selbstkontroll-Kompetenz im Zentrum des Führungsbewusstseins. Dazu zählt die Fähigkeit, seine Arbeit und Angelegenheiten zu planen und zu organisieren und somit sozusagen »sich selbst einzuteilen«. Die Selbstkontroll-Kompetenz ist ganzheitlich zu verstehen, sie umfasst nicht nur das unmittelbare Arbeitsumfeld, sondern ebenso den Umgang mit dem eigenen Leben in all seinen Facetten: Selbstkontrolle, Umgang mit Stress, Verantwortungsübernahme für die eigenen Handlungen, Wertebewusstsein, Prioritätensetzung und vieles mehr.

In den vergangenen Jahrzehnten haben sich also die Anforderungen an Führungskräfte von der reinen Beherrschung der fachlichen Kompetenzen in den Bereich der kontinuierlichen Persönlichkeitsentwicklung verlagert. Comelli und Rosenstiel zitieren treffend einen Unternehmer in einer Diskussion über die Besetzung von Führungspositionen: »Wollen wir eigentlich Leute in Vorgesetzten-Positionen haben, die mit sich selbst, ihrer Familie und ihrem eigenen Leben nicht klarkommen? Das heißt doch, kaputten Typen die Zukunft eines Unternehmens anzuvertrauen!« Ganz im Sinne der motivorientierten Führung gilt somit:

Persönlichkeit entwickeln

**Wer andere erfolgreich führen will,
muss zuerst sich selbst führen können.**

Auf diesen Punkt gehen wir später ausführlicher ein (siehe Seite 75). Wie oben ausgeführt, ist die Selbstkontroll-Kompetenz jedoch nur ein Teilbereich der Kompetenzanforderungen, die in der heutigen Zeit an eine Führungskraft gestellt werden. Wie können Führungskräfte diesen immensen Anforderungen gerecht werden? In der Führungs- und Managementliteratur werden zahlreiche Ansätze beschrieben, die Vorgesetzte dabei unterstützen sollen, Führung in der Praxis zu meistern.

Der von Bernhard M. Bass und Ronald E. Riggio (2006, 6ff.) entwickelte und in den letzten Jahren verstärkt diskutierte Ansatz der *transformationalen Führung* versteht Führung als einen Prozess der »Verwandlung« des Geführten. Dieser setzt sich durch den Einfluss des Führenden höhere Ziele und handelt so nicht mehr nur aus reinem Eigeninteresse. Eine transformationale Führungskraft verändert also die Denkweisen und Wünsche des Geführten. Indem sie den ganzen Menschen (emotional) anspricht, weckt sie die Begeisterung des Geführten für neue Werte, Ziele und Aufgaben und macht ihn so zum »Mitunternehmer« bei der gemeinsamen Zielerreichung. Dabei unterscheidet Bass vier Elemente der transformationalen Führung:

Verwandlung durch Führen

- *Idealized Influence* bzw. *Charisma* drückt aus, dass der Führende dem Geführten ein Vorbild ist, dem Bewunderung, Respekt und Vertrauen entgegengebracht wird. Der Geführte identifiziert sich mit dem Führenden und seinen ethischen Standards.

- Der Geführte erfährt *Inspiration durch (erreichbare) Visionen* des Führenden. Dazu ist es Aufgabe des Führenden, durch eine optimistische und enthusiastische Einstellung die Bedeutung und Herausforderung der Arbeit zu vermitteln und den Teamgeist zu fördern. So werden die Ziele und Visionen des Führenden zu gemeinsamen Zielen und Visionen.

- Durch *intellektuelle Stimulierung* fördert der Führende die Innovativität und Kreativität des Geführten. Der Führende fördert das Umsetzen neuer Ideen, indem er dem Geführten Eigenverantwortung überträgt, ihn selbst zum »Unternehmer im Unternehmen« macht und ihn in Problemlösungsprozesse und das Hinterfragen von Annahmen einbezieht.

- Das vierte Element der *individuellen Ansprache* beinhaltet, dass der Führende gleichzeitig auch Coach und Mentor des Geführten ist und ihn als ganzen Menschen kennt und akzeptiert. Indem er eine zweiseitige Kommunikation praktiziert und seinem Geführten aktiv zuhört, betrachtet er den Mitarbeiter als Individuum, statt ihn lediglich als Gruppenmitglied zu behandeln. Es gilt: »Gleichbehandlung ist nicht gleiche Behandlung«, denn der Kernpunkt der individuellen Ansprache ist die Akzeptanz von und Arbeit mit Unterschiedlichkeit.

Individuelle Ansprache entscheidend

Welche Erkenntnisse lassen sich daraus für den Führungsalltag ableiten? Eine Studie von Dumdum/Lowe/Avolio (2002) hat gezeigt, dass die Korrelation zwischen Mitarbeiterzufriedenheit und Führungsstil beim vierten Element, der individuellen Ansprache, am höchsten ist. Und das sind für den Führungsalltag besonders deswegen gute Nachrichten, weil Dinge wie Charisma nicht oder kaum erlernbar sind. Individualisiertes Führen, basierend auf der Berücksichtigung von individuellen Bedürfnissen und Motiven, ist hingegen relativ leicht erlern- und umsetzbar.

Ein weiteres vielfach gelobtes Modell ist das *Modell der situativen Führung* nach Hersey / Blanchard. Sie gehen davon aus, dass Führungskräfte sowohl die Entwicklung des einzelnen Mitarbeiters als auch des gesamten Teams aktiv durch ihr Führungsverhalten und ihren Führungsstil unterstützen können, wobei sie zwischen vier verschiedenen Phasen unterscheiden:

Modell der situativen Führung

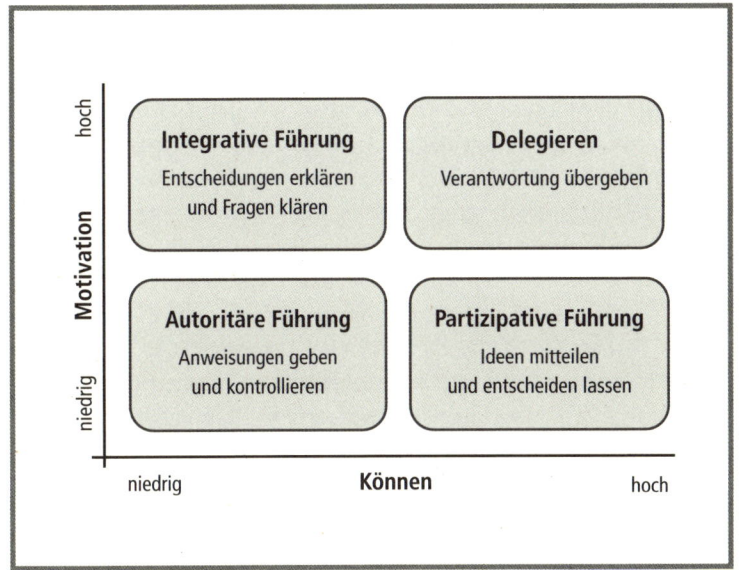

Abb. 5: Modell der situativen Führung nach Hersey / Blanchard

Demnach wird jede Phase dadurch bestimmt, wie viel mitarbeiterbezogenes bzw. unterstützendes Verhalten auf der einen Seite und wie viel aufgabenbezogenes bzw. direktives Verhalten auf der anderen Seite gefordert ist.

- *Testphase:* Die Testphase ist die Anfangsphase einer Zusammenarbeit – entweder der Zusammenarbeit zwischen Führungskraft und Mitarbeiter oder der Zusammenarbeit eines Teams. In dieser Phase ist *Lenkung* durch die Führungskraft zentral. Der Vorgesetzte sollte vor allem versuchen, Struktur und Kontrolle bereitzustellen. So erfährt der Mitarbeiter die erforderliche Sicherheit und Orientierung, um den Beziehungsaufbau sowie Rollen- und Aufgabenfindung zu meistern.

- *Kampfphase:* Die Testphase geht fließend in die Kampfphase über, in der um die Verteilung von Macht, Einfluss und Kompetenz gerungen wird. Von der Führungskraft ist vor allen Dingen *Training* gefordert, worunter Hersey / Blanchard verstehen, den Mitarbeiter bei klar gesetzten Rahmenbedingungen und Zielvorgaben weiterzuqualifizieren. Der Mitarbeiter oder das Team wird in dieser Phase somit zunehmend stärker in Entscheidungsprozesse involviert, die Führungskraft greift jedoch eventuell dirigierend ein und positioniert sich damit auch selbst.

- *Orientierungsphase:* Die Orientierungsphase setzt ein, wenn der Mitarbeiter bzw. das Team leistungsbereit ist. Durch *Unterstützung* sollte die Führungskraft in dieser Phase daran arbeiten, dass die vorhandenen Kompetenzen weiter ausgebaut werden. Nur wenn dem Mitarbeiter oder Team eine Anerkennung für das Engagement gegeben und eigenständiges Handeln ermöglicht wird, können vorhandene Stärken optimal eingesetzt werden.

- *Verschmelzungsphase:* In dieser Phase ist es Aufgabe der Führungskraft, sich auf die *Delegation* zu konzentrieren. Der Mitarbeiter bzw. das Team hat nun eine Reife erreicht, auf deren Basis die eigenständige Verantwortungsübernahme für Entscheidungen und deren Durchführung übertragen werden kann. Dazu muss die Führungskraft vor allem eine Leistung erbringen: loslassen können.

Wie ist die Auswirkung des situativen Führungsansatzes auf den langfristigen Führungserfolg in der Praxis zu beurteilen? Hersey/Blanchard gehen bei ihren Ausführungen davon aus, dass das »Erfolgsrezept« der Führung vor allem darin besteht, sein Führungsverhalten und seinen Führungsstil an die Situation des Mitarbeiters beziehungsweise des Teams anzupassen. Folgt eine Führungskraft diesem Ansatz, gerät dabei jedoch ein wichtiger Aspekt aus dem Blickfeld: Nicht nur eine Einschätzung der aktuellen Situation bedingt Führungserfolg, sondern vor allem die Berücksichtigung der Individualität eines Mitarbeiters!

Der situative Führungsansatz in der Praxis

Dort setzen Michael Lorenz und Uta Rohrschneider in ihrem Buch *Praktische Psychologie für den Umgang mit Mitarbeitern* hervorragend an. Sie legen ihrem Führungsansatz ein *Mitarbeiterportfolio* (2008, 57 ff.) zugrunde, das auf der Basis der Dimensionen Können und Wollen zwischen vier verschiedenen Mitarbeitertypen unterscheidet:

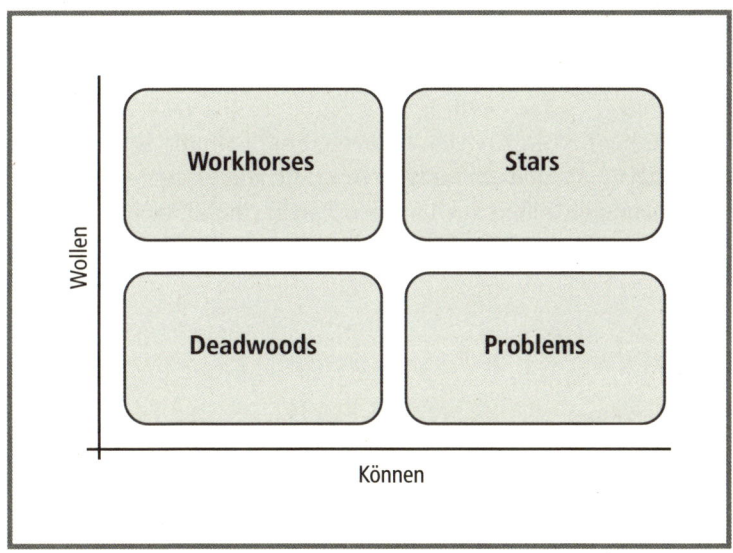

Abb. 6: Mitarbeiterportfolio nach Lorenz und Rohrschneider

Mitarbeitertypen Dabei stellt *Können* alles dar, was ein Mitarbeiter über seine Ausbildung und generellen Erfahrungen gelernt hat, während das *Wollen* die Einsatzbereitschaft und den Leistungswillen des Mitarbeiters (und damit seine Motivation) beschreibt. Je nach Umfang, in dem ein Mitarbeiter die ihm übertragenen Aufgaben erfüllt, lassen sich folgende Mitarbeitertypen beschreiben:

- *Stars* sind die Mitarbeiter, wie sie sich wohl jede Führungskraft wünscht – einerseits haben sie die erforderlichen Kompetenzen, um eine Aufgabe erfolgreich zu bewältigen, andererseits besitzen sie auch das erforderliche Engagement dazu.

- *Workhorses* sind Mitarbeiter, die zwar hoch motiviert an die Erfüllung der an sie gestellten Aufgaben herangehen, dabei jedoch oft an ihre Potenzialgrenzen stoßen.

- *Deadwoods* beschreiben Lorenz und Rohrschneider als die Mitarbeiter, die ihre Aufgaben weder in der geforderten Qualität erfüllen können noch wollen.

- *Problems* sind schließlich die Mitarbeiter, die zwar die notwendigen Kompetenzen besitzen, um qualitativ hochwertige Aufgabenbearbeitungen zu erreichen, es aber – aus welchen Gründen auch immer – nicht (mehr) wollen.

Versuchen Sie jetzt selbst einmal, Ihre Teammitglieder in das Mitarbeiterportfolio einzuordnen:

Mitarbeiter-portfolio

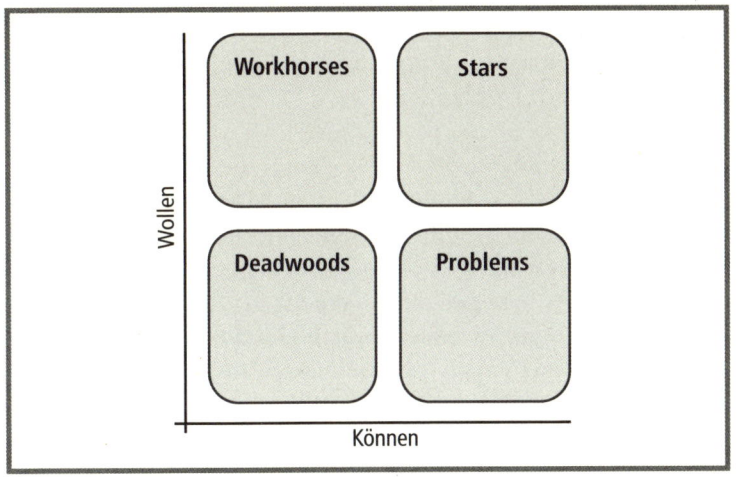

Abb. 7: Matrix zur Mitarbeitereinschätzung nach Lorenz und Rohrschneider

Lorenz und Rohrschneider geben in ihrem Buch zahlreiche Anregungen, wie diese individuellen Merkmale eines Mitarbeiters im Führungsverhalten berücksichtigt werden können. Durch Anerkennung von Leistungen sowie Potenzial- und Aufgabenanalysen kann ein Vorgesetzter beispielsweise *Workhorses* weiter fördern, sodass sie mit der Zeit zu einem *Star* entwickelt werden. Dabei sollte stets berücksichtigt werden, dass auch *Stars* schnell demotiviert und zu *Problems* werden können, wenn sie sich vernachlässigt fühlen und nicht durch konsequente Ziel- und Anreizsetzung immer wieder neu motiviert werden.

Das Mitarbeiterportfolio und die daraus abgeleiteten Führungsmaßnahmen verfolgen einen sehr nachhaltigen Ansatz für Führungserfolg: Aufgabe der Führungskraft ist es, dem Mitarbeiter eine passgenaue Plattform zu geben, auf der er entsprechend seiner Bedürfnisse jeden Tag aufs Neue motiviert und weiterentwickelt wird. Und genau hier setzt der Ansatz von Prof. Steven Reiss an: Das Reiss Profile bietet eine hervorragende Möglichkeit, die individuellen Motive und Bedürfnisse exakt zu erkennen.

Geeignete Führungs-maßnahmen

Die Entwicklung der 16 Lebensmotive und ihr geistiger Vater Prof. Steven Reiss

Prof. Steven Reiss, der Urheber des Reiss Profile, lehrte bis vor kurzem als Professor für Psychologie und Psychiatrie an der Ohio State University in Columbus (USA). Er studierte bis 1964 am Darthmouth College und promovierte 1972 in Yale.

Der Weg zur Erkenntnis Als Steven Reiss Mitte der 90er Jahre lebensbedrohlich erkrankte, fragte er sich, ob er ein sinnvolles und glückliches Leben hatte. In seiner Eigenschaft als Psychologe fing er an, bestehende Theorien wie das *Pleasure Principle* zu durchdenken. Handeln Menschen wirklich nur aufgrund dessen, was ihnen die meisten positiven und die wenigsten negativen Gefühle verursacht? Für Steven Reiss schien dies nicht zutreffend, da es nicht alle menschlichen Verhaltensweisen erklären konnte. Während seiner Krankheit stellte er sich beispielsweise nicht die Frage, wie schmerzhaft seine Behandlung sein würde, sondern wie er am schnellsten wieder bei seiner Familie sein könne. Dafür unterzog er sich einer schnelleren, aber auch schmerzhafteren Behandlung. Auch die schwierige Arbeit von Krankenschwestern zeigte ihm, dass das Prinzip von Freude und Leid für die Arbeit in einem Krankenhaus wohl nicht gilt.

Steven Reiss fand so immer mehr Beispiele, die seinen Gedankengang unterstützten. Es musste mehr Gründe für das Verhalten von Menschen geben als Freude und Leid; Freude musste ein subjektives, individuelles Konstrukt sein, das nur als »Beiprodukt« auftritt, wenn wir bekommen, was wir uns wünschen.

Individuelle Motivation erklären Glücklicherweise erholte sich Steven Reiss von seiner schweren Erkrankung und erforschte anschließend an der Ohio State University, welche individuellen Motive jeden Menschen bewegen. Er sammelte zunächst verschiedenste psychologische und philosophische Erklärungsansätze – von Platon über Freud und Jung und vielen anderen bis hin zu Maslow –, doch nichts erschien ihm umfassend genug, um individuelle Motivation und Sinnhaftigkeit bestimmen zu können.

Also erstellte er eine Liste mit 328 Werten, die er nach einer groß angelegten Umfrage durch Faktoranalysen auf die 16 wichtigsten Motive reduzierte. Anschließend entwickelte er mit vielen tausend weiteren Befragten verschiedenster Nationalitäten den 128 Fragen umfassenden Fragebogen, mit dem jede individuelle Motivstruktur, das heißt jedes individuelle Reiss Profile, erstellt wird (S. Reiss 2000, 1–10, 26–28).

Die Theorie der 16 Lebensmotive ist eine der wenigen Persönlichkeitstheorien, die testtheoretisch vollständig empirisch überprüft wurde. Die Testtheorie untersucht vor allem die Gütekriterien Validität und Reliabilität. Validität gibt an, ob der Test das Persönlichkeitsmerkmal misst, was er zu messen vorgibt. Es wurden für alle 16 Skalen des Reiss Profiles hohe Validitätswerte ermittelt. Die Reliabilität gibt an, wie genau das Instrument misst. Kriterien hierfür sind beispielsweise die 4-wöchige Test-Retest-Reliabilität sowie die interne Konsistenz der Fragen, also inwiefern die Probanden Fragen zu ein und demselben Motiv ähnlich beantworten. Die Test-Retest-Reliabilität des Instruments liegt im Durchschnitt bei 0,83, die durchschnittliche interne Konsistenz bei 0,83. Mit diesen hohen Reliabilitäts- und Validitätswerten hebt sich das Reiss Profile positiv von anderen gängigen Instrumenten ab.

Empirisch überprüfte Theorie

Zudem zeichnet sich das Instrument durch eine geringe soziale Erwünschtheit aus. Diese bezeichnet die Tendenz von Probanden, falsche Antworten zu geben, um einen positiven Eindruck zu vermitteln. Dieses nonkonforme Verhalten tritt beim Reiss Profile nur in etwa 3 % aller Fälle und damit äußerst selten auf.

Soziale Erwünschtheit

Das Zwiebelschalen-Modell

Aber was sind Motive eigentlich und wieso beeinflussen sie uns so stark? Um dies zu verstehen, möchten wir Ihnen eine Metapher an die Hand geben: Stellen Sie sich Ihre Identität als Zwiebel mit mehreren Schichten vor.

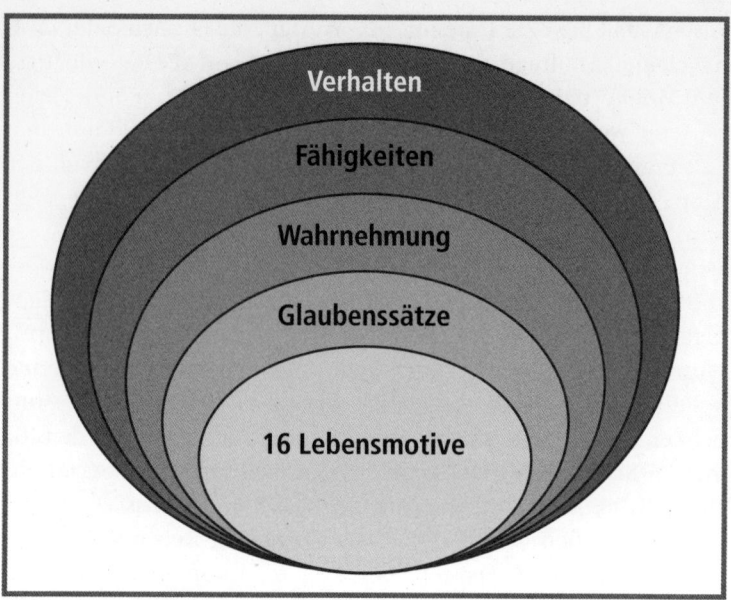

Abb. 8: Das Zwiebelschalen-Modell

Die äußerste Schicht stellt Ihr Verhalten dar. Darunter folgt die Schicht Ihrer Fähigkeiten, anschließend diejenige Ihrer Wahrnehmung (Ihrer Sicht auf die Welt) und Ihr daraus resultierendes Verhalten. Noch tiefer in Ihrer Persönlichkeit verwurzelt sind Ihre Glaubenssätze und Einstellungen. Die innerste Schicht, der »Kern der Zwiebel«, beinhaltet Ihre wahren Bedürfnisse, Ihre Lebensmotive.

Die Schichten beeinflussen sich jeweils von innen nach außen: Unsere Lebensmotive bestimmen unsere Glaubenssätze und Einstellungen, diese wiederum beeinflussen, wie wir die Welt sehen und uns verhalten. Ein hoch ausgeprägtes Beziehungsmotiv kann beispielsweise zum Glaubenssatz »Besser gemeinsam statt einsam« führen. Das kann auf der Verhaltensebene dazu führen, dass dieser Mensch sich bevorzugt in Gruppen aufhält und eher extravertiert ist. Gleichzeitig wird er Menschen, die auch Kraft aus dem Alleinsein schöpfen, schnell als introvertierte Einzelgänger wahrnehmen. Auf der Methoden- und Fähigkeiten-Ebene kann das häufige Zusammensein mit anderen Menschen zu hoch ausgeprägten »Social Skills«, also beispielsweise zu einer sehr guten Kommunikationsfähigkeit, führen.

Unsere Motive werden außerdem als Endzwecke des Handelns erfahren – also als Sinn unseres Handelns und Tuns. Der Mensch tut demnach bestimmte Dinge, um ein oder mehrere Motive zu befriedigen. Auch wenn vordergründig andere Ziele verfolgt werden, wie beispielsweise Geld zu verdienen, dienen diese letztlich der Befriedigung unserer Motive. So nutzen manche Gelder zur Befriedigung des Statusmotivs, andere für ihr Streben nach Unabhängigkeit, wieder andere zur Erreichung von emotionaler Ruhe etc. Geld ist also kein Selbstzweck, sondern ein Mittel zum Zweck. Und somit kein Lebensmotiv. Auch Essen kann für manche Menschen nur Selbstzweck, also ein Endmotiv sein. Für andere wiederum ist es ein Mittel zum Zweck: Sie essen vornehmlich in Gesellschaft und befriedigen so ihr Beziehungsmotiv, verkehren in teuren Restaurants und »füttern« damit ihr Statusmotiv oder probieren unterschiedliche Landesküchen, was wiederum ihr Neugiermotiv befriedigt.

Motive als Lebenssinn

Motivation entsteht so wie beschrieben aus dem Zusammenspiel der Situation und des Motivs: Nimmt man (meist unbewusst) in einer Situation wahr, dass diese eines unserer Motive befriedigen könnte, entsteht die Motivation, etwas Bestimmtes zu tun. Für Bernd Beispiel kann das heißen, dass er Einladungen zu Geburtstagspartys gern annimmt, denn so hat er die Möglichkeit, mit anderen Menschen zusammen zu sein, was sein hoch ausgeprägtes Beziehungsmotiv befriedigt. Michael Muster, der ein hoch ausgeprägtes Essensmotiv hat, wird die Party möglicherweise besuchen, weil er weiß, dass das Geburtstagskind sehr gut kochen kann. Das heißt, dass ein und dieselbe Situation unterschiedlichste Motive befriedigen kann. Insofern ist es auch schwer, von Verhalten auf Motive zu schließen. Leichter ist es, von Motiven auf erwartetes Verhalten zu schließen.

Den Zustand der Befriedigung der eigenen Lebensmotive nennen wir »Werteglück«. Es kann tiefliegende Emotionen hervorrufen,

Werte- und Wohlfühlglück

zum Beispiel das Gefühl, »eins mit sich selbst zu sein«. Davon zu unterscheiden ist das Wohlfühlglück, das eher die »kleinen Glücksmomente« im Leben bestimmt – also das Glück, nichts tuend in der Sonne zu liegen oder dabei zu sein, wenn Fußball-Deutschland beinahe den Weltmeistertitel holt. Situationen, in denen Motive nicht ausgelebt werden können, führen jedoch oft zu Demotivation und Frustration: Würde Bernd Beispiel für ein Forschungsprojekt eingesetzt, bei dem er mehrere Monate allein im Labor verbringen muss, würde ihn dies viel Kraft kosten und eher demotivieren. Denn dabei könnte er sein hoch ausgeprägtes Beziehungsmotiv nicht befriedigen.

Motive genetisch bedingt

Wie aber entstehen unsere Lebensmotive? Prof. Steven Reiss geht davon aus, dass sie vor allem genetisch bedingt sind. Wie wir sie erfüllen, wird dagegen von der Kultur, in der wir aufwachsen, und unseren individuellen Erfahrungen geprägt. So befriedigen viele Menschen mit hoher Neugier, also einem großen Wissensdurst, dieses Bedürfnis durch das Lesen von Büchern. Wer jedoch durch sein Elternhaus nie Zugang zu Büchern gefunden hat, wird das Motiv beispielsweise durch anregende Gespräche oder anspruchsvolle Fernsehsendungen befriedigen / ausleben.

Neben unseren genetischen Anlagen haben aber auch emotionale Lernerfahrungen einen großen Einfluss auf unsere Motive. Während man motorisch und kognitiv noch bis ins hohe Alter lernen kann, ist das emotionale Lernen schon früh abgeschlossen. Es setzt schon vorgeburtlich ein und hat seinen Höhepunkt in den ersten Lebensjahren. Bis auf einen kleinen »Aufruhr« während der Pubertät verfestigt sich das so Gelernte anschließend nur noch (Roth, 2008, 222–225). Unsere Lebensmotive sind also sehr zeitstabil und nicht bewusst veränderbar.

**Das Reiss Profile entdeckt Ihre Lebensmotive,
es erfindet sie nicht.**

Abgrenzung zu anderen Modellen

Anhand des Zwiebelschalen-Modells wird auch der Unterschied zu anderen Persönlichkeitsanalysen deutlich: Während uns Typologien und Verhaltenspräferenz-Modelle wie Insights Discovery

DISG oder MBTI Klarheit über unsere Verhaltenspräferenzen geben, geht das Reiss Profile tiefer an den Persönlichkeitskern heran und zeigt die Gründe für unser Verhalten auf.

Über das Reiss Profile

Das Reiss Profile wurde Ende der 90er Jahre von Prof. Steven Reiss veröffentlicht und wird seit 2002 auch in Deutschland vermehrt eingesetzt.

Die individuellen Lebensmotive werden über einen Fragebogen mit 128 Aussagen ermittelt, wie z. B.: »Es beunruhigt mich zutiefst, wenn mein Herz schnell schlägt« oder: »Ich ärgere mich sehr, wenn ich in aller Öffentlichkeit einen Fehler mache«. Die Aussagen gruppieren sich um die 16 Lebensmotive, wobei jedes Motiv anhand von acht Aussagen eruiert wird. Diese Aussagen werden jeweils auf einer Skala von -3 bis +3, also von völlig falsch bis stimmt völlig, bewertet. Es existiert in Deutschland auch eine sogenannte »Business-Version«, bei der die Fragen zur Sexualität, die das Erosmotiv definieren, durch Fragen zur Schönheit ersetzt werden. Diese sind jedoch testtheoretisch nicht validiert. Außerdem wird das Motiv »Ehre« in »Ziel- und Zweckorientierung« umbenannt sowie »Unabhängigkeit« in »Teamorientierung«. Die Motive bleiben in der Aussagekraft / Kernbotschaft aber unberührt. Im vorliegenden Buch beziehen wir uns auf die Original-Version.

Fragebogen mit 128 Aussagen

Der Fragebogen kann online oder in Papierform ausgefüllt werden. Anschließend werden die Antworten mittels einer lizenzierten Software ausgewertet. Dabei wird auch das Kernstück der Auswertung, das Reiss-Balkendiagramm, erstellt. Dieses stellt jedes Motiv in seiner individuellen Ausprägung dar.

Auswertung durch Software

In einem individuellen Rückmeldegespräch mit einem ausgebildeten und zertifizierten Reiss Profile Master werden dann die Ergebnisse besprochen. Dies kann auch mit einer spezifischen Fragestellung, zum Beispiel nach einer möglichen beruflichen Veränderung, verbunden werden.

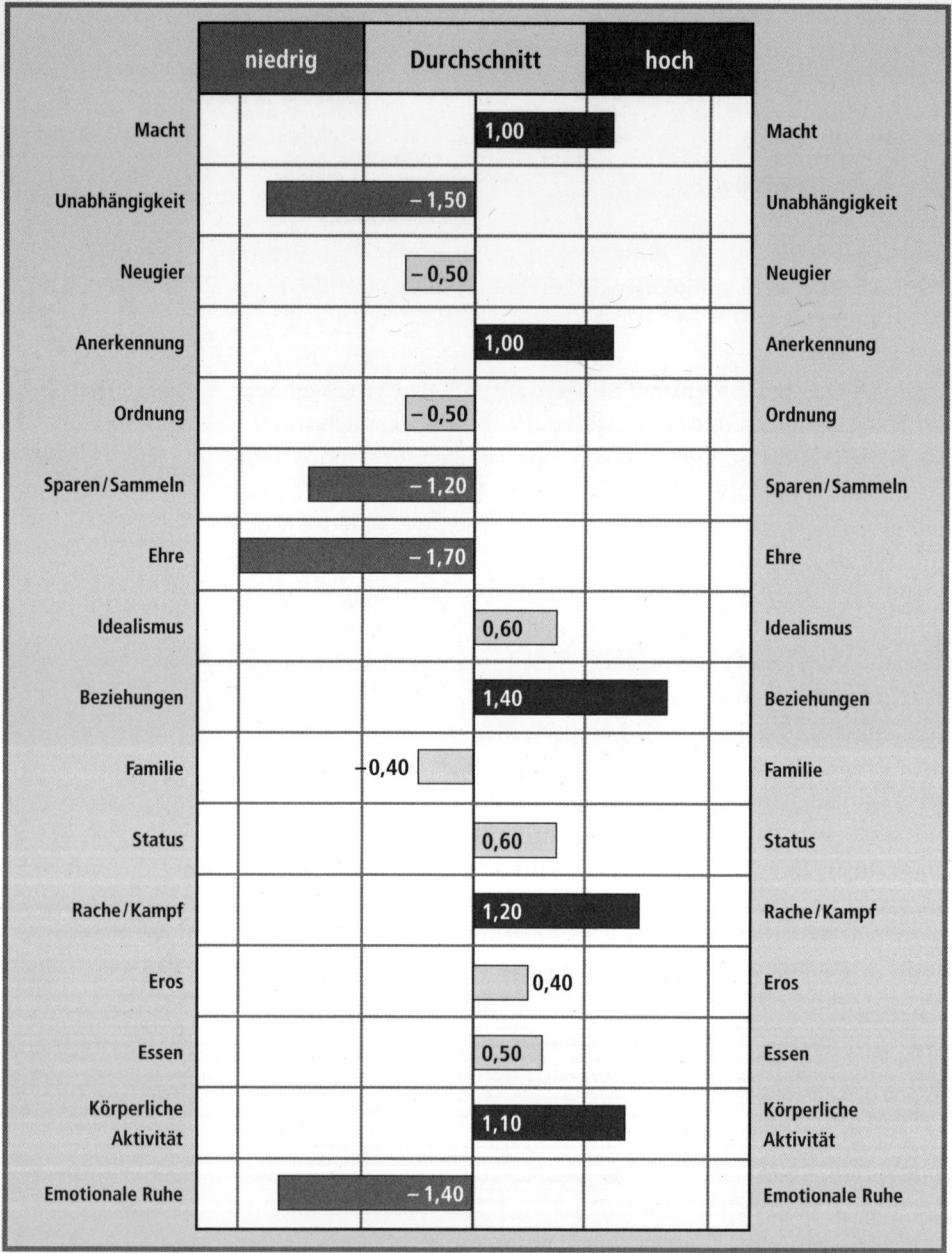

	niedrig	Durchschnitt	hoch	
Macht		1,00		Macht
Unabhängigkeit	– 1,50			Unabhängigkeit
Neugier		– 0,50		Neugier
Anerkennung		1,00		Anerkennung
Ordnung		– 0,50		Ordnung
Sparen/Sammeln	– 1,20			Sparen/Sammeln
Ehre	– 1,70			Ehre
Idealismus		0,60		Idealismus
Beziehungen		1,40		Beziehungen
Familie	– 0,40			Familie
Status		0,60		Status
Rache/Kampf		1,20		Rache/Kampf
Eros		0,40		Eros
Essen		0,50		Essen
Körperliche Aktivität		1,10		Körperliche Aktivität
Emotionale Ruhe	– 1,40			Emotionale Ruhe

Abb. 9: Reiss Profile von Bernd Beispiel

In Abbildung 9 können Sie erkennen, dass jedes Lebensmotiv als ein Balken zwischen -2 und +2 dargestellt wird.

Der mittlere Bereich »Durchschnitt« beinhaltet die Motive mit einer Ausprägung zwischen -0,8 und +0,8. Das bedeutet, dass diese Motive ausgewogen ausgeprägt sind und situationsabhängig empfunden werden. Für das Motiv Ordnung von Bernd Beispiel heißt das, dass er sowohl das Bedürfnis nach Planung und Strukturiertheit als auch das Bedürfnis nach Flexibilität und Improvisation kennt.

Der rechte Bereich »hoch« beinhaltet die Motive zwischen +0,8 und +2,0, was bedeutet, dass das Motiv stark ausgeprägt ist. Zieht man die Auswertung einer für die Bevölkerung repräsentativen Vergleichsgruppe heran, zeigt sich: Nur 16 % zeigen hier eine so starke Ausprägung. Liegt das Motiv über 1,7, so sind es nur noch 3 % der Bevölkerung. Für Bernd Beispiel und sein Beziehungsmotiv heißt das, dass er stark nach Geselligkeit und Nähe zu anderen strebt und auch dementsprechend handelt – er fühlt sich vermutlich in einem Beruf und mit Hobbys wohl, die es ihm ermöglichen, mit anderen zusammen zu sein.

Der linke Bereich ist mit »niedrig« überschrieben: Liegt die Ausprägung des Motivs zwischen -0,8 und -2,0, bedeutet dies, das Motiv ist gering ausgeprägt und man strebt nach dem Gegenteil des Motivs: Bernd Beispiel wird also nicht nach Unabhängigkeit, sondern nach der Zugehörigkeit zu einem Team, Interdependenz, Konsens und emotionaler Verbundenheit mit anderen streben.

Man kann also nicht sagen, ein Mensch hat ein bestimmtes Motiv oder er hat es nicht, sondern man betrachtet die Stärke der Ausprägung auf einer Dimension zum einen oder anderen Pol im Verhältnis zur jeweiligen meist landestypischen Normstichprobe, sprich Vergleichsgruppe. Das Lebensmotiv »Macht«, das für die Eigeninitiative in der Entscheidungsfindung steht, gibt beispielsweise an, in wie vielen Situationen man selbst entscheiden möchte. Bei -2 wird man eigene Entscheidungen zumeist vermeiden, bei +2 wird man so gut wie immer entscheiden wollen. Liegt der

Wert dazwischen, wird man, in Abhängigkeit von der Situation, manchmal selbst entscheiden wollen und sich manchmal lieber an den Entscheidungen anderer orientieren. Empfindet man seinen Einfluss situativ als zu gering, wird man resoluter auftreten und sich durchsetzen wollen. Ist der eigene Einfluss jedoch subjektiv zu hoch, wird man sich eher zurücknehmen und andere entscheiden lassen.

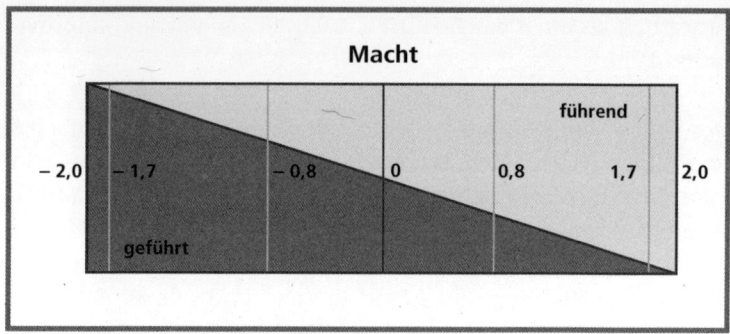

Abb. 10: Bipolarität des Lebensmotivs Macht

Überträgt man diese Bipolarität nun auf alle 16 Motive, so wird deutlich, wie unterschiedlich und einzigartig jedes Reiss Profile ist. Es ergeben sich über 6 Milliarden mögliche Motivkonstellationen. Damit ist jedes Reiss Profile so individuell wie ein Fingerabdruck. Die Ausprägungen der Motive sind dabei niemals wertend, es gibt keine gute und keine schlechte Prägung.

Um Ihnen die Einschätzung Ihrer Lebensmotive zu erleichtern, finden Sie auf der nächsten Seite eine Grafik für die Selbsteinschätzung. Sie kann ein erster Schritt zum besseren Verständnis Ihrer Persönlichkeit werden. Füllen Sie sie am besten aus, wenn Sie die Beschreibung der Motive lesen (siehe Seite 50 f.). Um tatsächliche Sicherheit über Ihre Motive zu erlangen, empfehlen wir Ihnen die Durchführung des kompletten Reiss Profile, um eine wissenschaftlich fundierte Auswertung zu erhalten, die auch frei von Tendenzen zu sozialer Erwünschtheit ist. Zugang dazu bekommen Sie durch einen Reiss Profile Master.

Das Arbeitsblatt auf Seite 49 zur Selbsteinschätzung können Sie auch auf der Website: www.institut-fuer-lebensmotive.de downloaden. Den Zugang zum Fragebogen für eine objektivere und wissenschaftlich fundierte Auswertung Ihres Reiss Profiles erhalten Sie, wenn Sie uns eine E-Mail an info@institut-fuer-lebensmotive.de schreiben. Oder nutzen Sie den Gutschein auf der letzten Seite dieses Buches.

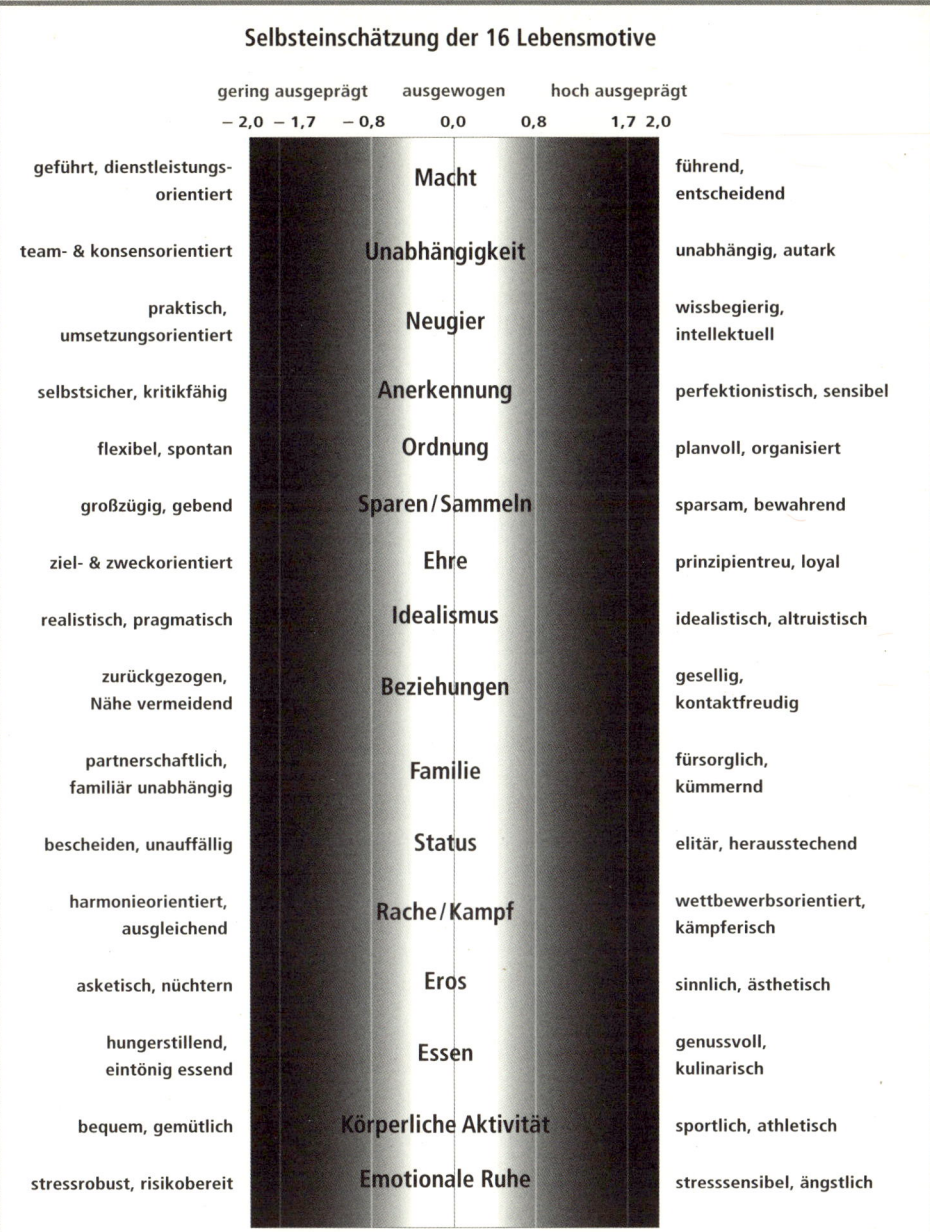

Abb. 11: Reiss Profile Balkendiagramm

Darstellung der 16 Lebensmotive

Im Folgenden beschreiben wir die Motive in ihrer hohen und niedrigen Ausprägung. Bei einer ausgewogenen, durchschnittlichen Stärke wird das Motiv eher situativ und kontextabhängig erlebt. Diese Menschen kennen in der Regel beide Pole und leben das Motiv in unterschiedlichen Lebensbereichen verschieden aus. Für das Beispiel »Macht« bedeutet das, dass die Menschen sowohl temporär Führerschaft übernehmen können als auch unter Anleitung arbeiten können und sich damit wohl fühlen.

Leistungsmotive Die Ausprägung eines Motivs sagt im Wesentlichen etwas über die persönliche Bedeutung dieses Motivs für den jeweiligen Menschen aus. Die Tatsache, wie es konkret ausgelebt wird, wird dann von den anderen 15 Motiven mitbestimmt. So steht das Motiv »Körperliche Aktivität« für das Bedürfnis nach Häufigkeit und Intensität von Sport oder Ähnlichem. In welcher Form dies idealerweise ausgelebt wird – also durch Einzelsport, Gruppensport, Wettkampfsport etc. –, wird durch die anderen Motive definiert. Somit sind alle 16 Motive Leistungsmotive, weil sie jeweils eine Plattform für Leistung darstellen.

1. Macht

Machtstreben steht für das Streben nach Einfluss, Führung, Kontrolle und Dominanz.

Hoch ausgeprägt Menschen mit einem hoch ausgeprägten Machtmotiv übernehmen gern Verantwortung. Sie suchen Herausforderungen, sind ehrgeizig und überzeugungsfähig. Sie fühlen sich kraftvoll und häufig auch erfolgreich. Sie treffen gerne Entscheidungen, die Mitarbeiter oder Prozesse beeinflussen. Mit Leistung assoziieren sie etwas sehr Positives. Menschen mit hoher Macht übernehmen gern Führungspositionen, der Führungsstil hingegen wird eher durch die Ausprägung der übrigen 15 Lebensmotive bestimmt. Häufig sieht man ein hoch ausgeprägtes Machtmotiv bei Politikern.

Gerhard Schröder, der schon in frühen Jahren am Zaun des Bundes-kanzleramtes rüttelte und rief: »Hier will ich rein!« *Auch sein Verhalten in der sogenannten* »Elefantenrunde« *2005, als er trotz eindeutiger Wahlergebnisse seinen Machtverlust nicht wahrhaben wollte, lässt ein hohes Machtmotiv vermuten.*

Menschen mit niedrigem Machtmotiv sind personen- und dienstleistungsorientiert. Sie fragen sich häufiger, für wen als wofür sie etwas machen, und zeigen wenig Eigeninitiative zur Entscheidungsfindung. Mit viel Verantwortung fühlen sie sich weniger wohl. Bei Entscheidungen ziehen sie gern den Rat anderer hinzu. Sie lassen sich gern anleiten und beschreiben sich selbst als freundlich und zurückhaltend. Sie müssen nicht ständig ihren Willen durchsetzen und operieren lieber im Hintergrund. Menschen mit einem niedrig ausgeprägten Machtmotiv fühlen sich häufig dort wohl, wo der Servicegedanke im Vordergrund steht. Aber auch Menschen mit niedrigem Machtmotiv können entschlossen wirken, vor allem, wenn viele andere Motive bei ihnen deutlich hoch oder niedrig ausgeprägt sind. Entschlossenheit im Erreichen eigener Motive / Ziele ist nicht zu verwechseln mit dem Bedürfnis, Entscheidungen zu treffen.

Ein niedriges Machtmotiv steht übrigens einer Führungsposition nicht im Wege! Diese Führungskräfte werden allerdings zur Erfüllung ihrer Führungsaufgabe mehr Energie und Willensstärke aufbringen müssen. Die Führungsposition gibt ihnen keine, sondern kostet sie Energie. Bei entsprechender Ausprägung anderer Motive, zum Beispiel hoher Ehre, können sie ihre Aufgaben selbstverständlich sehr motiviert erfüllen.

2. Unabhängigkeit

Unabhängigkeit meint das Streben nach Freiheit und Autonomie.

Menschen mit einem hoch ausgeprägten Unabhängigkeitsmotiv leben gern eigenverantwortlich und sind ungern auf andere angewiesen. Deshalb fragen sie selten nach Rat oder Unterstützung und möchten um beinahe jeden Preis eine Verpflichtung zur Dankbarkeit gegenüber anderen vermeiden. Informationen holen sie sich lieber aus dem Internet als von Kollegen. Über Geschenke, Gefälligkeiten oder Hilfe freuen sie sich selten, weil bei ihnen schnell das Gefühl einer emotionalen Schuld entsteht. Eigenständigkeit ist ein wichtiges Gut in ihrem Leben. Die Volksweisheit: »Verlass dich auf andere und du bist verlassen« könnte ihr Motto sein. Sie erreichen ihre Ziele am liebsten allein und ziehen daraus einen großen Teil ihres Selbstbewusstseins. Bei anstehenden Entscheidungen beziehen sie die »Betroffenen« selten mit ein. Sie unterscheiden auch deutlich stärker zwischen Freunden und Bekannten als Menschen mit geringem Unabhängigkeitsstreben.

In zwischenmenschlichen Beziehungen bringen sie selten Privates zur Sprache. Sie sehen das häufig erst bei einer entsprechenden Beziehungstiefe als angebracht an. In der Praxis berichten Menschen mit hohem Unabhängigkeitsmotiv, dass sie besser am Telefon ihr »Herz ausschütten« können als im direkten Kontakt. Sie haben das Gefühl, dass sie darüber besser ihre Offenheit steuern und kontrollieren können. Körperliche Nähe bewirkt bei ihnen häufig den Rückzug.

Niedrig ausgeprägt Menschen mit einem niedrig ausgeprägten Unabhängigkeitsmotiv dagegen haben ein starkes Streben nach emotionaler Verbundenheit und suchen die psychische Nähe zu anderen. Sie sind gern Teil eines Teams und fühlen sich im Konsens wohler als im Dissens. Sie erleben sich selbst als vertrauensvoll und hilfsbereit. Gegenseitige Unterstützung ist für sie eher selbstverständlich als belastend. Sie werden durch Gemeinsamkeit motiviert, getreu dem Motto »Gemeinsam statt einsam.«

Ob jemand gern mit anderen Menschen zusammen ist, wird eher durch das Beziehungsmotiv beeinflusst. Das Unabhängigkeitsmotiv hat dagegen Auswirkungen auf die Offenheit im Umgang miteinander. Es ist hier zwischen physischer (Beziehungen) und psychischer Nähe (Unabhängigkeit) zu unterscheiden. Jemand mit hoher Unabhängigkeit kann deshalb trotzdem extravertiert auftreten.

In der Praxis heißt das, dass Menschen mit hohem Autonomie-streben durchaus Meetings, gesellschaftliche Anlässe etc. besuchen, sich aber anders verhalten und andere Gesprächsinhalte aufgreifen als Menschen mit einem niedrigen Streben nach Unabhängigkeit.

Das Unabhängigkeitsmotiv hat einen erheblichen Einfluss auf den Führungsstil. So werden Führungskräfte mit hoher Unabhängigkeit (vor allem in Kombination mit einem hohen Machtmotiv) eher entschieden und autoritär auftreten, ein geringes Unabhängigkeitsstreben wird eher als kooperativ und teamorientiert wahrgenommen. Diese Führungskräfte werden versuchen, einen Konsens zu erreichen, bevor eine Entscheidung getroffen wird, ihren Mitarbeitern aufmerksam zuhören und versuchen, sich in sie hineinzuversetzen.

3. Neugier

Neugier steht für Wissbegierde und den Wunsch, etwas über die Welt und sich selbst zu erfahren. Dabei überwiegt die Lust am Lernen, der praktische Nutzen des Gelernten steht im Hintergrund.

Hoch ausgeprägt

Menschen mit einem hoch ausgeprägten Neugiermotiv lieben es, über Dinge nachzudenken. Häufig gehen sie Dingen gern auf den Grund, sind wahrheitssuchend, intellektuell und Theorien und Philosophien selten abgeneigt. Sie sind über unterschiedlichste Themen informiert, unabhängig von deren praktischer Relevanz. Sie erleben sich als geistvoll, interessant und intelligent, obwohl das Neugiermotiv nichts über den Intelligenzquotienten aussagt. Sie streben nach geistiger Nahrung und kognitiven Herausforderungen. Bei Routineaufgaben stellt sich schnell Langeweile ein, da sie keinen Raum für Wissenszuwachs bieten. Sie lesen, schreiben, entwickeln und konzeptionieren stattdessen lieber. Staunen und Wundern erleben sie als befriedigende Emotionen.

Niedrig ausgeprägt

Im Gegensatz dazu werten Menschen mit niedrigem Neugiermotiv Wissen als Mittel zum Zweck. Sie lernen nicht des Lernens wegen, vielmehr steht die praktische Umsetzung des Gelernten im Vordergrund. Sie beschreiben sich eher als handlungsorientierte Umsetzer mit gesundem Menschenverstand. Intellektuelle und philosophische Debatten erleben sie als langweilig und Zeit verschwendend. Wird von ihnen verlangt, sich tiefer mit einem theoretischen Thema auseinanderzusetzen, kann sie das viel Energie kosten.

In der Werbesprache stehen die beiden Slogans »Never stop thinking« und »Just do it« für die jeweiligen Motivpole.

Die evolutionäre Grundlage für ein hohes Neugiermotiv kann man bei Tieren beobachten: Sie profitieren bei ihrer Nahrungssuche und Verteidigung von einer ausgeprägten Umgebungserkundung.

Am Beispiel des Lernens einer Fremdsprache wird deutlich, wie unterschiedlich die Motivation dafür sein kann. Während Menschen mit hoher Neugier beispielsweise Italienisch aus Interesse lernen, werden Menschen mit gering ausgeprägter Neugier dies nur tun, wenn sie später auch nach Italien reisen oder dort arbeiten, um die erworbenen Sprachkenntnisse anzuwenden.

4. Anerkennung

Das Anerkennungsmotiv sagt aus, ob eine Person ihre Selbstsicherheit eher vom Feedback anderer oder aus sich selbst heraus bezieht. Es steht dafür, wie sehr das Selbstbild durch andere oder sich selbst definiert wird.

Hoch ausgeprägt Menschen mit einem hoch ausgeprägten Anerkennungsmotiv streben nach sozialer Akzeptanz und einem positiven Feedback ihrer Mitmenschen. Sie sind daher meist sehr ehrgeizig und wollen Fehler und damit negative Kritik vermeiden. Sie streben nach Perfektion. Sie haben Angst, Ansprüchen nicht zu genügen und deshalb abgelehnt zu werden. Dies kann sie daran hindern, offen ihre Meinung oder gar Kritik auszusprechen. Zudem nehmen sie auch sachliche und konstruktive Kritik an ihrem Verhalten oder ihrer Arbeit schnell persönlich. Im *4-Ohren-Modell* von Schulz von Thun hören sie vor allem auf dem Beziehungsohr. Dadurch sind sie in zwischenmenschlichen Beziehungen oft empathischer und sensibler.

In der Praxis erleben wir immer wieder, dass diese Menschen neuen Aufgaben gegenüber vorsichtig eingestellt sind, da sie fürchten, diese nicht bewältigen zu können und dafür Ablehnung zu erfahren. Dabei steht nicht der inhaltlich ungewisse Ausgang der Aufgabe im Mittelpunkt, sondern die mögliche zwischenmenschliche Konsequenz.

Menschen mit einem niedrig ausgeprägten Anerkennungsmotiv beschreiben sich als selbstsicher und kritikfähig. Passend dazu lässt sich Adenauer mit dem Satz zitieren: »Die einen kennen mich, die anderen können mich.« Sie sind Fehlern gegenüber offener, weil sie diese als Quelle des Lernens werten. Sie leben nach dem Motto: »Ich kann alles schaffen.« Nach außen wirken sie sehr selbstbewusst, direkt, manchmal auch unsensibel. Führungskräfte mit einem niedrigen Anerkennungsmotiv neigen dazu, sehr sparsam mit Lob umzugehen. Da Lob für sie keine zusätzliche Motivation darstellt, können sie sich nicht vorstellen, welche positiven Wirkungen Lob auf andere haben kann. In der Praxis führen Manager mit einem schwach ausgeprägten Anerkennungsmotiv oft nach der Maxime »Nicht geschimpft ist Lob genug«.

Niedrig ausgeprägt

5. Ordnung

Das Motiv »Ordnung« steht für das Streben nach Struktur, guter Organisation, Planung sowie Sauberkeit und Hygiene.

Menschen mit einem hohen Ordnungsmotiv planen gern und können sich nur dann gut von ihren Vorhaben lösen, wenn diese durch einen neuen Plan ersetzt werden. Sie beschreiben sich selbst als ordentlich, exakt und detailorientiert. Ihr Leitspruch könnte sein: »Ein Platz für alle Dinge und alle Dinge an ihrem

Hoch ausgeprägt

Platz.« Oder: »Ordnung ist das halbe Leben.« Es fällt ihnen leichter, Abläufe und Prozesse zu strukturieren und eigene Wochen- oder Tagespläne zu schreiben. Standardisierte Prozesse und Routinen geben ihnen Sicherheit. Sie verabscheuen Schlampereien und sind stolz darauf, so gut organisiert zu sein.

Niedrig ausgeprägt Menschen mit einem niedrig ausgeprägten Ordnungsmotiv streben nach Flexibilität und Spontaneität. Sie passen sich nicht gerne an vorgegebene Prozesse an, da sie diese als beengend empfinden. Sie planen oft nur in sehr geringem Maß. Eine zu hohe Detailorientierung wird als störend empfunden. Ihr Motto könnte lauten: »Nur das Genie beherrscht das Chaos.« Sie selbst beschreiben sich häufig als offen, reaktionsschnell, kreativ und pragmatisch. Im täglichen Leben kann sich dieses Motiv in der Sauberkeit und Ordnung des Arbeitsplatzes oder dem Einkaufen mit oder ohne Liste zeigen.

6. Sparen und Sammeln

Das Motiv »Sparen und Sammeln« zeigt, wie gern Menschen Dinge aufheben und bewahren.

Hoch ausgeprägt Menschen mit einem hoch ausgeprägten Sparen / Sammeln-Motiv fällt es schwer, Dinge wegzuwerfen und sich von ihnen zu trennen, unabhängig davon, ob sie diese auch tatsächlich nutzen. Sie vermeiden unnötige Ausgaben und pflegen ihr Eigentum, um eine möglichst lange Betriebsdauer sicherzustellen. Statt einen neuen Toaster zu kaufen, wird stundenlang versucht, den alten zu reparieren. Häufig streben sie auch danach, Sammlungen zu vervollständigen. Ihr Motto könnte lauten: »Spare in der Zeit, dann hast du in der Not.« Nicht selten führt das dazu, dass das Auto nicht in der Garage stehen kann, weil diese mit Kartons vollgestellt ist. Oder das Motiv wird ausgelebt, indem man 120 Business-Hemden besitzt oder Geschenkpapier mehrfach benutzt. Menschen mit einem hoch ausgeprägten Sparen/Sammeln-Motiv beschreiben sich selbst als wirtschaftlich, vorausplanend und verantwortungsvoll.

Menschen des Gegenpols sind dagegen eher großzügig, verleihen und verschenken leichter ihr Eigentum, ohne es zurückzufordern. Oft leben sie nach dem Motto: »Sharing is caring.« Materiellen Besitz erleben sie sogar manchmal als unnötige Verantwortung und Belastung. Größere Anschaffungen können mit dem Gefühl der Inflexibilität und Gebundenheit verbunden werden. Die Hemmschwelle, sich von Altem und Defektem zu trennen, ist dagegen niedrig – unnötige Dinge wie lange nicht getragene Anzüge oder Blusen werden schnell entsorgt. Meist kümmern sie sich weniger um ihren Besitz und neigen zu Verschwendung. Menschen mit dieser Ausprägung können trotzdem Geld sparen, um entweder in besonderen Situationen großzügig zu sein (z. B. im Urlaub) oder eine emotionale Sicherheit zu erlangen.

Niedrig ausgeprägt

7. Ehre (Business-Version: Ziel- und Zweckorientierung)

Ehre steht für die Orientierung an einem festen Wertesystem, welches beispielsweise aus einem familiären, gesellschaftlichen, politischen, unternehmerischen oder religiösen Umfeld stammen kann.

Menschen mit einem hoch ausgeprägten Ehremotiv orientieren sich an Prinzipien oder einem moralischen Kodex. Sie beschreiben sich als charaktervoll, verantwortungs- und pflichtbewusst. Moralische Integrität ist für sie ein wichtiger Faktor. Sie hinterfragen seltener das Regelwerk, sondern ziehen unabhängig von dessen Inhalten eine Befriedigung aus ihrer Zugehörigkeit zu diesem Wertesystem. Führungskräfte mit dieser Ausprägung erlangen innere Zufriedenheit, indem sie der von ihnen erwarteten Rolle gerecht werden. Überdurchschnittliche Disziplin, Treue und Loyalität können eine Konsequenz daraus sein. Sie geben meist erst dann Versprechen ab, wenn sie diese auch einhalten können. Ihr mögliches Motto in unserem europäisch-christlichen Wertekanon lautet: »Ehrlich währt am längsten.«

Hoch ausgeprägt

Bei Menschen mit einem niedrig ausgeprägten Ehremotiv hingegen erfolgt ein stärker situations- und kontextbedingtes Bewerten

Niedrig ausgeprägt

und Handeln. Durch die geringere Orientierung an Wertesystemen handeln sie ziel- und zweckorientiert. Sie beschreiben sich selbst als pragmatisch, situativ handlungsfähig, flexibel und spontan und leben nach dem Motto: »Der Zweck heiligt die Mittel«. Ihnen fällt es leicht, bestehende Regeln zu hinterfragen.

Beispiel

Konrad Adenauer ist in zweifacher Hinsicht ein Beispiel für ein niedrig ausgeprägtes Ehremotiv: zum einen wählte er sich 1949 selbst als ersten Kanzler, zum anderen trat er im gleichen Jahr gegen die Wiederaufrüstung der BRD ein, bevor er sich 1950 mit dem Satz: »Was interessiert mich mein Geschwätz von gestern?« für die Wiederaufrüstung aussprach. Im heutigen Alltag spiegelt sich ein niedrig ausgeprägtes Ehremotiv z. B. darin wider, ob man ohne schlechtes Gewissen in zweiter Reihe parkt, schwarzfährt, bei Rot über die Ampel geht oder zu Notlügen greift.

Im internationalen Vergleich haben deutsche Manager übrigens eine der geringsten Ausprägungen des Ehremotivs weltweit.

8. Idealismus

Das Idealismusmotiv steht für das Streben nach sozialer Gerechtigkeit und gesellschaftlicher Weiterentwicklung.

Hoch ausgeprägt Menschen mit einem hoch ausgeprägten Idealismusmotiv sind altruistisch und wollen zum Wohle der Menschheit und der Gesellschaft beitragen. Dies äußert sich beispielsweise darin, dass sie gemeinnützigen Organisationen beitreten, humanitäre Interessen unterstützen oder Geld spenden. Sie sind oft selbstlos und nehmen Anteil an dem, was mit anderen Menschen – nicht nur mit denen in ihrer Stadt, sondern auf der ganzen Welt – geschieht. Sie helfen aus dem inneren Drang heraus, helfen zu wollen, und nicht, um sich vor anderen zu profilieren. Sie möchten dazu beitragen, dass die Welt ein besserer Ort wird. Dafür werden sie manchmal als »naive Weltverbesserer« und »unrealistische Träumer« betrachtet. Berühmte Beispiele dafür sind Mutter Theresa, Robin Hood, der Sänger Bono oder Lady Di. Der Slogan »Brot für die Welt« fasst diese Ausprägung gut zusammen.

Ist das Idealismusmotiv dagegen niedrig ausgeprägt, überwiegt die Orientierung am persönlichen Vorteil. Diese Menschen beschreiben sich als realistisch und pragmatisch. Sie werten Ungerechtigkeiten als unvermeidliche Bestandteile des Lebens. Im Gegensatz zur hohen Ausprägung dieses Motivs könnte ihr Slogan lauten: »Brot für die Welt – Kuchen für mich.« Ihre Lebensmaxime lautet: »Jeder ist seines eigenen Glückes Schmied«, womit sie jedem Menschen eine große Selbstverantwortung zuschreiben.

9. Beziehungen

Das Beziehungsmotiv beschreibt den Wunsch, mit anderen zusammen zu sein und Spaß zu haben. Es steht für das Streben nach positiven sozialen Kontakten.

Menschen mit einem hoch ausgeprägten Beziehungsmotiv suchen **Hoch ausgeprägt** Kontakt, Begegnungen und Nähe mit anderen. Sie beschreiben sich selbst als aufgeschlossen, lebendig und humorvoll. Sie gehen gern auf Partys und Feste und sind nicht selten Mitglied in mehreren Vereinen, Clubs und Organisationen. Sie haben in der Regel eine hohe Sozialkompetenz und erleben ihre glücklichsten Momente, wenn sie mit anderen zusammen sind. Sie bearbeiten Aufgaben und Projekte lieber in der Gruppe als allein. Ihre Bürotür steht meist offen. Ihr Netzwerk ist groß, wobei auch viele lose Kontakte dazugehören. Angesprochen fühlen werden sich diese Menschen beispielsweise von Slogans, wie ihn der Reiseveranstalter Club Aldiana nutzt: »Sonnenschein – nie allein: Urlaub unter Freunden«.

Im Unterschied zur Unabhängigkeit beschreibt das Beziehungsmotiv das Streben nach Kontakt und Gesellschaft, weniger die emotionale Verbundenheit mit anderen. Deswegen wirken die Menschen, bei denen das Motiv stark ausgeprägt ist, extravertiert, sie sind es aber nicht zwangsläufig.

Ein niedrig ausgeprägtes Beziehungsmotiv weist auf den Wunsch **Niedrig ausgeprägt** nach sozialer Zurückgezogenheit hin. Diese Menschen entspannen besser in der Einsamkeit und fühlen sich in der Gesellschaft von Fremden schnell unwohl. Erzwungenen Kontakten oder viel Small Talk können sie nichts abgewinnen. In Meetings, bei Firmenfesten und sonstigen Zusammenkünften bleiben sie nicht länger als nötig und kehren dann aufatmend in ihr eigenes Reich zurück. Sie lassen sich auf oberflächliche Kontakte am ehesten dann ein, wenn sie sich positive Konsequenzen davon versprechen oder unangenehme Folgen vermeiden wollen.

10. Familie

Das Motiv »Familie« ist mit Blick auf die eigene gegründete oder zu gründende Familie zu sehen. Das Familienmotiv umfasst das Streben nach Fürsorge gegenüber dem Partner und den eigenen Kindern.

Hoch ausgeprägt Menschen mit einem hoch ausgeprägten Familienmotiv haben den Wunsch, eigene Kinder zu bekommen und aufzuziehen, sie sind »Familienmenschen«. Für sie geht die Familie meist über alles. Sie sind oft bereit, die Bedürfnisse ihrer Kinder über die eigenen zu stellen, und mögen das Gefühl, gebraucht zu werden. In dem Begriff »Fürsorge« ist auch »Sorge« enthalten – daher beschäftigen sie sich häufig gedanklich mit ihrer Familie und machen sich öfter Sorgen um sie. Zudem versuchen sie, möglichst viel Zeit mit ihrer Familie zu verbringen. Können sie aus beruflichen Gründen diesem Motiv nicht gerecht werden, baut sich (zumindest latent) ein schlechtes Gewissen gegenüber ihrer Familie auf. Daher freuen sich vielbeschäftigte Manager häufig mehr über einen freien Tag, den sie mit ihrer Familie verbringen können, als über eine Bonuszahlung.

Niedrig ausgeprägt Menschen, bei denen dieses Motiv niedrig ausgeprägt ist, streben eher nach einem partnerschaftlichen Zusammenleben mit ihrer Familie. Sie wollen sich unabhängig, frei und unbelastet fühlen. Nicht immer, aber häufig, geht damit ein niedrig ausgeprägter Kinderwunsch einher. In ihrer Freizeit beschäftigen sie sich gern mit familienunabhängigen Freunden oder Themen. Wenn sie eigene Kinder haben, werden diese häufig mit der sogenannten »langen Leine« erzogen. Die Eltern-Kind-Beziehung hat manchmal kumpelhafte Züge, was aber nicht bedeutet, dass die Eltern ihre Kinder weniger lieben. Als extremes Beispiel kann Nina Hagen gesehen werden, die oftmals mit dem Satz.»Meine Tochter ist meine beste Freundin« zitiert wird.

11. Status

Die einen leben nach dem Motto: »Bescheidenheit ist eine Zier«, die anderen ergänzen diesen Spruch mit: »doch besser lebt's sich ohne ihr«. Grammatikalisch zwar nicht ganz korrekt, aber dennoch treffend. Das Streben nach Status beinhaltet den Wunsch nach Prestige in der sozialen Hierarchie.

Hoch ausgeprägt

Menschen mit einem hohen Statusmotiv wollen mehr haben oder mehr können als andere und dadurch wahrgenommen werden. Sie brauchen das Gefühl, etwas Besonderes zu sein, zum Beispiel einer Elite anzugehören. Status kann dabei materiell oder immateriell empfunden und ausgelebt werden. Immateriell können das besondere Fähigkeiten, Titel, Positionen oder Zugehörigkeiten sein. Materiell sind es häufig Markenkleidung, Autos, Uhren, Einrichtung etc. Menschen mit einem hohen Statusmotiv beschreiben sich gern als privilegiert und einzigartig. Sie suchen die Nähe zu »herausragenden« Menschen wie Prominenten oder Top-Managern. Dieses Motiv ist auch ein Treiber für berufliches Fortkommen und das Erreichen einer Spitzenposition.

Niedrig ausgeprägt

Menschen mit einem niedrig ausgeprägten Statusmotiv wollen als bescheiden und egalitär wahrgenommen werden. Sie sind daher oft unauffällig und beschreiben sich als unaufgeregt und gerecht. Promovierte Manager mit einem schwachen Statusmotiv können in ihrer Anrede problemlos auf den Doktortitel verzichten. Spitzenverdiener wählen aus dem Pool der Firmenfahrzeuge nicht immer den größten Wagen. Sie bleiben von Statussymbolen anderer unbeeindruckt und bewerten diese Menschen eher als snobistisch, eingebildet und angeberisch.

12. Rache/Kampf

Das Streben nach Rache oder Kampf bedeutet, den Vergleich mit anderen zu suchen und dabei gewinnen zu wollen.

Hoch ausgeprägt Fordert man einen hoch Rache/Kampf-motivierten Menschen heraus, so wird er diese Herausforderung freudig annehmen. Er wird einem Angriff, in welcher Art er auch stattfinden mag, wahrscheinlich nicht aus dem Weg gehen. Sollte er dann verlieren, so wird dies womöglich so stark an ihm nagen, dass er um eine Revanche bemüht ist, eventuell sogar nach Rache sinnt. Solche Personen beschreiben sich als durchsetzungsstark, wettbewerbsfähig und standhaft – als Kämpfernaturen.

Berufliche Konkurrenz in Form von Erfolgsrankings oder »Rennlisten« im Vertrieb spornen sie zu Höchstleistungen an. Sie wollen stets gewinnen – frei nach dem Motto: »The winner takes it all.« »Auge um Auge« und »Rache ist süß« sind ebenso passende Leitsätze. Als bildhaftes Beispiel aus dem Leistungssport dient die Anekdote aus dem italienischen Fußball: Die Spieler von Udinese Calcio urinierten unmittelbar nach der Niederlage im Pokalfinale in den Siegerpokal. Die Gewinnermannschaft hat aus nachvollziehbaren Gründen anschließend auf das durchaus gängige Ritual verzichtet, den Siegerchampagner aus dem Pokal zu trinken ...

Niedrig ausgeprägt Menschen mit einem niedrig ausgeprägten Rache/Kampf-Motiv sind dagegen harmonisierend und ausgleichend. Im Verhalten herrschen Konfliktvermeidung oder sogar -schlichtung vor, Kompromisssuche hat Vorrang vor einem Austragen der Meinungsverschiedenheit. Solche Menschen vergeben anderen schnell und vergleichen sich nicht gerne mit ihnen. Es ist möglich, dass sie sehr große Zugeständnisse machen, um eine Konflikteskalation zu verhindern. Sie beschreiben sich häufig als kooperativ, friedliebend und nicht nachtragend. Wenn jemand wie Nelson Mandela nach 25 Jahren Haft am ersten Tag seiner Freilassung seinen Klägern vergibt, spricht das für ein niedrig ausgeprägtes Rache/Kampf-Motiv.

13. Eros (Business-Version: Schönheit)

Das Erosmotiv steht für das Streben nach einem erotischen Leben, Sexualität, Schönheit, Ästhetik und Design. Es umfasst nicht nur die körperliche Liebe, sondern das ganzheitliche Streben nach Schönem, nach Erotik in ihrem klassischen Verständnis.

Hoch ausgeprägt

Menschen mit starkem Erosmotiv haben meist ein ausgeprägtes Liebesleben. Sie befassen sich in der Regel mehr mit Sexualität und Lust als ein Großteil der Menschen. Diese Auseinandersetzung mit dem Thema Eros beinhaltet nicht nur sexuelle Fantasien und das Ausleben ihrer Sexualität. Auch die eigene Schönheit und das Schönsein für den Partner ist Teil ihres Gedankenguts und Handelns. Ihr Sinn für Ästhetik ist meist gut ausgeprägt und sie haben ein Faible für alles, was schön ist, wie Kunst, Musik und Natur. Damit kann ein hohes Erosmotiv – neben einer geringen Ausprägung von Ordnung und Ehre zur notwendigen gedanklichen Flexibilität – auch eine gute Grundlage für einen schöpferisch-kreativen Beruf sein, beispielsweise im Produktdesign, in der Werbung, der Fotografie etc. Menschen mit einem hoch ausgeprägten Erosmotiv beschreiben sich selbst oft als gute Liebhaber, sinnlich und romantisch. Das Motto von Hugh Hefner: »Sex ohne Liebe ist besser als gar kein Sex« passt gut zu dieser Ausprägung. Sexualität werten sie nicht als »Nebensache«, sondern als menschliches Grundbedürfnis.

Niedrig ausgeprägt

Menschen mit einem niedrig ausgeprägten Erosmotiv hingegen denken weniger an Sex und sehnen sich seltener danach. Ihr Lebensstil ist eher asketisch. Das Design von Produkten oder Kunst und »schöne« Dinge sind ihnen oftmals weniger wichtig. Auch Zeiten sexueller Abstinenz stellen für Menschen mit niedrigem Eros kein Problem dar. Sie selbst beschreiben sich eher als asketisch und tugendhaft.

14. Essen

Das Motiv »Essen« steht für die Freude am Essen. Es bezeichnet das Streben, sich mit Nahrung in gedanklicher und realer Form zu beschäftigen.

Hoch ausgeprägt Essen stellt für hoch Ausgeprägte nicht nur eine biologische Notwendigkeit dar, sondern hat darüber hinaus auch eine seelische Bedeutung. Vieles dreht sich bei ihnen um das Essen, zum Beispiel der Tagesablauf oder die Wochenendgestaltung. Der ausgiebige Einkauf frischer Zutaten auf dem Wochenmarkt und der anschließende Kochabend bereiten diesen Menschen große Freude. Essen ist mit Genuss verbunden, hohe Qualität wird bevorzugt und Neues gerne ausprobiert. Allerdings essen diese Menschen nicht zwangsläufig mehr und sind daher nicht dicker als andere. Menschen mit einem hohen Essensmotiv berichten, dass sie regelmäßig von Essen träumen. Sie leben nach dem Leitspruch: »Essen ist Nahrung, Genuss ist Kunst.«

Niedrig ausgeprägt Im Gegensatz dazu werten diejenigen mit niedriger Ausprägung Essen als reine Nahrungsaufnahme. Nicht selten arbeiten sie neben dem Essen einfach weiter, wenn sie in ihre Beschäftigung vertieft sind. Essen ist Nebensache, kein Selbstzweck. Oftmals stört sie sogar das natürliche Gefühl von Hunger, da sie lieber ihre Zeit für etwas anderes als Essen nutzen würden. Trotzdem können diese Menschen eine große Freude am Essen erleben, genau betrachtet ist es dann allerdings nur ein Mittel zum Zweck, zum Beispiel zur Befriedigung ihres Beziehungsmotivs: »Lass uns doch mal wieder Freunde zum Kochen einladen«, der Befriedigung des Statusmotivs: »Lass uns mal zum tollen Franzosen gehen«, oder ihres Neugiermotivs: »Wie macht man eigentlich richtig Sushi?«

15. Körperliche Aktivität

Körperliche Aktivität steht für das Streben nach Fitness und Bewegung.

Menschen mit einem diesbezüglich hoch ausgeprägten Lebens- **Hoch ausgeprägt**
motiv wollen einen aktiven Lebensstil führen und viel und regelmäßig Sport treiben. Sie sind athletisch, körperliche Leistungsfähigkeit ist ihnen wichtig. Dabei steht die Aktivität an sich im
Vordergrund und nicht, ob jemand in einer speziellen Sportart mit
anderen konkurrieren kann. Alternativ kann sie auch körperliche Arbeit (z. B. im Garten) befriedigen. Sport gibt ihnen Energie,
auch wenn sie dabei physiologisch betrachtet Energie verbren-
nen. Diese Menschen beschreiben sich selbst als vital und kraftvoll.

Menschen, bei denen dieses Motiv niedrig ausgeprägt ist, leben **Niedrig ausgeprägt**
nach dem Motto: »Sport ist Mord.« Sie fühlen sich wohler, wenn
sie bequem und gemütlich leben können – warum Treppen steigen, wenn es auch einen Lift gibt? Beschreibungen wie »Stubenhocker« oder »Couch potatoe« sind ihnen nicht unbekannt. Da
Sport einer der wichtigsten medizinischen Faktoren ist, können
natürlich auch diese Menschen mit Freude Sport machen, indem
sie sich eine Situation gestalten, in der ihre übrigen Motive befriedigt werden: das Beziehungsmotiv im Mannschaftssport, das Ra-
che/Kampf-Motiv im Wettkampfsport, das Statusmotiv in elitären
Sportarten und das Erosmotiv bei attraktiven Trainern.

16. Emotionale Ruhe

Emotionale Ruhe meint das Streben nach emotionaler Sicherheit
und Stabilität. Es kann auch als Angst vor Ungewissheiten und
Risiken interpretiert werden.

Menschen mit einem hoch ausgeprägten Ruhemotiv wünschen **Hoch ausgeprägt**
sich Vorausschaubarkeit und Entspannung. Unbekanntes wird
eher vermieden, weil die Konsequenzen nicht planbar sind. Sie
sehen in Veränderungen schneller die Risiken als die Chancen
und sind eher stresssensibel. Empfinden sie körperliche Schmerzen, machen sie sich schnell Sorgen um ihren allgemeinen Ge-
sundheitszustand. Sie beschreiben sich selbst als vorsichtig, klug
und vorausschauend. Im Alltag kann das zum Beispiel bedeuten,

dass sie beim Kauf eines Autos vor allem auf dessen Sicherheits-
ausstattung achten oder schon früh finanziell vorsorgen.

Im Management sind Menschen mit einem hoch ausgeprägten
Bedürfnis nach emotionaler Ruhe eher die »Bewahrer« als die
»Veränderer«, die auf Veränderungen deshalb oft kritisch reagie-
ren, weil sie deren Folgen nicht vorhersehen können.

Niedrig ausgeprägt Umgekehrt haben Menschen mit einem niedrigen Ruhemotiv
eine höhere Stresstoleranz. Sie sind Abenteurer, die Abwechslung
und Nervenkitzel suchen. Sie sind risikobereit und beschreiben
sich selbst als mutig, kühn und robust. Angst oder Panik empfinden sie selten, auch der Umgang mit Schmerzen ist für sie relativ unproblematisch. Druck und Unwägbarkeiten motivieren sie,
besondere Leistungen zu zeigen. Manche sind echte »Deadline-
Junkies«. Sie langweilen sich schneller als andere. Ihre Leitsprü-
che könnten »Stillstand ist Rückschritt« oder »No risk, no fun«
sein.

Insgesamt betrachtet ist neben den Motiven Anerkennung und
Rache / Kampf auch dieses Motiv ein wichtiger Faktor der Resilienz (psychische Stabilität, Stehaufmännchen-Mentalität). Menschen mit hoher Anerkennung, hohem Rache / Kampf-Motiv und
hoher emotionaler Ruhe sind eher vulnerabel (psychisch ver-
wundbar).

Anwendungsbereiche

Das Reiss Profile ist für jeden Menschen ein Gewinn, denn es
deckt oftmals Verborgenes oder bislang nur Erahntes auf und gibt
eine Erklärung für manche Fragen der Vergangenheit. Es zeigt die
Harmonien und Disharmonien der verschiedenen Motive. Es ist
eine Art »Hebamme«, die das sichtbar macht, was der Mensch in
sich trägt.

Das Reiss Profile im Management

Das Reiss Profile kann im beruflichen Kontext hervorragend eingesetzt werden, zum Beispiel zur Auslotung oder Neuzusammenstellung von Teams. Wer eignet sich besonders für eine bestimmte Aufgabe? Wer trägt in sich die besten Voraussetzungen, um eine Führungsposition zu übernehmen oder eine Fachlaufbahn einzuschlagen? Wie kann ich meine Mitarbeiter am besten motivieren? Da nicht jeder Mitarbeiter dieselben Motive hat, wird er auch durch unterschiedliche Dinge angespornt. Für den einen mag es eine Bonuszahlung sein, für den anderen ein freier Tag mit der Familie. Mehr zu diesen motivspezifischen Handlungs- und Kommunikationsmaßnahmen erfahren Sie im 2. Teil (siehe Seite 125 f.).

Teams richtig zusammenstellen

Das Reiss Profile in der Personalauswahl und Berufswahl

Auch für die Personalauswahl eignet sich das Reiss Profile: Um sicherzustellen, dass die Kandidaten auch langfristig motiviert eine Stelle besetzen, sollte man überprüfen, ob die Motive der Kandidaten zur ausgeschriebenen Stelle passen. Damit senkt man Absentismus und Fluktuation, was langfristig enorme Kosten spart.

Anforderungsprofil erstellen

Vertriebsmitarbeiter sollten beispielsweise ein hoch ausgeprägtes Beziehungsmotiv besitzen, um den Kundenkontakt zu genießen. Passend dazu sind ein hoch ausgeprägtes Unabhängigkeitsmotiv, da sie oftmals nicht direkt in ein Team eingebunden sind und eher für sich arbeiten, sowie ein hoch ausgeprägtes Rache / Kampf-Motiv, das sie dazu anspornt, besser als andere Vertriebsmitarbeiter zu sein. Ein solches Idealanforderungsprofil kann durch ein Benchmarking der besten Vertriebsmitarbeiter in einem Unternehmen erstellt werden.

Das Reiss Profile kann auch bei einer beruflichen Neuorientierung nützlich sein oder jungen Menschen als Wegweiser für den weiteren Lebensweg dienen. Es deckt auf, was ihnen wirklich Spaß macht und welche Berufe ihre Motive befriedigen könnten. Und da die Motive auch die eigenen Fähigkeiten beeinflussen, kann man so auch bereits vorhandene Stärken »aufdecken«.

Das Reiss Profile in Partnerschaften

Sich gegenseitig schätzen

In beruflichen wie auch privaten Partnerschaften kann das Reiss Profile genutzt werden, um die Unterschiede und Gemeinsamkeiten mit dem Partner aufzudecken. Dies hilft, sich gegenseitig wertzuschätzen und die Andersartigkeit des Partners zu akzeptieren. Sind die Motive der Partner sehr ähnlich ausgeprägt, gibt es also viel »Klebstoff« zwischen ihnen, erleichtert dies natürlich das Zusammenleben oder Zusammenarbeiten. Für Paare, deren Profile viel »Sprengstoff« enthalten, deren Motive also sehr unterschiedlich ausgeprägt sind, gilt: »It's simple, but not easy!« Mit guter Kommunikation und gegenseitiger Wertschätzung können aber auch diese Paare eine glückliche Partnerschaft führen. Insbesondere das Wissen über die Motivstruktur des anderen kann schon den Unterschied machen. Es hilft auch dabei aufzuhören, sich den anderen anders zu wünschen. Mehr zu den Möglichkeiten des Partnervergleichs im beruflichen Kontext erfahren Sie im 2. Teil (siehe Seite 116 ff.).

Das Reiss Profile im Leistungssport

Zu sportlicher Höchstleistung motivieren

Auch im Leistungssport kann das Reiss Profile einzelnen Sportlern wie ganzen Mannschaften helfen, ihre individuellen Motive zu erkennen und dadurch emotionale Stärke aufzubauen und sich langfristig zu motivieren. So setzten beispielsweise mehrere deutsche Olympiasieger 2008 in Peking das Reiss Profile zur Vorbereitung auf diesen wichtigsten Wettkampf in ihrem Leben ein, unter anderem Mathias Steiner, Olympiasieger im Gewichtheben.

Auch im Mannschaftssport wird das Reiss Profile bereits vielfach angewendet. Dabei nutzen die Trainer das Reiss Profile, um jeden

Spieler individuell zu coachen und Unterschiede der Spieler im Vergleich zu ihrer eigenen Persönlichkeit zu erkennen (siehe auch das Interview mit Lothar Linz Seite 240ff.).

Die Zusammenarbeit in der Mannschaft kann durch die Kenntnisse des individuellen Reiss Profiles deutlich verbessert werden. Peter Boltersdorf als Experte für Leistungssport und das Reiss Profile unterstützte die deutsche Handball-Nationalmannschaft mit dem Reiss Profile vor und während der Handball-WM 2007. Dies ermöglichte dem Bundestrainer Heiner Brand, gezielter zu planen, effektiver zu kommunizieren und jeden Spieler individuell zu motivieren. So begleitete das Reiss Profile die Mannschaft auf ihrem Weg zum Titel und trug letztlich dazu bei, dass aus der Mannschaft mehr als die Summe ihrer Teile wurde.

Auch Fußballvereine wie der FC Schalke 04, Alemannia Aachen, Mainz 05 und der 1. FC Köln nutzen oder nutzten das Reiss Profile.

Das Reiss Profile im Privatleben

Im Privatleben kann Ihnen die Kenntnis Ihrer Lebensmotive helfen, Ihr Leben kurz- und langfristig glücklicher und befriedigender zu gestalten. Dazu nachfolgend einige Beispiele:

Familie

Frauen mit einem niedrig ausgeprägten Familien- und einem hoch ausgeprägten Neugier-, Macht- und Statusmotiv können mit Kindern vermutlich glücklicher leben, wenn sie weiterhin ihrem Job nachgehen oder sich viele familienunabhängige interessante Nebenaktivitäten verschaffen. Ist ihr Familienmotiv hoch ausgeprägt, sollten sie sich eine Stelle suchen, die es ihnen auch ermöglicht, intensiv Zeit mit der Familie zu verbringen.

Hobbys und Sport

Die Erkenntnisse aus dem Reiss Profile können dazu verhelfen, sich für Sport zu begeistern. Grundsätzlich veranlasst natürlich das Motiv »Körperliche Aktivität« dazu, sich fit zu halten. Wer aber trotz seines gering ausgeprägten körperlichen Aktivitäts-Bedürfnisses (z. B. der Gesundheit zuliebe) Sport treiben will, kann sich auch durch andere Motive anregen lassen: Mannschaftssport befriedigt beispielsweise ein hoch ausgeprägtes Beziehungsmotiv und ein niedrig ausgeprägtes Unabhängigkeitsmotiv. Ein »teurer« Personal Trainer befriedigt ein hoch ausgeprägtes Statusmotiv. Menschen mit gering ausgeprägter emotionaler Ruhe, die eher das Risiko suchen, könnten sich durch abenteuerliche Sportarten wie Freeclimbing oder Fallschirmspringen motivieren. Und letztendlich kann natürlich auch ein hoch ausgeprägtes Rache / Kampf-Motiv zu sportlichen Höchstleistungen motivieren.

Darüber hinaus kann das Reiss Profile auch helfen, weitere Hobbys und Freizeitaktivitäten zu finden, die Werteglück verschaffen: Wer zum Beispiel von einem hoch ausgeprägten Neugiermotiv getrieben wird, wird im Lesen von Büchern, dem Besuch von Museen und / oder tiefgehenden Gesprächen mit Freunden vermutlich eine große Befriedigung empfinden und Menschen mit einem hoch ausgeprägten Beziehungsmotiv sollten sich dort aufhalten, wo sie mit anderen ausgelassen beisammen sein können.

Urlaub Auch bei der Urlaubsplanung kann Ihnen Ihr Reiss Profile helfen herauszufinden, welcher Urlaub Sie wirklich befriedigt. Zentral können hier die Motive Emotionale Ruhe, Körperliche Aktivität, Beziehungen, Familie, Status und Neugier sein. Menschen mit hoch ausgeprägter Emotionaler Ruhe und niedriger Körperlicher Aktivität werden sich eher in einem entspannten Urlaub, zum Beispiel am Strand, wohl fühlen. Ist hingegen das Bedürfnis nach körperlicher Aktivität, Action und Abwechslung (niedrig ausgeprägte Emotionale Ruhe) hoch, bietet sich eher ein Abenteuerurlaub an. Die Motive Beziehungen und Familie entscheiden darüber, ob man lieber in einer Gruppe oder allein reist – wobei auch Alleinreisende einen Cluburlaub machen können, um mit anderen Menschen zusammen zu sein. Menschen mit einem hoch ausgeprägten Statusmotiv sollten sich eher für eine exklusive Unterbringung, vielleicht sogar für einen exklusiven Urlaubsort, entscheiden. Und Menschen mit einem hoch ausgeprägten Neugiermotiv befriedigen dies vermutlich gut durch die intensive Erkundung des Landes. Doch auch hier gilt, dass nicht nur einem

Motiv zu folgen ist, sondern die Gesamtkonstellation zu berücksichtigen bleibt.

Wohnen

Die Wohnsituation kann stark von den Lebensmotiven beeinflusst werden. So werden sich Menschen mit einem hohen Unabhängigkeitsmotiv in Wohngemeinschaften vermutlich weniger wohl fühlen. Menschen mit einem hohen Beziehungsmotiv können dieses befriedigen, indem sie Räume für Gäste und Geselligkeit schaffen. Auch die Einrichtung wird von einem hohem Status- oder Erosmotiv beeinflusst.

Ernährung

Gesunde Ernährung oder das Abnehmen fallen leichter, wenn man dabei im Einklang mit seinen Lebensmotiven lebt. Menschen mit einem hoch ausgeprägten Essensmotiv sollten beispielsweise keine einseitige Diät, zum Beispiel eine Kohlsuppendiät, machen, da das immer gleiche Essen sie langfristig demotivieren wird und einen Abbruch wahrscheinlicher macht. Stattdessen können sie sich über den Genuss gesunden Essens und das Ausprobieren neuer Rezepte motivieren, sich gesünder zu ernähren. Abnehmgruppen wie Weight Watchers können Menschen mit hohem Beziehungs- und niedrigem Unabhängigkeitsmotiv helfen, da man so im Team abnimmt. Eventuell spornt das wöchentliche Wiegen auch Menschen mit einem hoch ausgeprägtem Rache/Kampf-Motiv an.

Ihre Lebensmotiv-Analyse kann Sie also in den verschiedensten Lebensbereichen unterstützen. Wie genau Sie das Reiss Profile in Ihrer Position als Führungskraft unterstützen kann, erfahren Sie im Verlauf des Buches noch ausführlicher.

TEIL 2

Motivorientierte Führung mit den Reiss Profile

Ihre Führungspersönlichkeit – sich selbst erfahren

Der erste Schritt zu motivorientierter Führung beschäftigt sich hauptsächlich mit der sogenannten Selbstreflektion. Denn es gilt:

Nur wer sich selbst ganzheitlich und gut führt, kann auch andere führen!

Jeder Mensch hat individuell ganz unterschiedliche Motive und Bedürfnisse, zum Beispiel braucht nicht jeder in einem Team gleich viel Unabhängigkeit, Anerkennung oder Status. Motivorientierte Personalführung setzt voraus, dass man die Motivstruktur seiner Mitarbeiter kennt und berücksichtigt. Dafür muss sich die Führungskraft zunächst ganzheitlicher mit sich selbst auseinandersetzen, bevor sie dies mit jedem einzelnen Mitarbeiter aus dem Team tut.

Lebensmotive sind Energielieferanten, die durch eine an die individuelle Motivstruktur angepasste Vorgehensweise ihre optimale Wirksamkeit im Alltag entfalten können. Sie finden im Verlauf des Buches einige Beispiele, welche die Individualität dieser Motivkonstellationen verdeutlichen.

Motivorientierte Führung nach unserem Verständnis lässt sich mit dem Satz unterstreichen:

Erfolg folgt, wenn man sich selbst folgt.

Die Selbsteinschätzung als Landkarte der Orientierung

In der Einleitung haben wir Sie mit Herrn Chef, dem Abteilungsleiter einer renommierten Versicherungsgesellschaft, bekannt gemacht (siehe Seite 11). Sie erinnern sich? Es wurde eine Mitarbeiterbefragung zum Thema »Zufriedenheit am Arbeitsplatz« in seinem Unternehmen durchgeführt und er wunderte sich über die schlechte Bewertung der Frage »Zufriedenheit mit der Führung Ihrer Abteilung«. Auf Seite 77 finden Sie die Motivkonstellation von Herrn Chef (Abb. 12).

Herr Chef Herr Chef verfügt über ein ausgesprochen hohes Machtmotiv. Er leitet demnach gerne an, mag es, Verantwortung zu übernehmen, Entscheidungen zu treffen und die Kontrolle zu haben. Sein Unabhängigkeitsmotiv, ebenfalls stark ausgeprägt, motiviert ihn zu Freiheit, Autonomie und dem Streben nach eigenen Regeln. Das schwach geprägte Anerkennungsmotiv steht für selbstsicheres und selbstbewusstes Verhalten. Durch die daraus resultierende Kritikfähigkeit ist er immer sehr direkt in seinen Kommentaren und seinem Feedback und wirkt unsensibel auf sein Umfeld. Das stark geprägte Rache / Kampf-Motiv animiert ihn dazu, möglichst besser zu sein als andere. Seine Handlungen sind stets ziel- und zweckorientiert aufgrund seines niedrig ausgeprägten Ehremotivs.

Diese Motivkonstellation wirkt sich natürlich auch auf die Führungspersönlichkeit und den Führungsstil von Herrn Chef aus und lässt folgende Rückschlüsse zu: Er strebt nach Herausforderungen, schnellen Entscheidungen, und ist dabei stets leistungs- und sachorientiert. Darüber hinaus stellt er am liebsten selber Regeln auf und braucht Freiheit und Autarkie. Durch sein gering ausgeprägtes Anerkennungsmotiv strebt er nicht so sehr nach sozialer Akzeptanz, demnach braucht er weniger Zuspruch und Lob. Er motiviert sich aus sich selbst heraus und ist sehr wahrscheinlich auch kein Paradebeispiel für verbalisiertes Loben und die unmittelbar ausgesprochene Anerkennung gegenüber seinen Mitarbeitern. Sein ziel- und zweckorientiertes Handeln könnte

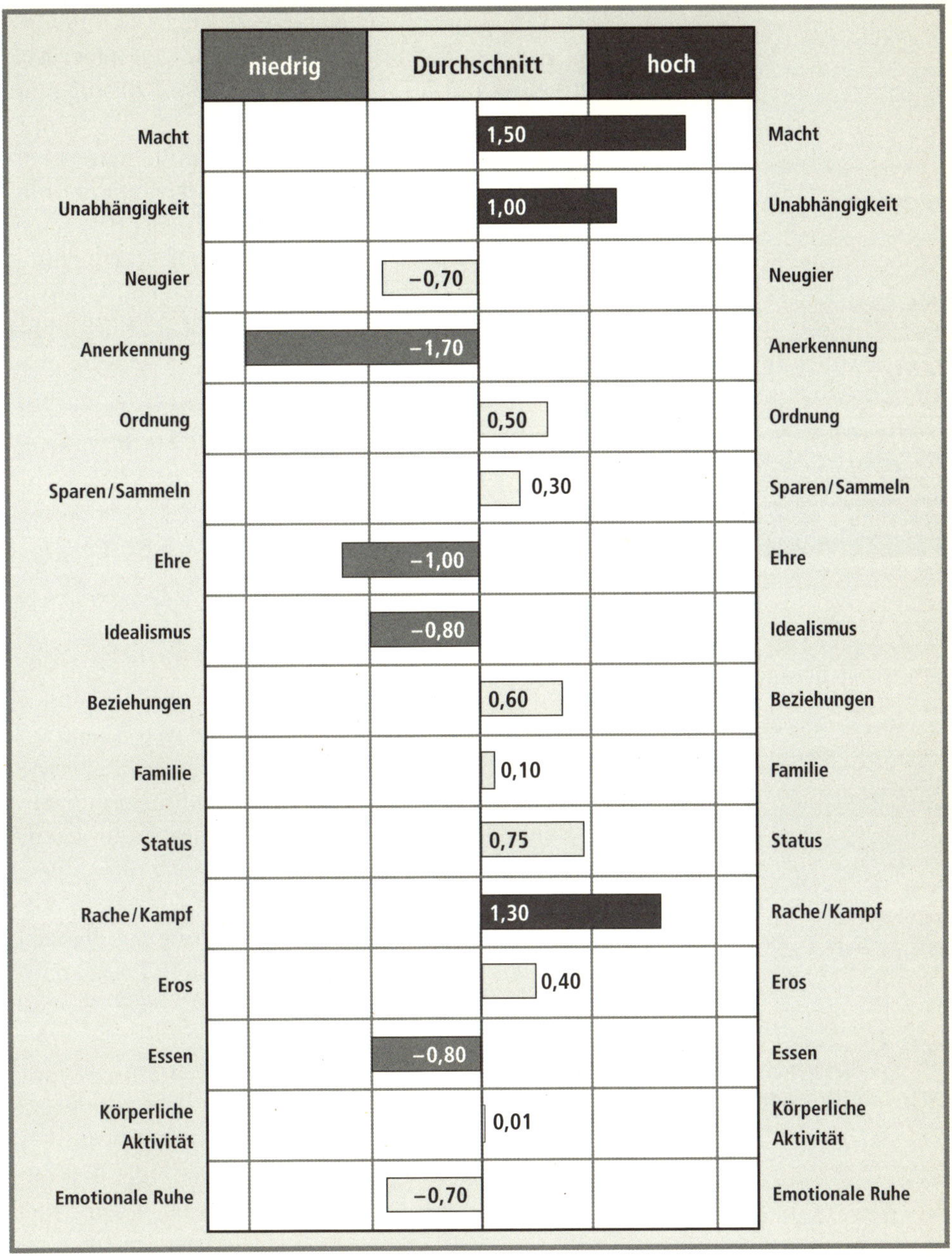

	niedrig	Durchschnitt	hoch	
Macht			1,50	Macht
Unabhängigkeit			1,00	Unabhängigkeit
Neugier		−0,70		Neugier
Anerkennung		−1,70		Anerkennung
Ordnung		0,50		Ordnung
Sparen/Sammeln		0,30		Sparen/Sammeln
Ehre		−1,00		Ehre
Idealismus		−0,80		Idealismus
Beziehungen		0,60		Beziehungen
Familie		0,10		Familie
Status		0,75		Status
Rache/Kampf		1,30		Rache/Kampf
Eros		0,40		Eros
Essen		−0,80		Essen
Körperliche Aktivität		0,01		Körperliche Aktivität
Emotionale Ruhe		−0,70		Emotionale Ruhe

Abb. 12: Balkendiagramm Herr Chef

oft als rücksichtslos wahrgenommen werden. Hinzu kommt, dass sich Herr Chef gerne an den Leistungen und Erfolgen seiner Kollegen orientiert aufgrund der starken Rache / Kampf-Ausprägung.

Bringen wir nun seine Motivausprägungen und die daraus entstehenden Führungspräferenzen in Zusammenhang mit der Mitarbeiterbefragung. Die darin abgebildete Unzufriedenheit seiner Mitarbeiter mit seinem Führungsverhalten zeigt deutlich, dass es nicht ausreicht zu sagen, er müsse seinem Team mehr Anerkennung und Lob geben. Denn dann würde man Gleichbehandlung mit gleicher Behandlung gleichsetzen. Mit anderen Worten, nicht jeder braucht gleich viel Anerkennung oder Lob.

Beispiel Julia K.

Beruflich ist Julia K. selbstständig und erfolgreich als Personalentwicklerin tätig. Sie berät Unternehmen und deren Führungskräfte zu den Themen »persönliche Effektivitätssteigerung«, »Veränderungen« und »Mitarbeiterführung«. Dabei arbeitet sie mit unterschiedlichen Methoden wie zum Beispiel Workshops, Seminaren und Coaching-Maßnahmen.

Bei Julia K. sind die Motive Macht, Neugier, Ordnung, Beziehung, Status und Rache / Kampf hoch ausgeprägt (siehe Abb. 13 auf Seite 79). Julias hoch ausgeprägtes Neugiermotiv gibt ihr immer wieder die Energie, sich auf neue Unternehmen und Menschen einzustellen. Sie empfindet es nicht als Belastung oder Mühe, ständig Neues aufzunehmen, zu lernen, zu begreifen, auch nicht, wenn es sich dabei um fachspezifische, branchenspezifische oder unternehmensspezifische Zusammenhänge, Fachbegriffe etc. handelt. Ihr bereitet es Freude und Befriedigung, das neue Wissen unmittelbar anzuwenden. Sie braucht diese Herausforderung.

Neugier versus Ordnung

Fast gleich hoch ausgeprägt ist bei Julia K. das Ordnungsmotiv. Dieses steht für Struktur, Voraussicht, Planung und Routine. In dieser Form der Ausprägung sind Julias Neugier- und Ordnungsmotiv nicht gerade »dicke Freunde« – denn ihre Offenheit und Spontaneität Neuem gegenüber stehen oftmals im Widerspruch zu ihrem Bedürfnis nach Voraussicht und Planung. Dennoch liefern beide eine gehörige Portion Energie, wenn man sie bei der

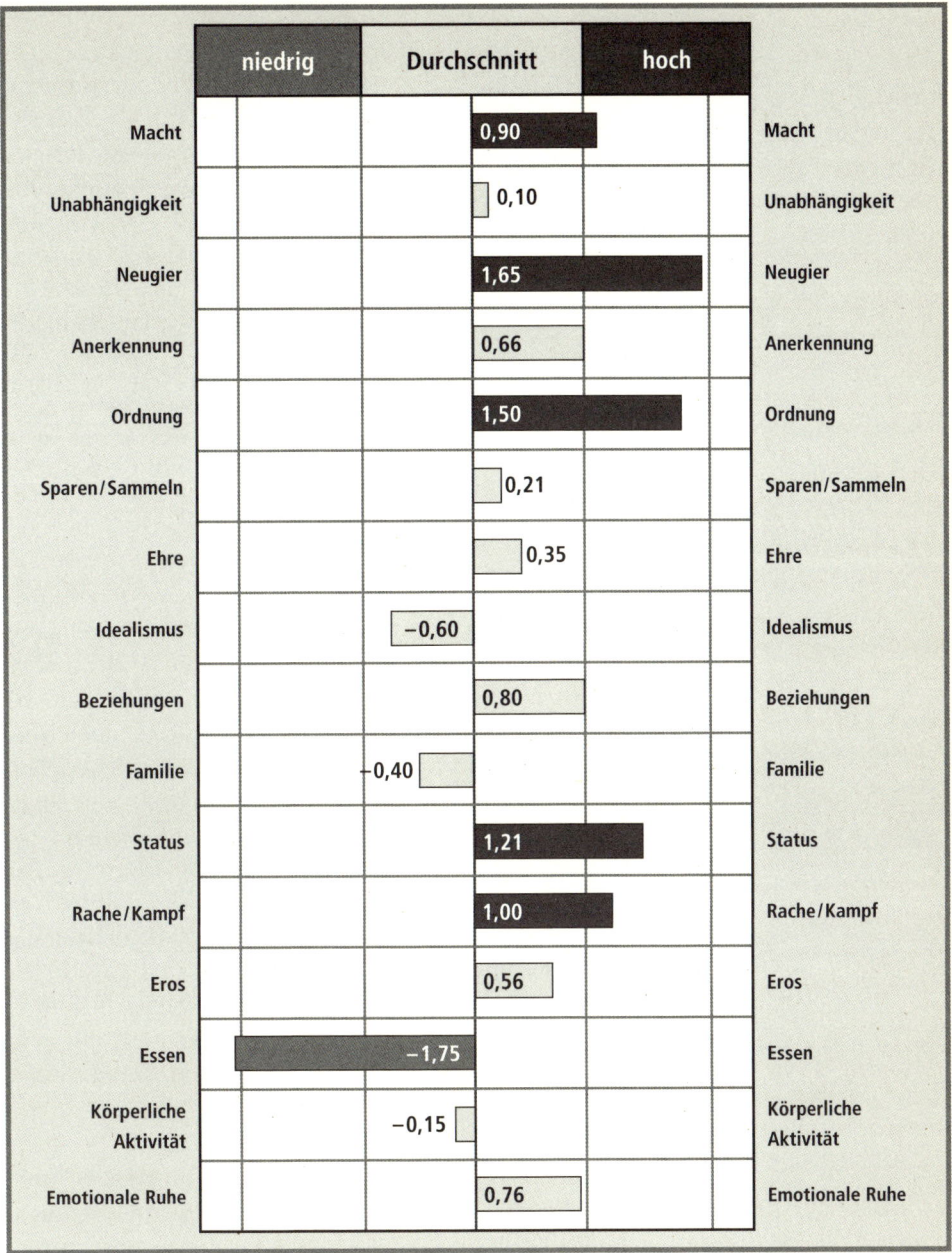

	niedrig	Durchschnitt	hoch
Macht		0,90	
Unabhängigkeit		0,10	
Neugier		1,65	
Anerkennung		0,66	
Ordnung		1,50	
Sparen/Sammeln		0,21	
Ehre		0,35	
Idealismus		−0,60	
Beziehungen		0,80	
Familie		−0,40	
Status		1,21	
Rache/Kampf		1,00	
Eros		0,56	
Essen	−1,75		
Körperliche Aktivität		−0,15	
Emotionale Ruhe		0,76	

Abb. 13: Balkendiagramm Julia K.

Lebensgestaltung berücksichtigt. Bei Julia K. wirkt sich das wie folgt aus: Neben ihrem Beruf als selbstständige Personalentwicklerin ist sie auch freie Mitarbeiterin eines Weiterbildungsinstituts, welches ähnliche Schwerpunkte in der Ausrichtung und den angebotenen Maßnahmen setzt wie ihre eigene Firma. Als Kooperationspartner kann sie hier regelmäßig dieselben Seminare für unterschiedliche Unternehmen durchführen. Sie greift zurück auf ein vorhandenes lizenziertes Programmportfolio, lebt damit viel Routine und Planbarkeit aus und kann darüber hinaus ihr Einkommen vorausschauend steuern. Dennoch wird ihr Neugiermotiv befriedigt, da sie ständig neue Teilnehmer in den vom Institut organisierten Workshops kennenlernt.

Bei Julia K. sind aber auch die Motive Macht und Status hoch ausgeprägt – Motive, die sich gegenseitig beeinflussen können. In unserer westlichen Gesellschaft bedeutet Verantwortung tragen, andere anleiten und über Kontrolle verfügen oft auch, auf der Karriereleiter weiter oben zu stehen, somit eine Position zu bekleiden, die meist auch besser dotiert ist. Das Statusmotiv kann materiell und immateriell befriedigt werden. Julia hat durch ihre Arbeit und Leistung als Beraterin nicht nur Einfluss auf den individuellen Menschen, sondern auch auf das Unternehmen bzw. die Unternehmensführung (Befriedigung des immateriellen Status = Ich bin wichtig, meine Meinung ist gewollt). Sie kann oftmals entscheiden, mit welchen Menschen und Firmen sie zusammenarbeiten will, und übt dadurch Kontrolle aus, trägt aber auch die Verantwortung für eine kontinuierliche Leistung und die wichtige Kundenpflege. Dies befriedigt ihre Motivausprägung und sie kann viel Energie daraus ableiten. Da gute Leistungen und hohes Engagement oft zu einem höheren Verdienst führen, verhelfen sie auch Julia K. zu höherem Umsatz. Und mit dem besseren Einkommen kann sie den materiellen Status finanzieren.

Um die individuell geprägten Lebensmotive als Energielieferanten nutzen zu können, ist es wichtig, sich nicht nur jedes einzelne Motiv genauer anzuschauen, sondern auch die Zusammenwirkung der Motive untereinander zu betrachten. Einige verhalten sich harmonisch, andere disharmonisch zueinander. Oft sind einzelne Motive im Berufsalltag nicht einfach zu berücksichtigen, geschweige denn zu befriedigen. Für Julia K. ist ihr ausgeprägtes Rache / Kampf-Motiv nur schwer in den Berufsalltag integrierbar, denn mit ihren Kunden in den Wettkampf zu treten wäre fatal. Die Ausübung eines Wettkampfsports könnte ihr helfen. An Ausschreibungen, wie beispielsweise Trainer-Castings oder Assessments teilzunehmen und dabei zu gewinnen, würde das Motiv befriedigen.

Die Betrachtung der eigenen Motivkonstellation sollte immer ganzheitlich sein, das heißt, sowohl berufliche als auch private Aspekte mental, physisch und emotional beleuchten.

Als ich, Frauke Ion, vor Jahren mein eigenes Motivprofil kennenlernte, stellte ich fest, dass allein das Wissen darum mich mit einigen Situationen entspannter umgehen ließ. Ich war zunächst geradezu entsetzt, als ich las, dass ich über ein stark ausgeprägtes Statusmotiv verfüge. Denn ich war doch immer der Überzeugung gewesen, dass materielles Hab und Gut nicht wirklich von Bedeutung und irgendwie auch moralisch verwerflich seien. Aber anstatt diese Ausprägung zu ignorieren und als »nicht so wichtig« abzutun, fand ich dann immer wieder Wege, sie gezielt zu befriedigen und die daraus folgende Zufriedenheit wahrzunehmen. Ich lernte im Laufe der Zeit, wie es in dem »Statusmotiv-Konto« zu »Einzahlungen« kommt. Ich verbuche bewusst und erfahre ein befriedigendes Gefühl, wenn das Konto anwächst. Ich leiste mir heute absichtlich Dinge (besondere Urlaube, Anschaffungen etc.). Finanzielle Einnahmen, die nicht zu Stande kommen, oder Ausgaben, die nicht geplant sind, verändern ebenfalls meinen Status-Kontostand. Auch immateriell merke ich »Einzahlungen«, wenn bedeutende Menschen mich um Rat fragen, Geschäftsführer meine Meinung als wichtig erachten und sich von mir coachen lassen.

Betrachten wir nun ein weiteres Beispiel eines unserer Kunden, um zu sehen, inwieweit die Lebensmotive Energielieferanten sein können.

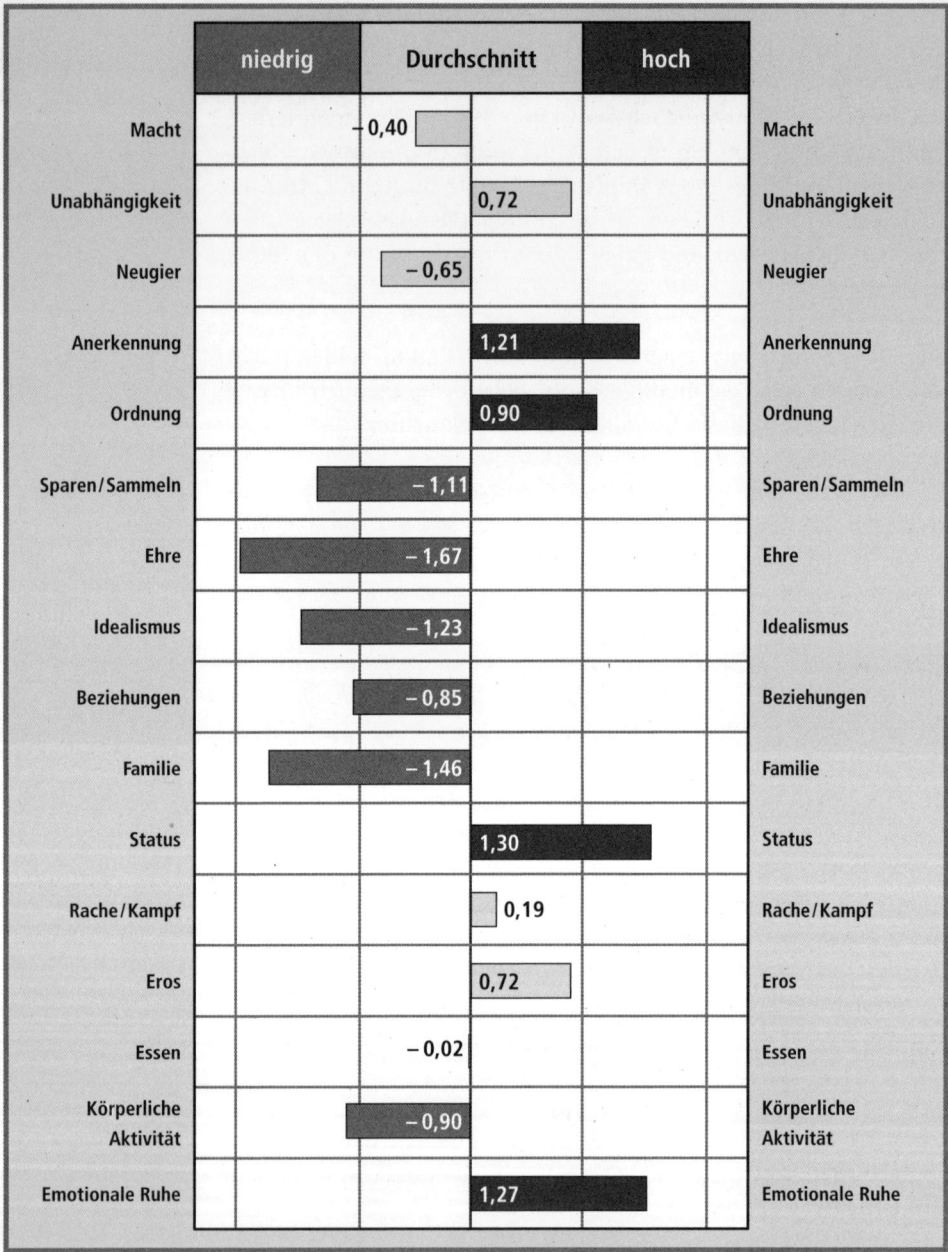

	niedrig	Durchschnitt	hoch	
Macht		− 0,40		Macht
Unabhängigkeit		0,72		Unabhängigkeit
Neugier		− 0,65		Neugier
Anerkennung		1,21		Anerkennung
Ordnung		0,90		Ordnung
Sparen/Sammeln		− 1,11		Sparen/Sammeln
Ehre		− 1,67		Ehre
Idealismus		− 1,23		Idealismus
Beziehungen		− 0,85		Beziehungen
Familie		− 1,46		Familie
Status		1,30		Status
Rache/Kampf		0,19		Rache/Kampf
Eros		0,72		Eros
Essen		− 0,02		Essen
Körperliche Aktivität		− 0,90		Körperliche Aktivität
Emotionale Ruhe		1,27		Emotionale Ruhe

Abb. 14: Balkendiagramm Andreas S.

Andreas S. führt eine PR-Agentur mit drei festen und einigen freien Mitarbeitern. Andreas' Unabhängigkeitsmotiv ist recht hoch ausgeprägt, sein Beziehungsmotiv hingegen eher niedrig (siehe Abbildung 14). Hinzu kommt, dass sich sein Machtmotiv zwar neutral (ausgewogen), aber mit einer Tendenz zur hohen Ausprägung darstellt. Andere anzuleiten, Teamwork zu fördern, zu kontrollieren und permanent mit Menschen zusammen zu sein ist demnach nicht wirklich eine Erfüllung für ihn. Man könnte jetzt vermuten, er befinde sich als Chef einer Agentur, der sich darüber hinaus auch noch mit Öffentlichkeitsarbeit beschäftigt, im falschen Job.

Doch das wäre zu einfach. Andreas' Stärke liegt in der kreativen Arbeit, im Gestalten von Texten, Artikeln, im Entwickeln von PR-Strategien und -Konzepten. Das bedeutet, er muss sich ein Umfeld schaffen, welches seine kreative Arbeit fördert und in dem die Aufgaben, zu denen ihm der Antrieb fehlt, delegiert werden können.

Nachdem Andreas S. sich mit seinem Motivprofil auseinandergesetzt hat, verändert er die Aufstellung seiner Agentur. Er schafft eine neue Position, deren Inhaber sich primär um alle Personalangelegenheiten, den täglichen, reibungslosen Ablauf und die passende Verteilung von Projekten und deren Kontrolle kümmert. Er selbst kann sich von da an wieder auf seine Kernkompetenzen konzentrieren. Sein stark ausgeprägtes Statusmotiv wird dabei auch berücksichtigt und befriedigt, denn er bleibt Chef der Agentur und ist für die Neukundenakquise zuständig. Sein Beziehungsmotiv kann sich »ausruhen«, da er sich nun gezielt den Aktivitäten widmet, bei denen er sich das Zusammentreffen mit anderen aussuchen kann.

Intuitiv wissen wir oft, was uns zufrieden stellt und glücklich macht. Irgendwie spüren wir es, während es geschieht, oder nachdem es geschehen ist und wir zurückblicken. Oft jedoch verspüren wir auch eine latente Unzufriedenheit, sind unglücklich und wissen nicht, warum. Dann neigen wir dazu, verschiedene Vermutungen anzustellen, aber oft ohne klares Ergebnis. Hier hilft der Blick auf die eigene Motivstruktur.

Angenommen, Ihr Lebensmotiv Essen ist niedrig ausgeprägt und Ihr Beziehungsmotiv hoch ausgeprägt. Wahrscheinlich werden Sie sich oft in Situationen befinden, in denen Sie mit Menschen beruflich und privat zusammen sind. Man trifft sich zu einem Geschäftsessen, man kocht mit Freunden zusammen oder trifft sich in Restaurants. Essen hat in Ihrem Leben allerdings eher den Zweck, den Körper mit lebensnotwendiger Nahrung zu versorgen, da er diese eben braucht. Sie essen, um den Hunger zu stillen, aber ein Fünf-Gänge-Menü löst bei Ihnen keine Freudenrufe aus. Woher nehmen Sie also den Antrieb, an gemeinsamen Kochaktivitäten teilzunehmen, um zum Beispiel zu Geschäftsessen einzuladen oder eingeladen zu werden? Sie nutzen Ihr Beziehungsmotiv. Denn das Zusammensein mit anderen gibt Ihnen Energie, Spaß, Zufriedenheit. Ihre Beschäftigung mit Lebensmitteln und Essen ist dabei zweitrangig. Beim gemeinsamen Kochen sorgen Sie eventuell für die Unterhaltung, für volle Weingläser, oder machen kleinere Handreichungen. Beim Geschäftsessen freuen Sie sich vor allem darüber, dass es gute Gespräche gibt. Sie kümmern sich darum, dass das ausgewählte Lokal passend ist und dass es allen Anwesenden gut geht. Das Beziehungsmotiv erfährt eine große Befriedigung, wobei die mangelnde Passung zum Essensmotiv dabei in Kauf genommen wird.

Beispiel Johann T.

Johann T. ist Computerprogrammierer und entwickelt Schnittstellenprogramme für Unternehmen. Sein körperliches Aktivitätsmotiv ist stark ausgeprägt. Das bedeutet, er hat das innere Bedürfnis, seinen Körper zu fordern, zu bewegen. Er braucht Sport und Fitness, um sich wohl und motiviert zu fühlen. Seine berufliche Tätigkeit unterstützt dieses Grundbedürfnis allerdings nicht. Zwischen acht bis zehn Stunden sitzt er täglich am Schreibtisch. Johann mag seinen Job sehr, stand aber immer wieder vor der unbeantworteten Frage, warum er am Ende eines Arbeitstages nicht wirklich zufrieden ist, sich nicht energetisiert fühlt, sondern schlapp, manchmal sogar demotiviert.

Wir haben viele verschiedene Szenarien und Lösungsoptionen mit ihm entwickelt. Zuerst gestalteten wir seinen Arbeitsplatz um, integrierten einen Stehschreibtisch und verteilten häufig verwendete Arbeitsutensilien im Raum, so dass er jedes Mal aufstehen muss, um sie zu holen. Johann

veränderte nach Absprache mit seinem Vorgesetzten seine Arbeitszeit, so-
dass er jetzt mittags 1,5 Stunden Zeit hat, um sich ausgiebig zu bewegen
oder sogar eine kleine Sporteinheit einzulegen. Manchmal genügen klei-
ne Veränderungen und Anpassungen, um den eigenen Motiven gerechter
zu werden und dauerhaft mehr Zufriedenheit zu erlangen.

Nehmen Sie sich jetzt etwas Zeit und schauen Sie sich Ihre Motive **Die eigenen**
an, die Sie bislang als möglicherweise stark oder schwach ausge- **Motive**
prägt empfunden haben. Welche davon werden in Ihrem Alltag **wahrnehmen**
berücksichtigt, »gefüttert« und unterstützt und welche nicht?
Anschließend sollten Sie sich Maßnahmen überlegen, welche
den unberücksichtigten Ausprägungen Ihrer Motive entgegenkommen könnten. Probieren Sie verschiedene Szenarien aus und
beobachten Sie Ihre Empfindungen, Ihre Zufriedenheit dabei.

Mit dem Wissen über Ihre eigenen inneren Bedürfnisse haben Sie
ein Werkzeug an der Hand, welches Ihnen die Gestaltung Ihres
Lebens vereinfacht, Ihnen einen höheren Sinn geben kann, denn
der Mensch strebt von Natur aus nach mehr Zufriedenheit und
Glückseligkeit.

Ihre inneren Bedürfnisse geben Ihnen zudem noch Aufschluss
über Ihr Verhalten, denn dieses ist zu einem hohen Maß durch
Ihre Motive bestimmt. Allerdings sind nicht alle Motivkonstellationen reine Energielieferanten. Manche empfindet man eher als
Energieräuber. Ein Mensch mit einem hoch ausgeprägten Aner-
kennungs- und Rache/Kampf-Motiv ist leicht mit permanentem
»Sprengstoff« umgeben. Anerkennung will soziale Akzeptanz,
Lob und Wertschätzung. Nicht erwünscht sind dagegen Tests, Zu-
rückweisung, negatives Feedback. Das Motiv Rache/Kampf bewirkt, dass man sich vergleicht und besser, höher, weiter, schöner
sein will. Das bedeutet, auf der einen Seite will und brauche ich
den Zuspruch, das »Gemocht-Werden« von anderen, andererseits
will ich die wettbewerbsorientierte Herausforderung. Notwendig
ist eine strikte Trennung dieser beiden widersprüchlichen Grundbedürfnisse. Wichtig ist, zu erkennen, wann welches Motiv lauter
ruft, sich in den Vordergrund stellt. Helfen kann dabei auch das
genaue Evaluieren der Beziehung, um die es geht. Will ich Aner-

kennung und Zuspruch von einer Person erfahren, verhalte ich mich entsprechend. Brauche ich den Wettbewerb, lasse ich dies den anderen auch wissen und versuche es situativ auszuleben (sportliches Match, Gesellschaftsspiele etc.).

Wenn Anerkennung fehlt

Was bedeutet es, wenn Ihr Anerkennungsmotiv schwach ausgeprägt ist, Sie also nicht nach der sozialen Akzeptanz anderer streben und deren Zuspruch suchen? Wenn Sie über mehr Selbstvertrauen verfügen? Dann werden Sie höchstwahrscheinlich auch nicht das Musterbeispiel eines lobenden und gut zusprechenden Menschen sein. Sie brauchen das positive Feedback selbst nicht und daher fehlt Ihnen im wahrsten Sinne des Wortes das Motiv, es anderen zu geben. Diese Motivausprägung findet sich oft im täglichen Miteinander – sowohl im Beruf als auch im Privatleben. Im Umgang mit Menschen kann sie sich fatal auswirken. Ohne Statistiken bemühen zu wollen, können wir davon ausgehen, dass mindestens die Hälfte aller Menschen Anerkennung, Zuspruch und emotionale Bestätigung ebenso sehr brauchen wie die Luft zum Atmen. Auch Maslow hatte das schon erkannt und in seiner Motivationspyramide verankert. Sollte Ihre Motivausprägung der hier beschriebenen ähneln, dann können Sie mit dieser Erkenntnis Ihre Verhaltensweisen gezielt verändern (siehe Seite 125 ff., Kommunikations- und Handlungsmaßnahmen).

Unterschiede wertschätzen

Machen Sie sich klar, dass bei jedem Menschen die Motive anders ausgeprägt sind. Tolerieren Sie dies nicht nur, sondern lernen Sie, die Unterschiedlichkeiten wertzuschätzen, sodass Sie letztendlich bewusst nach anderen Konstellationen suchen und sie als Bereicherung in Ihr eigenes Leben integrieren können. Damit geben Sie sich selbst nicht nur die Chance, Ihre eigene Sichtweise zu optimieren, sondern im Führungsalltag durch individuell auf den Mitarbeiter ausgerichtete Motivationsanreize mehr Leistung, Engagement und Loyalität zu erhalten.

Angenommen Sie kennen Ihre persönlichen Bedürfnisse und Energielieferanten – macht Sie das zu einer effektiveren Führungskraft? Vielleicht. Sicherlich können Sie aber besser führen, motivieren und Aufgaben erfolgreicher delegieren, wenn Sie die

Motivstruktur Ihrer Mitarbeiter kennen. Oft reicht es schon, wenn Sie die Mitarbeiter sich selbst einschätzen lassen. Die Einschätzungen können dann beim nächsten Beurteilungs-, Leistungs-, oder einfach nur Mitarbeitergespräch unterstützend genutzt werden. (Selbsteinschätzung siehe Seite 50 ff.).

Erkennen Sie Ihr eigenes Strickmuster

Fazit: Erst wenn ich in der Lage bin, mich selbst zu führen, kann ich auch andere führen.

Die Karrieretreiber

Karriere wird bis heute in den meisten Unternehmen und Konzernen mit der Position als Führungskraft gleichgestellt. Aufgrund der Erkenntnisse aus der Theorie der 16 Lebensmotive stellt sich hier aus unserer Sicht die Frage, ob Karriere nicht auch bedeutet, sich mit Fachkompetenz auf einer Stab- oder Expertenposition zu etablieren. In den meisten Fällen werden Experten zu Führungskräften befördert ohne Rücksicht auf deren Bedürfnisse und Motive. Demnach lohnt es sich aus Unternehmenssicht, die vorhandene Organisationsstruktur nach dem Motto von Jim Collins zu überprüfen: »Erst wer, dann was.«

In einer klassischen, hierarchisch organisierten Unternehmensstruktur gelten insbesondere vier Lebensmotive als sogenannte »Karrieretreiber« für Führungspositionen:

Vier Motive als Karrieretreiber

- hoch ausgeprägte Macht
- hoch oder niedrig ausgeprägte Ehre
- hoch ausgeprägter Status und
- hoch ausgeprägte Rache / Kampf

Dabei müssen nicht alle vier Motive besonders ausgeprägt sein. Jeder Karrieretreiber hat auch im Zusammenspiel mit anderen Motivausprägungen Einfluss auf das Führungsverhalten. Im Folgenden werden diese Motivausprägungen und ihre Bedeutung als Karriereetreiber im Einzelnen aus der Sicht des Unternehmens und des Individuums näher dargestellt.

Hoch ausgeprägte Macht beschreibt das Maß an Eigeninitiative in der Entscheidungsfindung sowie in der Einfluss- und Verantwortungsübernahme. Menschen mit hoch ausgeprägter Macht sind zielstrebig und entscheiden in der Regel schnell. Sie führen gern und sind leistungs- und eher sachorientiert. Aufgrund ihres Strebens nach Führung und Verantwortung fällt es diesen Menschen oft leicht, die klassischen Führungsaufgaben zum Vorteil des Unternehmens umzusetzen. Da sie so in der Führungsposition Bestätigung finden, werden sie auch immer bestrebt sein, diese Führungsrolle zu stabilisieren oder sogar auszubauen.

Prinzipien-orientierung Das Lebensmotiv Ehre ist sowohl in hoch als auch in niedrig ausgeprägter Form ein Antreiber, der in hierarchisch geführten Unternehmen zum Tragen kommt. Hoch ausgeprägte Ehre steht für die Einhaltung eines Wertekanons, zum Beispiel der unternehmerischen Werte, sowie Prinzipienorientierung, Loyalität und moralische Integrität. Unternehmen brauchen Führungskräfte, die loyal zum Unternehmen stehen und dessen Werte und Traditionen nicht permanent hinterfragen. Diese Menschen engagieren sich auch oft über das formal vereinbarte Maß hinaus für die Unternehmenserfolge. Menschen mit einem gering ausgeprägten Ehremotiv hingegen sind ziel- und zweckorientiert. Sie entscheiden stark kontextabhängig und sind eher rational und pragmatisch eingestellt. Überspitzt formuliert ist ihre Einstellung: »Ziel und Zweck heiligen die Mittel.« Der Vorteil für das Unternehmen: Diese Menschen tragen gern ihren Teil dazu bei, dass Prozesse optimiert, Veränderungen angestoßen und so Ziele schneller erreicht werden.

Hoch ausgeprägter Status stellt das Streben nach materiellem oder immateriellem Besitz wie Reichtum, Position und Titel dar. Menschen mit hoch ausgeprägtem Statusbedürfnis möchten in der Wahrnehmung anderer »einen guten Ruf haben« und zu einer Elite gehörten. Aus diesem Grund verhalten sie sich oft bewusst oder unbewusst statusförderlich. Der schicke Firmenwagen, das Büro mit Panoramafenster und das gehobene soziale Netzwerk werden als erstrebenswert angesehen und sind über eine Führungsposition leichter zu erreichen.

Der vierte Karrieretreiber ist das Rache- / Kampf-Motiv, das bei einer hohen Ausprägung für Wettbewerbsorientierung und den Wunsch nach dem Gewinnen und dem »Besser als andere sein« steht. Im Unternehmenskontext kann diese konkurrenzbewusste Sichtweise zu unharmonischen Auseinandersetzungen mit dem Umfeld (z.B. Mitbewerber oder Kollegen) führen. Führungskräfte, die eine hoch ausgeprägte Rache- und Kampfmotivierung haben, fühlen sich durch die Erfolge anderer angetrieben und wollen mit ihnen gleichziehen oder noch besser sein. **Wettbewerbs-orientierung**

Nach der Beschreibung der vier Karrieretreiber stellt sich schnell die Frage, ob Führungskräfte ohne diese Motivkonstellation ebenfalls Karriere machen können. Dies ist natürlich möglich, setzt jedoch voraus, dass andere Motivausprägungen im Arbeitsalltag befriedigt werden können (z.B. hoch ausgeprägte Beziehung, niedrig ausgeprägte Unabhängigkeit, niedrig ausgeprägte emotionale Ruhe). Wie schon gesagt, sind alle 16 Motive Leistungsmotive und können als Plattform für außergewöhnliche Leistung dienen.

Sollten alle vier genannten Karrieretreiber vorhanden sein, besteht die Gefahr, dass man als Führungskraft über seine Ziele hinausschießt und vom Umfeld als anstrengend und rücksichtslos wahrgenommen wird. Finden diese Motive im Führungskontext Befriedigung, wird derjenige aber oft als Workaholic angesehen. Dabei würde der Betroffene selbst sich nie so bezeichnen und die beruflichen Herausforderungen auch nicht als Stress empfinden, sondern durch die Befriedigung seiner Bedürfnisse eine hohe Zufriedenheit empfinden. **Gefahr der Karrieretreiber**

Festzuhalten ist, dass es einem Menschen mit hoch ausgeprägten Karrieremotiven in unserer an Leistung und Erfolg orientierten Gesellschaft leichter fallen wird, die Karriereleiter zu erklimmen.

Er wird insgesamt weniger Energie aufbringen müssen als jemand, bei dem keines dieser Motive ausgeprägt ist. Wobei die Wirkung auf das unmittelbare Umfeld wie schon erwähnt auch negativ ausfallen und dann moralisch nicht einfach zu vertreten sein kann. Hilfreich ist hier die bewusste Auseinandersetzung mit diesen hoch ausgeprägten Motiven. Denn wenn man weiß, woher das Streben nach Macht, Status und Kampf kommt, dann findet man auch Wege, diese zu befriedigen, ohne dabei als »über Leichen gehende« Führungskraft wahrgenommen zu werden.

Besondere Motivkonstellationen

Zusammenspiel der Motive Das menschliche Verhalten beruht auf dem Ergebnis des Zusammenspiels aller Lebensmotive. Aus der Mischung der Ausprägungen innerhalb der Motivstruktur eines Menschen können sich harmonische und disharmonische Konstellationen ergeben. Wenn mehrere Motive harmonisch zueinanderstehen und gleichzeitig befriedigt werden, entstehen Synergien, die uns ein starkes Gefühl von Zufriedenheit vermitteln. Durch solche Harmonien gehen uns Aufgaben leichter von der Hand und wir können unsere Leistung steigern.

Harmonien Neben den bereits erläuterten Karrieretreibern gibt es weitere besondere Kombinationen:

Resilienz (psychische Stabilität)

Anerkennung, Emotionale Ruhe und Rache/Kampf sind jeweils niedrig ausgeprägt.
Ein gering ausgeprägtes Motiv der emotionalen Ruhe in Verbindung mit einem gering ausgeprägten Bedürfnis nach Anerkennung ergibt eine harmonische Konstellation: Wer gern Risiken eingeht, mit Unwägbarkeiten leben kann und an neue Projekte und Aufgaben mit dem Gedanken herangeht:»Ich kann alles schaffen«, wird vor unbekanntem Terrain oder Aufgaben

mit ungewissem Ausgang nicht zurückschrecken. Wer dazu ein schwach ausgeprägtes Rache / Kampf-Motiv hat und sich dementsprechend weniger in Wettkämpfe und Konflikte begibt, ist weniger verletzbar. Schwach ausgeprägte Anerkennungs-, emotionale Ruhe- und Rache / Kampf-Motive begünstigen also die psychische Stabilität (Resilienz).

Soziabilität

Unabhängigkeit ist niedrig, Beziehungen sind hoch ausgeprägt.
Eine harmonische Konstellation erleben Menschen, die ein geringes Unabhängigkeitsmotiv und ein hohes Beziehungsmotiv besitzen. Sie sind psychisch wie physisch sehr am Menschen orientiert und streben nach Gemeinschaft. Sie wissen Zusammenarbeit zu schätzen und können daher ihre volle Leistungsfähigkeit vor allem in der Teamarbeit entfalten. Sind dagegen sowohl das Unabhängigkeitsmotiv als auch das Beziehungsmotiv sehr niedrig, werden sich diese Menschen eher als »virtuelle« Teamplayer sehr wohl fühlen – sie verbinden ihr Bedürfnis nach emotionaler Verbundenheit mit dem häufigen Bedürfnis, für sich zu sein. Tele- bzw. Heimarbeitsplätze, Tätigkeiten im Außendienst oder Einzelprojekte sind häufig attraktive Lösungen.

Am Menschen orientiert

Vulnerabilität (psychische Labilität)

Anerkennung und Emotionale Ruhe sind jeweils hoch, insbesondere in der Kombination mit Rache / Kampf.
Der Motivträger ist in diesem Fall leichter verletzbar. Sein Selbstbild hängt stark davon ab, was andere über ihn denken, und er ist tendenziell stresssensibler. Kommt dazu noch der häufige Vergleich mit anderen und der Wunsch, besser zu sein, können innere »Baustellen« entstehen. Die gedankliche Kombination von: »Ich will unbedingt besser sein als die anderen« mit: »Ich bin mir nicht sicher, ob ich das gut genug schaffe, und habe Angst, dass ich dann nicht mehr gemocht werde« und: »Ich habe Angst vor den Konsequenzen möglicher Veränderungen« hat häufig eine über-

mäßige psychische Empfindsamkeit zur Konsequenz. Gleichzeitig ermöglicht diese Kombination aber eine ungewöhnlich hohe Empathie, vor allem wenn es darum geht, die Sorgen anderer zu verstehen. Darüber hinaus leisten diese Menschen häufig qualitativ hochwertige Arbeit, weil sie nach Perfektionismus streben und mit viel Energie und Aufwand Fehler, Ablehnung und Unwägbarkeiten um beinahe jeden Preis vermeiden wollen.

Flexibilität

Ehre und Ordnung sind jeweils niedrig ausgeprägt.
Wer in seinem Alltag oft als hochflexibel erscheint, hat wahrscheinlich ein gering ausgeprägtes Ordnungs- und Ehremotiv. Das geringe Ordnungsmotiv erlaubt es, die Prozesse und Strukturen flexibel zu gestalten, das geringe Ehremotiv erleichtert es, Regeln in Frage zu stellen bzw. zu umgehen. Die entsprechend genaue Berücksichtigung der situativen Anforderungen und die ausgeprägte Ziel- und Zweckorientierung können leichter Raum für kreative, stark lösungsorientierte Betrachtungen geben. Falls die Motive Neugier und/oder Eros hoch ausgeprägt sind, kann dies zusätzliche Kraft für Kreativität in der Gestaltung neuer oder besonders ästhetischer Lösungen darstellen.

Die 16 Lebensmotive »überlagern« sich also in vielen Bereichen unseres Lebens und beeinflussen stark und häufig unbewusst unsere Verhaltensentscheidungen. Dabei verstärken sie sich im Fall eines harmonischen Zusammenspiels.

Disharmonien Sie können im Fall einer Disharmonie aber auch im Widerspruch zueinander stehen. Diese Disharmonien äußern sich meist durch innere Konflikte, Unzufriedenheiten, Entscheidungsschwierigkeiten oder Gewissensbisse. Manche Konflikte werden vom Motivinhaber erlebt, andere eher von den Außenstehenden. Jemand mit hoch ausgeprägtem Beziehungs- und Unabhängigkeitsmotiv wird nach Geselligkeit streben, dabei aber wenig von sich preisgeben. Dies mag für ihn selbst problemlos zu realisieren sein, kann aber bei den Personen um ihn herum zu Verwirrung führen. Ein solcher

Mensch ist viel dabei, doch selten »mittendrin«. Er sucht die physische Nähe anderer und gleichzeitig genügend psychische Distanz.

Es lassen sich im Wesentlichen zwei verschiedene Konfliktarten unterscheiden: Ressourcen- und Methodenkonflikte.

Ressourcenkonflikte

Ein Ressourcenkonflikt liegt vor, wenn die inneren Motive eines Menschen bezüglich des Umgangs mit bestehenden Ressourcen in verschiedene Richtungen streben, das heißt, wenn die Frage »Wo stecke ich meine Energie hinein?« von den Motiven aus gesehen unterschiedlich beantwortet werden könnte.

Arbeit versus Familie

Ein Ressourcenkonflikt kann beispielsweise bei hohem Machtstreben und hoher Ausprägung des Motivs Familie bestehen. Jemand mit einem hohen Machtstreben ist häufig ein sogenanntes »Arbeitstier«, dem Erfolg und Leistung wichtig sind und der dazu neigt, auch Überstunden zur Erreichung seiner beruflichen Ziele in Kauf zu nehmen. Eine hohe Familienorientierung dagegen bedingt den Wunsch, viel Zeit mit der Familie zu verbringen und für seine Angehörigen fürsorglich da zu sein. Doch leider ist es unmöglich, an zwei Orten gleichzeitig zu sein. Daher wird der Betroffene im Büro aufgrund der Überstunden zumindest latent Gewissensbisse gegenüber seiner Familie haben und das vielleicht damit rechtfertigen, dass er ja Geld für die Familie verdient. Verbringt er allerdings viel Zeit mit seiner Familie, fällt es ihm schwer, sich auf die Freizeit einzulassen, da er in dieser Zeit nicht arbeiten, nichts beruflich leisten kann.

Sparen versus Status

Ein starkes Sammeln- / Sparen-Motiv gepaart mit einem hoch ausgeprägten Statusmotiv kann einen finanziellen Ressourcenkonflikt darstellen. Sparsam mit Geld umzugehen kann dem Wunsch nach Erwerb von hochwertigen Statusobjekten widersprechen. Kauft man sich wertstabile oder wertsteigernde Objekte (z. B. seltene Uhren), können sich diese Motive jedoch auch harmonisch miteinander kombinieren lassen.

Methodenkonflikte

Ein Methodenkonflikt in der Motivstruktur liegt vor, wenn ein Mensch durch seine Lebensmotive gegensätzliche Methodenansätze zur Problemlösung besitzt, das heißt dann, wenn die Frage »Wie gehe ich es an?« durch die Motive unterschiedlich beantwortet werden könnte. Wie trifft beispielsweise jemand mit hoher Macht und niedriger Unabhängigkeit Entscheidungen, von denen auch andere betroffen sind? Einerseits möchte er durch seine Machtorientierung die Richtung vorgeben und bestimmen. Andererseits wünscht er sich durch die hohe Teamorientierung einen Konsens. Trifft er die Entscheidung allein, läuft er Gefahr, dass nicht alle seinem Entschluss zustimmen. Wird die Entscheidung durch die Gruppe getroffen, ist es möglich, dass nicht die von ihm präferierte Entscheidung getroffen wird. Steckt jemand in einem derartigen »Motivdilemma«, wird er häufig versuchen, beide Ziele miteinander zu vereinbaren, indem er beispielsweise (suggestive) Fragen stellt wie: »Finden Sie nicht auch, dass wir das Meeting lieber verschieben sollten?« Manchmal mag diese Strategie für ihn Erfolg bringen, sie kann aber auch zu Ablehnung in der Gruppe führen: »Warum fragst du uns überhaupt, wenn wir eigentlich keine Wahl mehr haben?«

Ihre Mitarbeiter einschätzen

Kommen wir nun wieder auf Herrn Chef zurück. Er wundert sich, warum sein Führungsstil so schlecht bewertet wird. Er ist der Ansicht, dass es gut und wichtig ist, dass seine Mitarbeiter viel Freiraum genießen und selbstständig arbeiten können. Was er dabei jedoch nicht berücksichtigt, ist die Tatsache, dass seine Mitarbeiter in unterschiedlichem Grad Gestaltungsfreiraum und Selbstständigkeit ausleben wollen und können. Bildlich gesprochen betrachtet Herr Chef seine Mitarbeiter durch eine »Brille«, seine Sichtweise ist von seinen eigenen Motivatoren gefärbt. Durch seine eigene Motivstruktur bedingt braucht Herr Chef viel Freiraum und wenig Regeln. Er hat ein positives Selbstbild und benötigt wenig Anerkennung und Zuspruch durch andere. Er ist wettbewerbsorientiert, sucht Herausforderungen und ist gern der Beste. Sein daraus resultierender Führungsstil ist daher sehr selbstbezogen, da er zwar ihn selbst oder andere Menschen mit ähnlichen Motivausprägungen motiviert, jedoch nicht die unterschiedlichen Bedürfnisse seiner Teammitglieder berücksichtigt – wie die Ergebnisse der Mitarbeiterbefragung deutlich zeigen.

Herr Chef

Selbstverliebtheit

Wie Herr Chef trägt jeder Mensch eine individuelle und einzigartige »Brille«, die als Wahrnehmungsfilter ein Schema vorgibt, das uns die Dinge so sehen und annehmen lässt, wie es uns ent-

Wahrnehmungs-filter

spricht. Unbewusst gehen wir meistens davon aus, dass unsere eigene Sichtweise auf die Welt, auf andere Menschen oder Situationen die richtige ist. Diese natürliche Tendenz, andere Personen gemäß der eigenen Wünsche und Interessen wahrzunehmen und ihre eigentlichen Bedürfnisse entsprechend umzuinterpretieren oder sogar misszuverstehen, bezeichnet man nach Steven Reiss als *Self-hugging* (Selbstbezogenheit oder Selbstverliebtheit). Dabei können grundsätzlich drei Ebenen des Self-hugging voneinander unterschieden werden:

1) *Missverstehen* bezeichnet das Unverständnis darüber, dass andere Menschen sich anders verhalten.

2) *Selbstillusion* meint die Selbstverständlichkeit, mit der man davon ausgeht, dass man selbst die »besseren« Werte und Motive hat.

3) *Wertetyrannei* bezeichnet den ständigen Versuch, andere davon zu überzeugen, ihre »falschen« Motive fallen zu lassen und stattdessen die »richtigen« Motive anzunehmen.

Neigung zum Self-hugging Auf zwischenmenschlicher Ebene ist die Neigung zum Self-hugging also für viele Missverständnisse verantwortlich, denn »blinde Flecken« in unserem Verständnis für andere beeinträchtigen die Art und Weise, wie wir Mitarbeiter, Arbeitskollegen, Partner usw. einschätzen und behandeln.

Besonders problematisch erscheint das Self-hugging im Zusammenhang mit der selbsterfüllenden Prophezeiung (Self-fulfilling prophecy bzw. Pygmalion-Effekt). Deren Grundgedanke ist es, dass Menschen, die (aufgrund ihrer selbstbezogenen Sichtweise) eine Voraussage machen, auch die Bedingungen für deren Eintreffen schaffen.

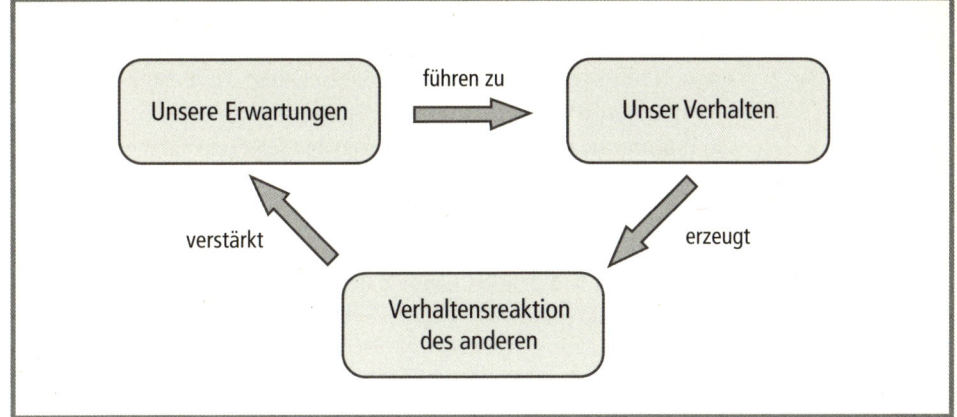

Abb. 15: in Anlehnung an: Erich H. Witte – Lehrbuch Sozialpsychologie, München, 1989

Wenn Sie also annehmen, dass Ihre Mitarbeiterin im Kunden-dienst nur ungern Verantwortung übernimmt, werden Sie auch keine verantwortungsvollen Aufgaben an sie delegieren und sie mehr als andere Mitarbeiter kontrollieren. Dies macht Ihre Mitarbeiterin jedoch noch unsicherer und sie traut sich noch weniger, eigene Entscheidungen zu treffen. Zwar bestätigt dies Ihre anfängliche Annahme, doch in Wirklichkeit haben nur Sie selbst die Voraussetzungen dafür geschaffen, dass sie sich bestätigt.

Selbsterfüllende Prophezeiung

Dieses Phänomen wurde vielfach wissenschaftlich bestätigt, zum Beispiel in den Studien von Rosenthal (u.a.1968) an Grundschulen: Zu Beginn eines Schuljahres wurden alle Schüler von der 1. bis zur 6. Klasse einem Intelligenztest unterzogen. Nach dem Zufallsprinzip wählte man 20 % der Schüler, unabhängig von deren Testergebnissen, aus und bezeichnete sie den Lehrern gegenüber als die intelligentesten. Die Kinder erfuhren nichts über die Testergebnisse. Bei der Intelligenzprüfung am Ende des Schuljahres stellte man fest, dass der Intelligenzzuwachs der angeblich intelligenten Schüler am größten war. Diese wurden auch von den Lehrern positiver beurteilt als die übrigen Schüler. Die Lehrer lobten und förderten also diejenigen besonders, von denen sie bessere Leistungen erwarteten.

Zusätzlich unterstützt wird dieser Effekt durch unsere selektive Wahrnehmung: Wir suchen in dem Verhalten anderer geradezu nach Tendenzen, die unsere Ansichten über sie bestärken. Denn wenn wir von etwas überzeugt sind, fällt es uns auch immer vor allen anderen Dingen auf. Eine wichtige Erkenntnis des Self-hugging ist:

Andere Menschen haben andere Motive, Wünsche und Interessen und denken, handeln und fühlen nicht so wie man selbst.

Nur wenn man sich dieser Erkenntnis bewusst ist, kann man aus dem erläuterten Prozess der Self-fulfilling prophecy noch ein zweites Resümee ziehen: Indem ich bestimmte Erwartungen an meinen Mitarbeiter stelle, beeinflusse ich sein Verhalten. Es gilt:

Ich trage durch mein Verhalten dazu bei, dass mein Mitarbeiter so ist, wie ich ihn sehe.

Belegt wird die Problematik der fehlerhaften Einschätzung meines Gegenübers auch durch aktuelle wissenschaftliche Ergebnisse von Adrianna Jenkins und ihren Kollegen von der Harvard-Universität. 2008 haben sie festgestellt, dass wir uns umso schlechter in einen anderen Menschen einfühlen können, je unähnlicher er uns ist und je weniger wir uns mit ihm identifizieren. Sie haben allerdings auch erste Hinweise darauf bekommen, wie sich Empathie für »andersartige« Menschen entwickeln lässt. Demnach kann man sich in andere Menschen besser hineinversetzen, wenn man über sie nur wenige Minuten in der ersten Person schreibt!

Self-hugging wahrnehmen
Motivorientierte Führung versucht, den Prozess der Self-fulfilling prophecy über eine Bewusstmachung unserer Tendenz zum Self-hugging in positivem Sinne zu nutzen. Andersartigkeit ist keine Bedrohung, sondern eine Bereicherung – vorausgesetzt, Unterschiedlichkeit wird über motivorientierte Führung in einem Team nicht nur respektiert, sondern auch gelebt. Dann können durch eine synergetische Zusammenarbeit gemeinsam Höchstleistungen erreicht werden.

Überlegen Sie für sich selbst:

Denken Sie an Situationen aus Ihrem (Führungs-)Alltag, in denen Ihre eigenen Motivausprägungen und Ihr daraus resultierendes Verhalten Auslöser für Missverständnisse oder Konflikte waren. Notieren Sie sich eine besonders markante Situation:

_____

_____

_____

Notieren Sie sich eine besonders markante Situation, in der Sie Ihre eigenen Lebensmotivausprägungen auch von Ihren Mitarbeitern erwartet haben, jedoch feststellen mussten, dass die anderen »anders« sind und ein für Sie unerwartetes Verhalten zeigten:

_____

_____

_____

Was glauben Sie: Inwiefern kann das Wissen um Self-hugging Ihren Führungsalltag erleichtern und dazu beitragen, dass Sie mehr Toleranz im Umgang mit anderen aufbringen können?

_____

_____

_____

Andere verstehen lernen

Das Wissen um Self-hugging versetzt Sie in die Lage, die Motive Ihrer Mitarbeiter individuell richtig einzuschätzen, indem Sie sich Ihre unbewussten Bewertungen der Motivausprägungen bewusst machen. Denn Menschen neigen dazu, eine positive Eigenwahrnehmung bezüglich der eigenen Motivausprägungen zu haben, während sie eine jeweils andere Ausprägung eines Lebensmotivs nicht verstehen können und daher oft negativ betrachten. Die folgende Auflistung der häufigsten Selbst- und Fremdwahrnehmungen für die einzelnen Lebensmotivausprägungen aufgrund der eigenen Motivstruktur verdeutlicht dies. Welche Ihrer Glaubenssätze finden Sie darin wieder?

Macht

Der Ehrgeizige/ Der Geführte

Der Ehrgeizige: Wer das Lebensmotiv Macht selbst hoch ausgeprägt besitzt, denkt meist über sich, dass er weiß, wo es »langgeht«, hart arbeitet, erfolgs- und leistungsorientiert ist und Erfolg hat. Auf der anderen Seite neigt er dazu, Menschen mit einem niedrig ausgeprägten Machtmotiv als antriebsarm, entscheidungsschwach, langsam und erfolglos zu betrachten.

Der Geführte: Wer eine niedrige Ausprägung des Lebensmotivs Macht besitzt, hält sich selbst meist für freundlich, zurückhaltend und an Menschen orientiert. Einen Menschen mit einem hohen Machtmotiv betrachtet er eher als »Workaholic« und »Besserwisser«, der wichtigtuerisch, dominant und kontrollierend ist.

Unabhängigkeit

Der Unabhängige/ Der Teamplayer

Der Unabhängige: Menschen mit einer hohen Ausprägung des Lebensmotivs Unabhängigkeit sehen sich selbst gerne als Personen voller Selbstvertrauen, die autonom, frei, unabhängig und eigenverantwortlich sind. Über andere mit einem geringen Unabhängigkeitsbedürfnis urteilen sie jedoch eher mit negativ besetzten Attributen wie unreif, abhängig, wenig selbstbewusst, konsensorientiert und unsensibel für Privatsphäre.

Der Teamplayer: Personen mit einem geringen Bedürfnis nach Unabhängigkeit denken über sich, dass sie liebevoll, vertrauensvoll, hingebungsvoll, hilfsbereit und liebesbedürftig sind. Auf der anderen Seite denken sie über Menschen mit einem hohen Unabhängigkeitsmotiv oft, dass diese kompromisslos, stur, stolz, eigensinnig, überheblich und einsam sind.

Neugier

Der Intellektuelle: Wer ein hohes Neugiermotiv hat, denkt meist von sich selbst, dass er den Überblick hat, und beschreibt sich als interessant und geistvoll sowie als intellektuellen Entdecker und guten Lehrer. Andererseits halten diese Menschen Personen mit einer gegensätzlichen Ausprägung des Lebensmotivs Neugier eher für langweilig, ignorant, oberflächlich, geistlos, provinziell und wenig intelligent.

Der Intellektuelle/ Der Praktiker

Der Praktiker: Personen mit einem niedrig ausgeprägten Neugiermotiv bezeichnen sich vor allem als praktisch, realistisch, umsetzend und schreiben sich einen gesunden Menschenverstand zu. Über Menschen mit einem starken Neugiermotiv denken sie jedoch, sie seien arrogant, hochgestochen, unpraktisch und durchgeistigt.

Anerkennung

Der Unsichere: Ein starkes Bedürfnis nach Anerkennung führt dazu, dass diese Menschen meist über sich denken, sie seien perfektionistisch, unsicher, sensibel für Fehler und selbstzweifelnd. Auf der anderen Seite schätzt jemand mit einem hohen Bedürfnis nach Anerkennung einen Menschen mit einer gegensätzlichen Ausprägung dieses Lebensmotivs vor allem als eingebildet, kalt, glatt, oberflächlich, arrogant, grob, rücksichtslos und sich selbst überschätzend ein.

Der Unsichere/Der Selbstbewusste

Der Selbstbewusste: Wer ein niedrig ausgeprägtes Anerkennungs-motiv besitzt, hat eine Eigenwahrnehmung, die mit Zuschrei-bungen wie selbstbewusst, selbstsicher, Kritikfähigkeit und hoher Fehlertoleranz besetzt ist. Diese Menschen halten Personen mit einem hohen Anerkennungsbedürfnis für unbestimmt, unsicher, wenig selbstbewusst und schwach.

Ordnung

Der Organisierte/
Der Flexible

Der Organisierte: Personen mit einem hohen Ordnungsmotiv be-zeichnen sich als ordentlich, organisiert, kontrolliert, sauber, de-tailorientiert und exakt. Oft attribuieren sie sich selbst auch ein hohes Hygienebewusstsein. Menschen mit einem geringen Be-dürfnis nach Ordnung werden von ihnen oft abfällig als nachläs-sig, ungepflegt, schmutzig, unorganisiert, chaotisch und schlam-pig beschrieben.

Der Flexible: Wer ein niedrig ausgeprägtes Ordnungsmotiv besitzt, schätzt sich selbst als flexibel, spontan, offen, pragmatisch und reaktionsschnell ein. Über Menschen mit einem gegensätzlichen Ordnungsmotiv denken sie meist, dass sie sich um triviale Din-ge kümmern und streng, pingelig, detailverliebt, übertrieben und »Erbsenzähler« sind.

Sammeln/Sparen

Der Sammler/
Der Großzügige

Der Sammler: Menschen mit einer hohen Motivausprägung im Be-reich Sammeln und Sparen halten sich selbst für wirtschaftlich, vorausplanend, verantwortungsvoll und sind stolz auf ihren Be-sitz. Auf der anderen Seite neigen sie dazu, Menschen mit einem geringen Bedürfnis nach Sammeln und Sparen als unverantwort-lich, unklug, gegenwartsfixiert, verschwenderisch und respektlos gegenüber Besitz zu bezeichnen.

Der Großzügige: Ein niedrig ausgeprägtes Motiv des Sammelns und Sparens führt zu einer Eigenwahrnehmung mit den Attributen lebensfroh, spontan, offen und großzügig. Wer jedoch ein starkes Bedürfnis nach Sammeln und Sparen hat, wird von ihnen als Geizhals, geldgierig und bornierter Sammler betrachtet.

Ehre

Der Prinzipientreue: Wer ein hoch ausgeprägtes Ehremotiv besitzt, sieht sich selbst als verantwortlich, moralisch, loyal, prinzipientreu, charaktervoll, pflichtbewusst, ehrlich und treu. Auf der anderen Seite werden Menschen mit einem niedrigen Ehremotiv eher als prinzipienlos, illoyal, unehrenhaft, selbstsüchtig, unachtsam, charakterlos, untreu und opportunistisch bezeichnet.

Der Prinzipientreue/ Der Zweckorientierte

Der Zweckorientierte: Menschen mit einem geringen Bedürfnis nach Ehre sehen sich selbst als praktisch, spontan und zielorientiert. Sie heben gerne ihre Eigenschaft hervor, in jeder Situation handlungsfähig zu sein. Über Personen mit einem gegensätzlich ausgeprägten Ehremotiv denken sie hingegen oft, dass diese selbstgerecht sind, und bezeichnen sie als »Moralapostel«, »kleinliche Typen« und »Heuchler«.

Idealismus

Der Idealist: Wer ein hohes Idealismusbedürfnis besitzt, sieht sich selbst meist als liebevoll, mitfühlend, visionär, gerecht, human und altruistisch. Menschen mit einem gering ausgeprägten Idealismusmotiv werden hingegen häufig als herzlos, unsensibel, gefühllos, selbstsüchtig, zynisch und egoistisch beurteilt.

Der Idealist/ Der Realist

Der Realist: Mit einem niedrigen Idealismusbedürfnis schätzt man sich meist als realistisch und pragmatisch ein, während man Menschen mit einem hohen Idealismusmotiv als unrealistische Träumer ansieht und meint, sie wollen »päpstlicher als der Papst« sein.

Beziehungen

**Der Gesellige/
Der Einzelgänger**

Der Gesellige: Wer ein hoch ausgeprägtes Beziehungsmotiv besitzt, betrachtet sich selbst gerne als freundlich, humorvoll, aufgeschlossen, lebendig, lebenslustig und im Leben stehend. Menschen mit einem niedrigen Beziehungsbedürfnis hingegen werden mit Ausdrücken wie steif, ernst, zurückgezogen, ungesellig, einsam und humorlos beschrieben.

Der Einzelgänger: Menschen mit einem niedrigen Bedürfnis nach Beziehungen sehen sich selbst als ernst, zurückhaltend und ausgewogen. Auf der anderen Seite denken sie über Personen mit einem hohen Beziehungsmotiv, dass sie oberflächlich, hohl, ausgelassen, anbiedernd, albern und kindlich sind.

Familie

**Der Fürsorgliche/
Der Partner-
schaftliche**

Der Fürsorgliche: Personen mit einem hoch ausgeprägten Familienmotiv beschreiben sich als fürsorglich, verantwortlich, häuslich und kümmernd. Wer jedoch ein gegensätzlich ausgerichtetes Familienmotiv hat, über den wird häufig als selbstsüchtige und unverantwortliche Person geurteilt, die alleine alt werden muss.

Der Partnerschaftliche: Wer selbst kein hoch ausgeprägtes Familienmotiv besitzt, sieht sich als unabhängig, frei und unbelastet. Menschen mit einem hohen Familienbedürfnis werden hingegen als überfürsorglich, belastet und häuslich angekettet betrachtet.

Status

**Der Elitäre/
Der Bescheidene**

Der Elitäre: Menschen mit einem hohen Statusmotiv denken von sich selbst, dass sie prominent, wichtig, bekannt, herausragend, privilegiert, besonders und einzigartig sind. Personen mit einem niedrigen Statusbedürfnis sind für sie jedoch oft unwichtige, unbedeutende, geschmack- und stillose Proleten.

Der Bescheidene: Wer ein niedriges Statusmotiv besitzt, sieht sich in seiner Eigenwahrnehmung als bescheiden, gerecht, demokratisch und unaufgeregt. Menschen mit einem hohen Bedürfnis nach Status werden als unnahbar, angeberisch, snobistisch, eingebildet, arrogant und überheblich eingeschätzt.

Rache / Kampf

Der Kämpfer: Wettbewerbsfähig, herausfordernd, aggressiv, standhaft und durchsetzungsstark sind Attribute, mit denen sich wohl jemand mit einem hoch ausgeprägten Rache / Kampf-Motiv bezeichnen würde. Diese Menschen betrachten andererseits Personen mit einem geringen Bedürfnis nach Rache und Wettkampf als passiv und nachgebend, sie sind in ihren Augen »Weicheier« und »Loser«.

**Der Kämpfer /
Der Kooperative**

Der Kooperative: Wer ein niedriges Rache / Kampf-Motiv besitzt, denkt meist über sich, dass er nett, verzeihend, kooperativ, friedliebend und konfliktvermeidend ist. Menschen mit einem hohen Rache- / Kampf-Bedürfnis werden zumeist Eigenschaften wie aggressiv, zornig und streitsuchend zugeschrieben und als »Wettbewerbshaie« angesehen.

Eros

Der Sinnliche: Wer ein hohes Erosmotiv besitzt, sieht sich selbst gerne als sinnlichen Romantiker, guten Liebhaber und lustvollen Ästhet. Zusätzlich ist er sich deutlich seiner eigenen Männlichkeit oder Weiblichkeit bewusst. Menschen mit einem niedrig ausgeprägten Erosmotiv können von Menschen mit einem hohen Bedürfnis nach Sinnlichkeit jedoch als prüde, impotent / frigide und voller Komplexe verurteilt werden.

**Der Sinnliche /
Der Asket**

Der Asket: Mit einem niedrig ausgeprägten Erosmotiv bezeichnet man sich selbst oft als tugendhaft und selbstkontrolliert, während man Menschen mit einem hohen Erosmotiv die Eigenschaften

tierisch, unkontrolliert, hedonistisch, oberflächlich und triebge-
steuert zuschreibt.

Essen

Der Genießer: Als Mensch mit einem hoch ausgeprägten Essensmotiv denkt man häufig über sich, dass man genießerisch, ein
Gourmet und guter Koch ist. Auf der anderen Seite neigt man
dazu, über Personen mit einem niedrigen Bedürfnis nach Essen
zu denken, sie seien selbstverleugnend, lebten ungesund und sei-
en Genuss verweigernd.

Der Hungerstillende: Wer ein niedrig ausgeprägtes Essensbedürfnis
besitzt, hält sich selbst meist für schlank, gesund, willensstark und
sensibel. Ein Mensch mit einem hohen Essensmotiv wird hingegen oft als ungesunder und vergnügungssüchtiger Vielfraß ohne
Selbstkontrolle betrachtet.

Körperliche Aktivität

Der Sportler: Wer selbst ein hohes Bedürfnis nach körperlicher
Aktivität hat, sieht sich in seiner Eigenwahrnehmung als energie-
geladen, fit, kraftvoll, athletisch, muskulös und hoch leistungsfä-
hig. Über Menschen mit einem niedrig ausgeprägten Motiv der
körperlichen Aktivität denkt er jedoch häufig, dass sie faul, träge,
müde, lustlos, langsam und schwach seien, also langweilige »He-
rumsitzer« und »Couch Potatoes«.

Der Stubenhocker: Menschen mit einem geringen Bedürfnis nach
körperlicher Aktivität denken meist, dass die Kraft in der Ruhe
liegt, und sehen sich als gemütlich an. Menschen mit einem hoch
ausgeprägten Lebensmotiv der körperlichen Aktivität werden von
ihnen für ruhelos, getrieben, anstrengend und unausgeglichen
gehalten.

Emotionale Ruhe

Der Besorgte: Personen mit einem hoch ausgeprägten Lebensmotiv der Emotionalen Ruhe sehen sich selbst als Menschen, die vorsichtig, vorausschauend und Risiken vermeidend sind. Sie bezeichnen Menschen mit einem geringen Bedürfnis nach Emotionaler Ruhe als leichtsinnig, tollkühn, gedankenlos, unbesonnen und blind für Risiken.

**Der Besorgte /
Der Robuste**

Der Robuste: Wer ein niedrig ausgeprägtes Bedürfnis nach emotionaler Ruhe besitzt, beschreibt sich meist als mutig, tapfer, kühn, robust, unerschütterlich, selbstsicher und auf Chancen achtend. Über Menschen mit einem hohen Motiv der emotionalen Ruhe denken sie hingegen in der Regel, dass diese furchtsam, feige, neurotisch, überängstlich sowie »Bedenkenträger« und Pessimisten sind.

Wie können Ihnen die Erkenntnisse zum Thema »Self-hugging« nun zu einer richtigen Einschätzung der Motivausprägungen Ihrer Mitarbeiter und damit zu einer motivorientierten Mitarbeiterführung verhelfen? Darauf gibt das jetzt folgende Kapitel eine Antwort. Im Anschluss daran geben wir konkrete Hinweise, wie Sie die Motivausprägungen Ihrer Mitarbeiter erkennen können.

Das 5-Sterne-Prinzip

Motiviert durch die starke Rache/Kampf-Orientierung will Herr Chef bei der nächsten Mitarbeiterbefragung bessere Ergebnisse erzielen. Er hat erkannt, dass er seine Mitarbeiterführung bisher im Sinne des Self-hugging vor allem ausgehend von seinen eigenen Bedürfnissen gestaltet hat.

**Beispiel
Herr Chef**

Damit hat Herr Chef eine der zentralen Erkenntnisse der motivorientierten Führung gewonnen. Was jedoch ist der genaue Hintergrund dieser Erkenntnis und wie kann Herr Chef diese konkret für eine Neuausrichtung seiner Mitarbeiterführung nutzen?

Es gibt verschiedene Möglichkeiten. Grundsätzlich hilft dabei zunächst eine Betrachtung und ein Verständnis der Kausalität des menschlichen Verhaltens. Wir möchten diesen Zusammenhang mithilfe eines Modells erklären: *Das 5-Sterne-Prinzip*.

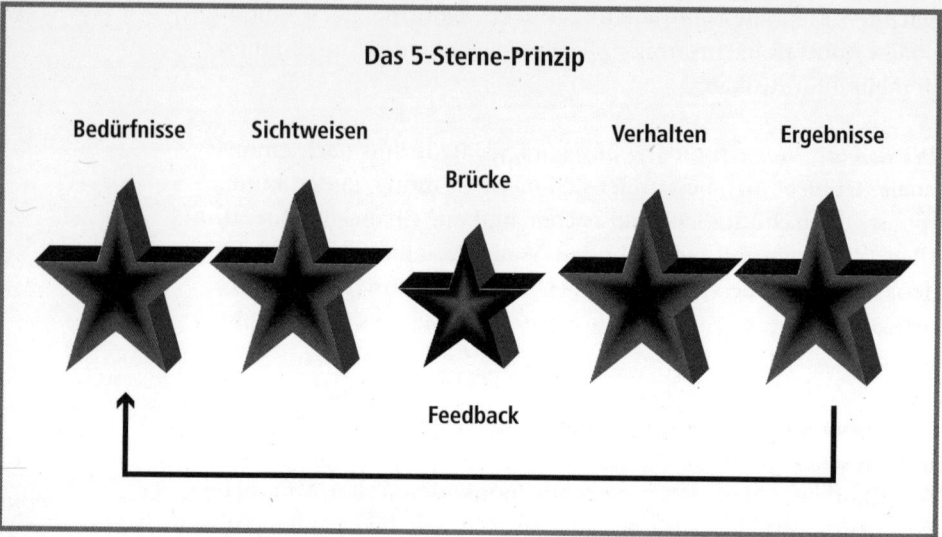

Abb. 16: Das 5-Sterne-Prinzip

Bedürfnisse Der erste Stern steht für die *Bedürfnisse* eines Menschen. Diese setzen sich zusammen aus den Grundbedürfnissen (Essen, Trinken, Schlafen, Sicherheit, Zugehörigkeit etc.) sowie aus den persönlichen Bedürfnissen, welche durch die 16 Lebensmotive repräsentiert werden. Mit allem, was wir tun oder nicht tun, versuchen wir, unsere Bedürfnisse langfristig zu befriedigen. Oft passiert das unbewusst, geradezu automatisch. Bei den Grundbedürfnissen ist das sehr offensichtlich, denn wenn wir Hunger haben, essen wir. Wenn der Körper erschöpft ist, zwingt er uns zu Ruhe oder Schlaf. Bei Menschen, die sich ihrer Motivkonstellation und der einzelnen Polaritäten nicht bewusst sind, werden die persönlichen (nicht lebenserhaltenden) Motive unbewusst befriedigt. Der Mensch verhält sich so, dass er sich wohlfühlt und es ihm zunächst einmal vermeintlich gut tut.

Die *Sichtweisen*, symbolisiert durch den zweiten Stern im 5-Sterne-Prinzip, stehen für die Überzeugungen und Glaubenssätze und damit für die individuelle Art und Weise, wie ein Mensch auf die Welt schaut. Unsere Sichtweise wird geprägt durch die Kultur, in der wir aufwachsen, die Erfahrungen und Erlebnisse, die wir machen, die Erziehung, die wir bekommen haben. Man kann die Sichtweise also mit einer »Brille« vergleichen, die wir tragen, die nur einem passt und durch die wir auf die Welt um uns herum blicken. Die individuelle Wahrnehmung der Welt beeinträchtigt das Verhalten zu einem sehr großen Maß (Self-hugging). **Sichtweisen**

Jetzt tritt die *Brücke*, der dritte Stern, in Aktion: unser Gehirn. Immer, wenn jemand von etwas überzeugt ist, nehmen seine Denkweisen über kognitive Prozesse im Gehirn direkten Einfluss auf sein Verhalten, also sein Handeln und Tun. Diesen Zusammenhang hat Herr Chef erkannt, als ihm bewusst geworden ist, wie stark seine eigenen Lebensmotivausprägungen (seine Bedürfnisse) über die Selbst- und Fremdwahrnehmung des Self-hugging (seine Sichtweisen) bisher seinen Führungsstil (sein Verhalten) beeinflusst haben. **Brücke**

Dieses *Verhalten* wird durch den vierten Stern dargestellt. Die ersten drei Sterne bestimmen also unser Verhalten. Die Bedürfnisse weisen uns eine Richtung, unsere Sichtweise lenkt uns und unser Gehirn veranlasst eine bestimmte Handlung oder Nicht-Handlung. Denn man kann sich nicht nicht verhalten. Selbst wenn wir vermeintlich nicht handeln, handeln wir. Auch das Nicht-Handeln oder Nicht-Reagieren führt zu einem Ergebnis. Sich von etwas beispielsweise nicht provozieren zu lassen und die Situation damit entschärfen zu wollen hat ein anderes Ergebnis als die bewusste Entscheidung, etwas zu tun oder zu sagen. **Verhalten**

Alles was wir tun führt letztendlich zu *Ergebnissen*, zu dem fünften Stern unseres Modells, also zu Resultaten und Konsequenzen, auf die wir dann keinen unmittelbaren Einfluss mehr haben – wie die Ergebnisse der Mitarbeiterumfrage bei Herrn Chef. Man kann also sagen, dass wir uns mehr oder weniger bewusst selbst in bestimmte Situationen »hineinverhalten« haben. **Ergebnisse**

Sie können sich nicht aus Situationen herausreden, in die Sie sich hineinverhalten haben.

Nach dem 5-Sterne-Prinzip bilden Bedürfnisse, Sichtweisen, Verhalten und Ergebnisse eine kausale Kette. Von außen sichtbar sind nur die Verhaltensweisen und die Ergebnisse, nicht aber die Überzeugungen oder Bedürfnisse, die »dahinter« stecken.

Ist es nun das Ziel eines Menschen, ein anderes Ergebnis zu erreichen, so muss überprüft werden, welche Verhaltensweisen das neue Ergebnis unterstützen. Aber nicht nur das: Ansatzpunkt für Verhaltensänderungen sind immer Überzeugungen – entweder die eigenen oder die anderer. Dabei werden neue Überzeugungen nur dann in unsere Sichtweise integriert, wenn sie langfristig unsere Bedürfnisse befriedigen. Der Weg zu motivorientierter Führung ist somit immer zweiseitig: Einerseits müssen die eigenen Sicht- und Handlungsweisen hinterfragt und angepasst werden. Auf der anderen Seite müssen jedoch auch die individuellen Bedürfnisse und Sichtweisen jedes einzelnen Mitarbeiters beachtet werden, um eine gesteigerte Teamperformance (Verhalten) zu erreichen.

Verhalten hinterfragen Wir können uns mittels eines Reiss Profiles intensiver mit den eigenen Motiven und Sichtweisen befassen. Es kommt aber auch darauf an, die Erkenntnisse daraus zu nutzen. Nicht nur für eine Führungskraft besteht die Möglichkeit, Verhalten zu hinterfragen, um dadurch mehr über die Glaubenssätze des anderen zu erfahren. Jeder Mensch, in welcher Lebensrolle er sich auch aktuell befindet – Lebens- oder Geschäftspartner, Elternteil, Vorgesetzter oder Teammitglied –, hat die Möglichkeit, diesen Weg zu gehen. Das bedeutet allerdings auch, dass ihm die eigene Sichtweise, die eigene Autobiografie bewusst sein muss, damit die Konzentration auf das Verstehen des anderen gelenkt werden kann. Stephen Covey umschreibt das mit dem treffenden Paradigma: »Erst verstehen, dann verstanden werden.«

Fazit: Wir können den Automatismus unseres Verhaltens unterbrechen, indem wir bewusst darüber nachdenken, wie wir uns verhalten wollen und welche Ergebnisse wir anstreben. Unser Verhalten wird zur Hälfte bestimmt durch unsere Überzeugungen und Sichtweisen. Die andere Hälfte unseres Verhaltens wird durch unser Umfeld abgerufen.

Nutzen Sie die Theorien des 5-Sterne-Prinzips und der 16 Lebensmotive, um sich immer wieder bewusst zu machen, dass andere Menschen andere Bedürfnisse, andere Sichtweisen haben und daraus resultierend ein anderes Verhalten wählen, welches zu den entsprechenden Ergebnissen führt. So gelangen Sie zu einer gesteigerten Wertschätzung der Andersartigkeit anderer und schaffen die Voraussetzungen für motivorientierte Führung.

Motivausprägungen der Mitarbeiter erkennen

Die Motive eines Menschen sind nur schwer erkennbar. Sie stehen niemandem »auf der Stirn geschrieben«. Ihre Aufgabe als Führungskraft ist es, sich die Motive Ihrer Mitarbeiter zu erschließen.

Um mehr über die individuellen Motive Ihrer Mitarbeiter zu erfahren, haben Sie folgende Möglichkeiten: Zum einen können Sie im Gespräch die Motivstruktur Ihrer Mitarbeiter erkunden. Zum anderen können Sie aus der Beobachtung der Handlungen und Gespräche Ihrer Mitarbeiter Rückschlüsse auf deren Motive ziehen. Der erfolgversprechendste Weg ist aber sicher die Kombination beider Methoden: Schlüsse, die Sie aus der Beobachtung Ihrer Mitarbeiter ziehen, können Sie in einem anschließenden Gespräch überprüfen. Die Ergebnisse des Gespräches können Sie danach im Alltag wiederum durch Beobachtungen testen.

Methoden

Im Gespräch mit Ihrem Mitarbeiter sollten Sie vor allem offene Fragen stellen und bei seinen Antworten gut zuhören. Fragen Sie ihn in entspannter Atmosphäre, was er gern macht, was ihn bewegt, was er sich wünscht. Während Sie zuhören, sollten Sie nach dem Covey'schen Grundsatz vorgehen: »Erst verstehen, dann verstanden werden.« Versuchen Sie, die Welt mit den Augen Ihres

Mitarbeiters zu sehen und zu verstehen, was er fühlt und denkt. Fassen Sie von Zeit zu Zeit zusammen, was Sie wahrgenommen haben, um sicherzugehen, dass Sie es wirklich erfasst haben.

Fragen an den Mitarbeiter Um herauszufinden, welche Motive Ihr Mitarbeiter hat, können Sie beispielsweise folgende Fragen stellen:

- Was machen Sie an einem idealen Arbeitstag?
- Welche Tätigkeiten machen Ihnen wirklich Spaß, welche weniger?
- Wie haben Sie Ihren letzten Urlaub verbracht? *(Neugier, emotionale Ruhe, Beziehungen)*
- Wo möchten Sie in fünf Jahren stehen?
- Wie wichtig ist es Ihnen, einen großen Entscheidungsspielraum zu haben? *(Macht)*
- Wie wichtig ist es Ihnen, im Team zu arbeiten? *(Unabhängigkeit)*
- Wie wichtig ist es für Sie, Kontakt zu Ihren Kollegen zu haben? *(Beziehungen / Unabhängigkeit)*
- Wie motivierend ist es für Sie, bei Ihrer Arbeit anderen zu helfen? *(Idealismus)*
- Ist es Ihnen wichtig, Ihre Position und Ihre Leistungen auch nach außen sichtbar zu machen? *(Status)*
- Motiviert es Sie, bei Ihrer Arbeit mit Kollegen zu konkurrieren? *(Rache / Kampf)*
- Wie motivierend ist für Sie die Aussicht auf ein gutes Essen nach getaner Arbeit? *(Essen)*
- Auf einer Skala von 1 bis 10: Wie sehr stresst es Sie, in risikoreichen Projekten zu arbeiten? *(Emotionale Ruhe)*

Bleiben Sie jedoch den Antworten gegenüber skeptisch: Sie beantworten nicht unmittelbar die Frage: »Was motiviert meinen Mitarbeiter im Sinne der 16 Lebensmotive?« Vielmehr werden die Antworten Ihrer Mitarbeiter durch das, was sozial oder in Ihrer Firmenkultur erwünscht ist, beeinflusst. Es kann auch sein, dass Ihr Mitarbeiter seine innersten Wünsche nicht gut in Worte fassen kann oder sich überhaupt nicht bewusst ist, was ihn wirklich motiviert. Doch selbst wenn Sie nach dem Gespräch noch keine sicheren Erkenntnisse über die Lebensmotive Ihres Mitarbeiters haben, wird er sich allein dadurch, dass Sie echtes Interesse an seiner Person zeigen, wertgeschätzt fühlen. Damit steigern Sie nicht nur die Qualität Ihrer Beziehung zu Ihrem Mitarbeiter, sondern eventuell bereits seine Motivation, sich für die Abteilungsziele einzusetzen.

Die kontinuierliche Beobachtung Ihres Mitarbeiters kann Ihnen weitere Anhaltspunkte für seine wahren Motive liefern. Dabei können Sie aus verschiedenen Bereichen neue Erkenntnisse gewinnen:

Beobachtung des Mitarbeiters

Kommunikationsebene:
- Auf welche Weise und über welche Themen redet mein Mitarbeiter mit mir und mit anderen?
- Redet er gern und viel über Essen / seine Familie / seine Erfolge / Sport etc.?
- Was kann ich hinsichtlich seiner Sichtweisen und Bedürfnisse daraus ableiten?

Handlungsebene:
- Welche Handlungsweisen zeigt mein Mitarbeiter mir und anderen gegenüber und welche bevorzugten Tätigkeiten übt er aus?
- Wie exakt plant er seine Arbeit? *(Ordnung)*
- Sucht er den Kontakt zu Kollegen? *(Beziehungen, Unabhängigkeit)*
- Trifft er gern und schnell Entscheidungen oder holt er erst die Meinungen anderer ein und wägt alle Optionen genau ab? *(Macht, Anerkennung, Unabhängigkeit)*
- Arbeitet er sich schnell und bereitwillig in neue Gebiete und Prozesse ein oder bleibt er lieber beim Alten? *(Neugier, emotionale Ruhe)*
- Wie reagiert er auf Kritik bzw. Lob? *(Anerkennung)*
- Steht mein Mitarbeiter oft beim Arbeiten oder nimmt er lieber den Fahrstuhl als die Treppe? *(Körperliche Aktivität)*
- Was kann ich hinsichtlich seiner Bedürfnisse und Sichtweisen daraus ableiten?

Physische Umgebung:

- Wie ordentlich ist der Schreibtisch meines Mitarbeiters? *(Ordnung)*
- Gibt es an seinem Arbeitsplatz Fotos seiner Familie? *(Familie)*
- Sammelt der Mitarbeiter verschiedenste Stifte und Akten? *(Sparen / Sammeln)*
- Ist sein Arbeitsplatz besonders schön gestaltet oder hochwertig ausgestattet? *(Status, Eros)*
- Welches Auto fährt er? *(Status)*
- Finden sich an seinem Arbeitsplatz Auszeichnungen oder Urkunden? *(Status, Rache / Kampf, Anerkennung)*

Anregungen zu Beobachtungen und Deutungen dieser verschiedenen Ebenen finden Sie auch bei der Auflistung von Maßnahmen der motivorientierten Führung auf der Kommunikations- und Handlungsebene im nächsten Kapitel (siehe Seite 50 ff.).

Annäherung an Motive Somit ermöglicht eine genauere Beobachtung der Kommunikations- und Handlungsweisen Ihrer Mitarbeiter in Kombination mit bewusst gesuchten Gesprächen eine Einschätzung der Motivation Ihrer Teammitglieder. Allerdings wird das Ergebnis immer nur eine Annäherung an die wahren Bedürfnisse und Lebensmotive Ihrer Mitarbeiter darstellen.

So ist zum einen das Verhalten Ihrer Mitarbeiter nicht nur durch deren Motive, sondern auch durch ihr Können und Dürfen beeinflusst (siehe Seite 18): Hinterlässt zum Beispiel ein Mitarbeiter seinen Schreibtisch unaufgeräumt, weil er schnell zu einem wichtigen Meeting musste, spricht dies noch nicht für ein schwach ausgeprägtes Ordnungsmotiv.

Zum anderen sind die Motive auf einer sehr tiefen Ebene der Persönlichkeit angesiedelt, sodass sich gezeigtes Verhalten kaum eindeutig interpretieren lässt. Kauft sich beispielsweise Ihr Mitarbeiter ein neues, prestigeträchtiges Auto, kann er dies entweder tun, um die Anerkennung anderer zu bekommen und seinen herausgehobenen Status offen zu zeigen, oder weil er das Design des Autos besonders schön fand. Verlassen Sie sich also nicht auf eine einzige Aussage oder Beobachtung. Nur ein Bündel von Beobachtungen und Aussagen liefert einen Hinweis auf die Motive Ihrer Mitarbeiter.

Außerdem sollten Sie beachten, dass Ihre Wahrnehmung auch durch typische Beobachtungsfehler verfälscht sein kann. Diese Fehler beruhen auf der grundlegenden Funktionsweise unseres Gehirns, komplexe Zusammenhänge zu vereinfachen und damit für uns erfassbar zu machen. Das Problem dabei ist, dass so auch für uns wertvolle Informationen verloren gehen. Nachfolgend finden Sie einige typische Beobachtungsfehler: **Beobachtungs-fehler**

Der berühmte »erste Eindruck« (primacy effect): »Der erste Eindruck ist immer der beste«, sagt der Volksmund. Aber ist das wirklich so? Versperrt er Ihnen nicht die Sicht auf neue Facetten an Ihren Mitarbeitern – auf gute Facetten derer, die sie anfänglich für inkompetent hielten, und auf mögliche Fehler derer, für die Sie Ihre Hand ins Feuer legen würden?

Möglicherweise ist bei Ihnen aber auch das genaue Gegenteil der Fall: Sie beurteilen Ihre Mitarbeiter vor allem auf Basis dessen, was Sie vor kurzem von ihnen wahrgenommen haben (recency effect). In beiden Fällen lohnt es sich, über den Tellerrand hinauszuschauen: Zwischen Ihrem ersten Eindruck und heute haben Ihre Mitarbeiter sicher zahlreiche Verhaltensweisen gezeigt, die Ihnen bei der Motiverkundung helfen können.

Ein weiterer Stolperstein in der Beurteilung Ihrer Mitarbeiter ist der Halo-Effekt: »Halo« kommt aus dem Griechischen und heißt so viel wie »Heiligenschein« oder »Lichthof«. Anhand einer besonders positiven Eigenschaft, zum Beispiel einem gepflegten Äußeren, wird auch auf den Rest der Persönlichkeit geschlossen. So werden schöne Menschen oft auch als intelligent, sozialkompetent und erfolgreich wahrgenommen – unabhängig davon, ob dies auch tatsächlich zutrifft. Auch Stereotype sind in diesem Zusammenhang bedeutsam: So werden Brillenträger tendenziell als klug, Anzugträger als seriös wahrgenommen. **Halo-Effekt**

Auch Ihr eigener Maßstab bestimmt, wie Sie einen Mitarbeiter einschätzen: Haben Sie beispielsweise ein stark ausgeprägtes Machtmotiv, werden Sie vermutlich eine höhere Durchsetzungsfähigkeit erwarten als Führungskräfte mit einem ausgewogenen Machtmotiv. Und nicht zuletzt erliegen wir auch oft der Versuchung, Mitarbeiter, die uns ähnlich sind, positiver zu beurteilen und zu bevorzugen. So wird Ihnen beispielsweise Ihr vermeintlich bester Mitarbeiter, der immer engagiert bei der Sache ist, gern Entscheidungen trifft und die Verantwortung übernimmt, bisher positiver aufgefallen sein als die schüchterne Mitarbeiterin im Kundendienst, die vor jeder Entscheidung bei Ihnen nachfragt und selten die Initiative übernimmt. Möglicherweise erledigt sie jedoch ihre Arbeit weitestgehend fehlerfrei und bearbeitet die Anfragen Ihrer Kunden stets zu deren Zufriedenheit. Anscheinend haben Sie von ihrem schwach ausgeprägten Machtmotiv auf die übrigen Fähigkeiten Ihrer Mitarbeiterin geschlossen. Besonders problematisch werden diese Beobachtungsfehler aber natürlich im Zusammenhang mit der bereits erläuterten selbsterfüllenden Prophezeiung (self-fulfilling prophecy, siehe Seite 96).

Versuchen Sie also, durch regelmäßige Gespräche mit Ihren Mitarbeitern und möglichst genaue Beobachtungen herauszufinden, was Ihre Mitarbeiter motiviert, ohne dabei in die aufgeführten Beobachterfallen zu tappen. Dies kann zwar immer nur eine Annäherung an die wahren Motive Ihrer Mitarbeiter bleiben, aber Ihnen langfristig helfen, Ihre Mitarbeiter besser zu motivieren und so deren Leistungen so zu steigern.

Das Reiss Profile in der Teamführung

Wenn Sie Sicherheit über die Motive Ihrer Mitarbeiter gewinnen möchten, können Sie auch die individuellen Reiss Profiles Ihrer Mitarbeiter erstellen lassen. Das Reiss Profile ist ein wissenschaftlich fundiertes und testtheoretisch überprüftes Diagnose-Instrument und trifft daher sehr valide Aussagen über die persönliche Motivstruktur.

Mithilfe der Reiss Profiles Ihrer Mitarbeiter kann auch eine Team-matrix wie im folgenden Beispiel erstellt werden:

	MA 1	MA 2	MA 3	Mittel	Chef
Macht	– 0,75	1,12	0,25	0,21	1,37
Unabhängigkeit	– 0,14	– 0,27	0,68	0,09	– 1,36
Neugier	0,62	1,09	1,56	1,09	– 0,83
Anerkennung	0,82	0,94	1,65	1,14	– 0,05
Ordnung	0,22	1,10	– 0,22	0,37	– 1,32
Sparen / Sammeln	– 1,59	– 0,76	– 1,71	– 1,35	– 1,45
Ehre	– 1,36	0,45	0,76	– 0,05	– 1,92
Idealismus	0,89	1,16	1,30	1,12	– 0,55
Beziehungen	1,16	0,49	0,09	0,58	0,81
Familie	– 0,47	– 0,74	– 1,15	– 0,79	– 1,01
Status	0,34	0,24	– 0,62	– 0,01	0,05
Rache / Kampf	0,05	– 0,05	– 0,25	– 0,08	– 0,94
Eros	0	0,91	0,91	0,61	– 0,27
Essen	1,22	– 0,06	0,99	0,72	– 1,27
Körperliche Aktivität	– 2,00	0	– 0,20	– 0,73	0,75
Emotionale Ruhe	0,11	– 0,74	– 1,58	– 0,74	– 0,90

Abb. 17: Teammatrix

Anhand der Teammatrix können Sie zunächst feststellen, welche Motive Ihrem Team besonders wichtig sind. Im Beispiel sind es das hoch ausgeprägte Neugier-, Anerkennungs-, Idealismus-, Beziehungs- und Essensmotiv sowie der Hang zu Großzügigkeit (niedrig ausgeprägtes Motiv Sammeln / Sparen), zu partnerschaftlichen familiären Beziehungen (niedrig ausgeprägtes Familienmotiv), Bequemlichkeit (niedrig ausgeprägtes Motiv der körperlichen Aktivität) und Risikofreude (niedrig ausgeprägtes Motiv der Emotionalen Ruhe).

In einem zweiten Schritt können Sie diese Erkenntnisse mit Ihrem eigenen Reiss Profile vergleichen, um herauszufinden, in welchen Motiven Sie bereits gut zu Ihrem Team »passen« und in welchen möglicherweise »Sprengstoff« liegt. Dies können Sie besonders gut an der nebenstehenden Grafik (Abb. 18) auf Seite 119 erkennen:

Vergleich
Team / Chef

In dem Beispiel ist das Beziehungsmotiv sowohl bei der Führungskraft als auch im Team hoch ausgeprägt. Der Teamleiter sollte also eine Arbeitsatmosphäre schaffen, in der alle dieses Motiv ausleben können – durch offene Bürotüren, regelmäßige Teammeetings, häufigere Zusammenarbeit etc. Auch das Motiv der emotionalen Ruhe ähnelt sich bei Führungskraft und Team: Alle sind eher risikofreudig. Dies kann die Führungskraft beispielsweise in der Projektplanung und Aufgabenstellung berücksichtigen. Routinen sollten nicht überhand nehmen, der Arbeitsalltag sollte abwechslungsreich bleiben. Eventuell sollte das Team auch durch einen Mitarbeiter ergänzt werden, der gern vorhersehbare, routinierte Aufgaben übernimmt.

Das Motiv Neugier dagegen ist beim Teamleiter sehr niedrig ausgeprägt, im Team jedoch hoch. Für das Verhalten der Führungskraft kann das bedeuten, dass sie den Mitarbeitern bewusst Wissenserwerb und ein tiefgründiges Einarbeiten in Problemstellungen ermöglichen sollte – vor allem bei Dingen, in die sie sich selbst zunächst nicht tiefer einarbeiten möchte. Das Team wird dadurch motivierter arbeiten und langfristig mehr leisten.

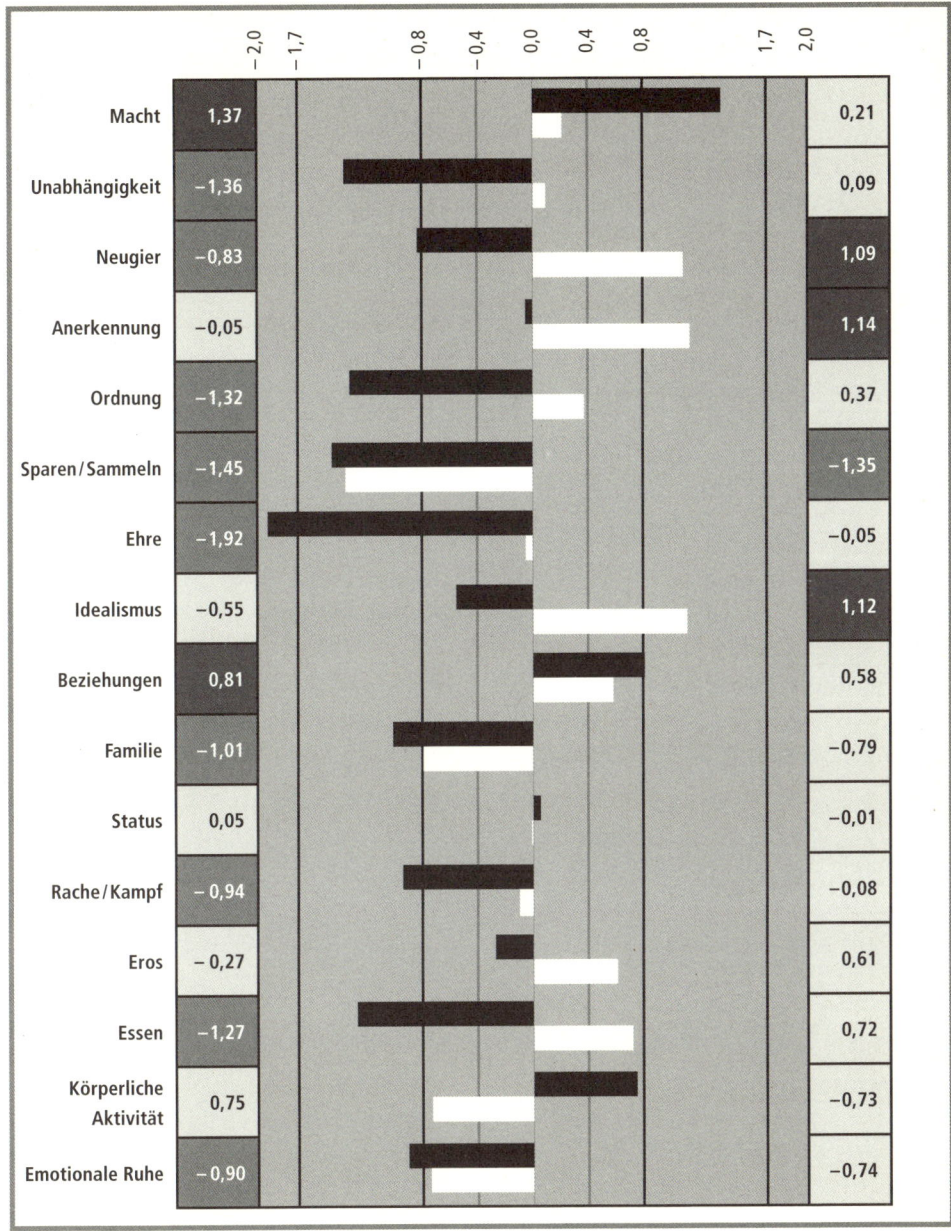

	−2,0	−1,7	−0,8	−0,4	0,0	0,4	0,8	1,7	2,0	
Macht	1,37									0,21
Unabhängigkeit	−1,36									0,09
Neugier	−0,83									1,09
Anerkennung	−0,05									1,14
Ordnung	−1,32									0,37
Sparen/Sammeln	−1,45									−1,35
Ehre	−1,92									−0,05
Idealismus	−0,55									1,12
Beziehungen	0,81									0,58
Familie	−1,01									−0,79
Status	0,05									−0,01
Rache/Kampf	−0,94									−0,08
Eros	−0,27									0,61
Essen	−1,27									0,72
Körperliche Aktivität	0,75									−0,73
Emotionale Ruhe	−0,90									−0,74

Abb. 18: Vergleich des Teamdurchschnitts (weiß) mit dem Reiss Profile der Führungskraft (schwarz)

Eine weitere wichtige Erkenntnis aus obigem Teamprofil ist das hoch ausgeprägte Anerkennungsmotiv aller Teammitglieder – die Führungskraft sollte also ein besonderes Augenmerk darauf legen, die Arbeit ihrer Mitarbeiter wertzuschätzen und diese Wertschätzung zum Beispiel in Form von Lob auch auszudrücken. Das Motto »Nicht geschimpft ist Lob genug« wird in diesem Team langfristig zu Frustration statt Motivation führen. Weitere Hinweise dazu folgen im nächsten Kapitel (siehe Seite 208).

Abgleich mit jedem Mitarbeiter

In einem dritten Schritt kann die Führungskraft ihr Reiss Profile mit den individuellen Profilen der Mitarbeiter abgleichen (siehe nebenstehende Abb. 19 auf Seite 121).

So kann man nicht nur den »Spreng- und Klebstoff« zwischen sich und seinen Mitarbeitern identifizieren, sondern auch auf mögliche bisherige Selbstverliebtheiten (siehe Seite 95) in der Mitarbeiterbeurteilung aufmerksam werden.

Kleb- und Sprengstoff identifizieren

Im obigen Beispiel haben der ausgewählte Mitarbeiter und der Chef sogenannten »Klebstoff« bei den Motiven Sparen/Sammeln, Familie und Emotionale Ruhe: Da die Ausprägungen sehr ähnlich sind, wird es zwischen ihnen kaum Konflikte geben, die sich (unterschwellig) um diese Themen drehen. Auch die gegenseitige Wahrnehmung und Wertschätzung wird in diesen Punkten positiv sein. Anders sieht es dagegen bei den Motiven Unabhängigkeit, Neugier und Ehre, Idealismus und Essen aus: Hier sind die Ausprägungen sehr unterschiedlich. Sie bilden damit potenziellen, latenten »Sprengstoff« in der Beziehung des Vorgesetzten zu seinem Mitarbeiter, das heißt, es können leicht Konflikte entstehen, die auf diesen Unterschieden beruhen. Beispielsweise wird sich der Mitarbeiter mit dem hoch ausgeprägten Ehremotiv weigern, Aufgaben auszuführen, die ihm ethisch fragwürdig erscheinen, dem Vorgesetzten aber zur Zielerreichung dienen. Nach dem Motto »Der Zweck heiligt die Mittel« wird der Vorgesetzte häufig nicht über die »ethischen« Aspekte der Aufgaben nachdenken. In der Praxis kann eine solche Aufgabe zum Beispiel Informationsbeschaffung unter falschem Namen sein.

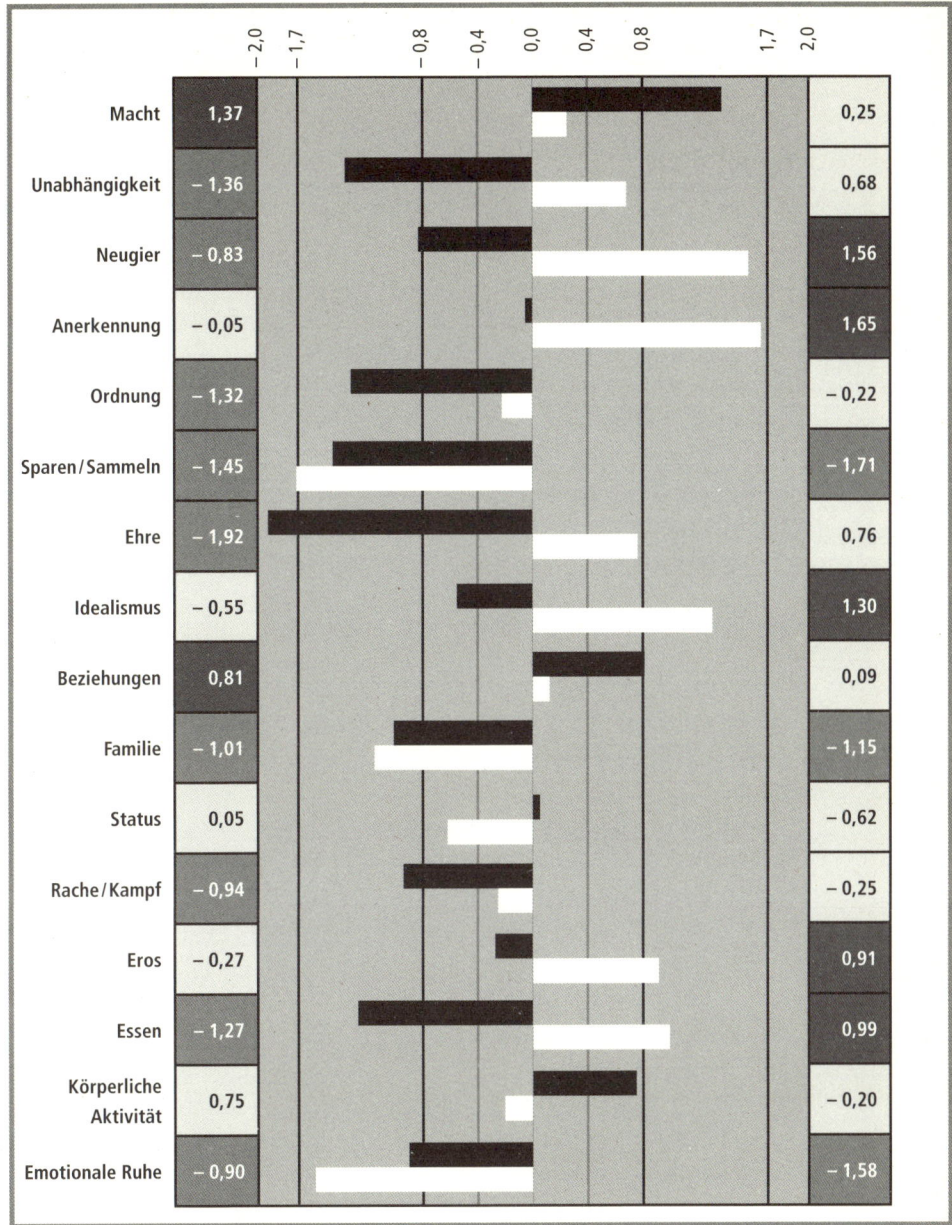

Abb. 19: Paarprofil Führungskraft (schwarz) – MA 3 (weiß)

Zudem besteht auch die Gefahr der Selbstverliebtheit und damit einer Beurteilungsverzerrung: Der Vorgesetzte könnte den Mitarbeiter mit einem hoch ausgeprägten Neugiermotiv als praxisfernen Theoretiker sehen, der Mitarbeiter seinen Vorgesetzten hingegen als oberflächlichen Ignoranten, der nie über seinen Tellerrand hinausschaut. Das Reiss Profile bietet die Möglichkeit, diese Wahrnehmungsverzerrungen aufzudecken und die positiven Charakteristika des Mitarbeiters zu erkennen – hier beispielsweise die Leichtigkeit und Begeisterung, mit der sich der Mitarbeiter in umfassende neue Sachverhalte einarbeitet – und letztlich die gegenseitige Wertschätzung zu fördern.

Wie wir bereits gesehen haben, hilft das Reiss Profile auch, den »Spreng- und Klebstoff« zwischen den einzelnen Mitarbeitern zu erkennen und diese Erkenntnisse zum besseren gegenseitigen Verständnis, zur Konfliktklärung und -vermeidung zu nutzen. Das folgende Beispiel soll dies noch einmal verdeutlichen:

Vergleich: zwei Mitarbeiter Diese beiden Mitarbeiter (siehe Abbildung 20, Seite 123) scheinen auf den ersten Blick eine harmonische Beziehung zu haben – fast in allen Motiven findet sich »Klebstoff«. Lediglich die unterschiedlichen Ausprägungen der Motive Macht und Ehre scheinen »Sprengstoff« in diesem Verhältnis darzustellen.

Natürlich helfen diese Erkenntnisse nicht nur der Führungskraft, sondern auch dem gesamten Team, gegenseitige Wertschätzung und Verständnis für einander zu fördern. Im Zuge einer Teamentwicklung würde der zertifizierte Reiss Profile Master zunächst mit jedem Einzelnen ein Rückmeldegespräch führen und damit dessen Selbstkenntnis und -verständnis erhöhen.

Einen Teamtag durchführen In einem zweiten Schritt kann es sinnvoll sein, einen sogenannten »Teamtag« durchzuführen, an dem die Mitarbeiter die Reiss Profiles ihrer Kollegen und ihres Vorgesetzten kennenlernen. Dabei kann das gegenseitige Verständnis durch individuelle Gespräche und eine Einführung in das Thema »Selbstverliebtheit und ihre Tücken« gefördert werden. Das Ziel dieses Tages ist es, dass die Mitarbeiter die Standpunkte ihrer Kollegen besser verstehen,

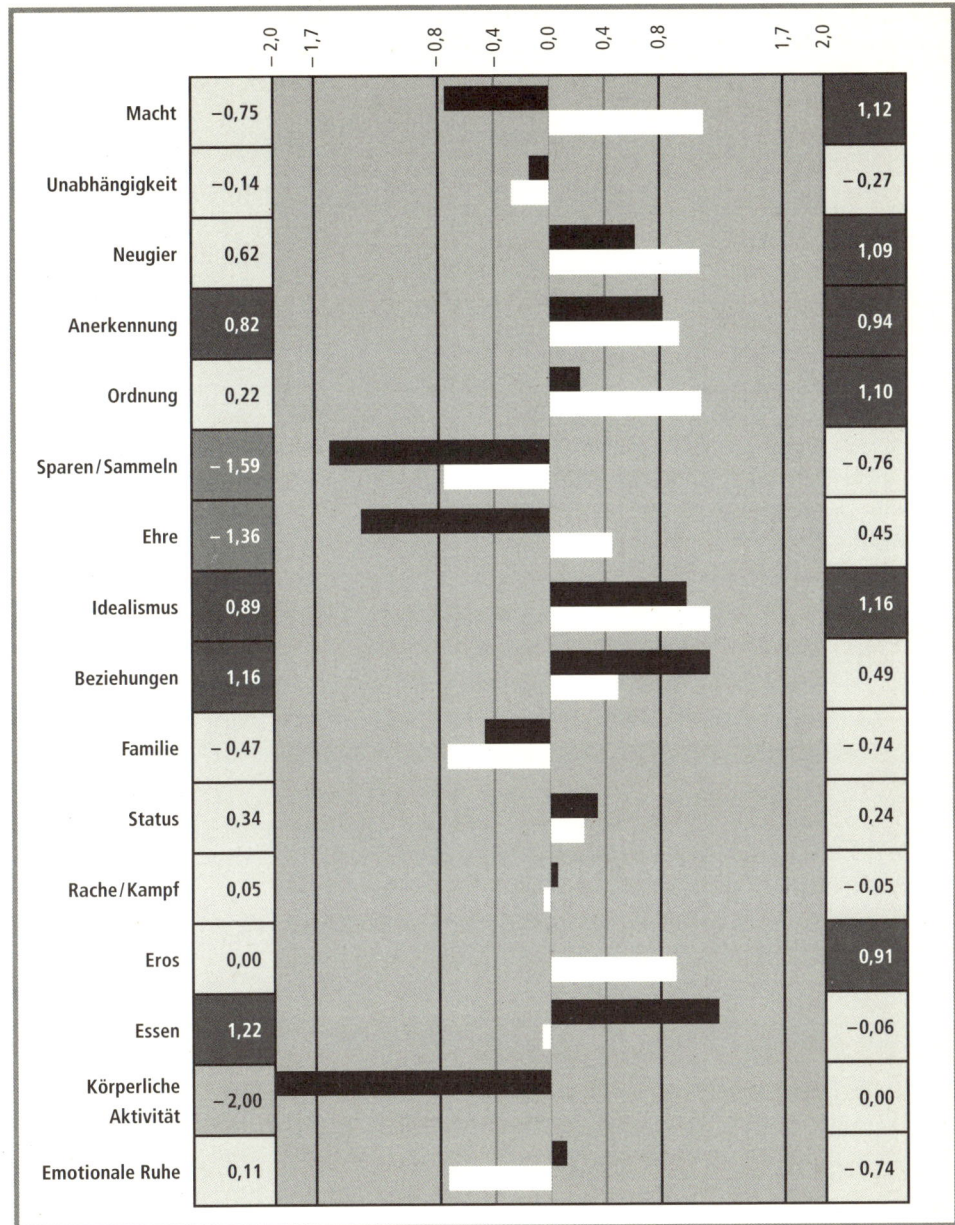

	−2,0	−1,7	−0,8	−0,4	0,0	0,4	0,8	1,7	2,0

Macht −0,75 1,12
Unabhängigkeit −0,14 −0,27
Neugier 0,62 1,09
Anerkennung 0,82 0,94
Ordnung 0,22 1,10
Sparen/Sammeln −1,59 −0,76
Ehre −1,36 0,45
Idealismus 0,89 1,16
Beziehungen 1,16 0,49
Familie −0,47 −0,74
Status 0,34 0,24
Rache/Kampf 0,05 −0,05
Eros 0,00 0,91
Essen 1,22 −0,06
Körperliche Aktivität −2,00 0,00
Emotionale Ruhe 0,11 −0,74

Abb. 20: Paarprofil MA 1 (schwarz) – MA 2 (weiß)

die positiven Seiten anderer Motivausprägungen wertschätzen und diese idealerweise in ihr tägliches Miteinander integrieren.

Die Führungskraft kann kontinuierlich lernen, wie sie die Ergebnisse der Reiss-Profile-Auswertungen in ihren Führungsalltag integriert. Dabei geht es nicht darum, die Motive als Führungskraft zu verändern, sondern optimale Verhaltensweisen im gegebenen sozialen System zu erkennen und anzuwenden.

Kommunikations- und Handlungsweisen der motivorientierten Führung

Das folgende Kapitel soll Sie dabei unterstützen, Ihre Führungs-kompetenz durch einen motivorientierten Ansatz auszubauen. Grundlage dafür sind konkrete Kommunikations- und Hand-lungsweisen für die 16 Motive und für verschiedene Motivaus-prägungen. Mit deren Anwendung können Sie auf die indivi-duellen Bedürfnisse jedes Ihrer Teammitglieder eingehen.

Führungs-kompetenz ausbauen

Wir haben die Darstellung immer mit Beispielen belegt, sodass es leichter ist, die Kommunikations- und Handlungsweisen nach-zuvollziehen. Dieses Kapitel hat (wie der Rest des Buches auch) keinen Anspruch auf Vollständigkeit. Es gibt zahllose Möglichkei-ten, auf die Motive einzugehen, wahrscheinlich so viele, wie es unterschiedliche Motivkonstellationen gibt.

Unser Ziel ist es, Ihnen mit diesem Kapitel Unterstützung bei der Anwendung der Theorie zu geben und dabei ganz dicht am alltäg-lichen Führungsgeschehen zu bleiben.

Herr Boss ist Teamleiter von sechs Mitarbeitern. Die Auftragslage ist hoch, allerdings kann Herr Boss seit ein paar Wochen zunehmende An-zeichen von Überarbeitung und Demotivation bei seinen Mitarbeitern beobachten, die sich durch die Abwesenheit von Frau Urlaub und Herrn Krankheit weiter verstärken. Er weiß, dass er diese Faktoren nicht oder nur in geringem Maße beeinflussen kann. Um eventuelle Kündigungen zu verhindern und die Motivation auch in der gegebenen Situation zu steigern, möchte er die Erkenntnisse hinsichtlich der Motivationstheorie

Beispiel

von Steven Reiss in seine Führung integrieren. Denn durch ein Coaching hat er mit seinem Reiss Profile nicht nur seine eigenen Motive besser kennengelernt, sondern auch Folgendes verstanden: Jeder seiner Mitarbeiter besitzt eine individuell unterschiedliche Motivstruktur. Er weiß, dass die Talente in seinem Team noch besser genutzt werden können, wenn er es als Führungskraft schafft, jedes Teammitglied mit individuellen Strategien anzusprechen. So erhofft er sich nicht nur die individuelle Motivation und Arbeitszufriedenheit seiner Mitarbeiter, sondern auch die Effizienz des Teams insgesamt zu steigern.

In diesem Beispiel klingt es theoretisch ganz einfach. Doch wie können solche Maßnahmen konkret aussehen? Mit der Kommunikations- und Handlungsebene kann zwischen zwei unterschiedlichen Ansatzpunkten unterschieden werden.

Die Kommunikationsebene

Auf einer Wellenlänge kommunizieren
Ein entscheidender Bestandteil der Motivation eines Mitarbeiters ist die Art und Weise der Kommunikation zwischen ihm und seiner Führungskraft: Kommunizieren sie auf einer Wellenlänge? Oft wird eher passiv davon ausgegangen, dass zwei Menschen entweder gut miteinander kommunizieren können oder nicht. Für den Ansatz der motivorientierten Führung gilt hingegen:

Die Führungskraft ist dafür verantwortlich, die Kommunikation mit ihrem Mitarbeiter aktiv entsprechend der Bedürfnisse des Mitarbeiters zu gestalten.

Um als Führungskraft in der Kommunikation mit dem Mitarbeiter »die perfekte Welle« zu erwischen, ist es notwendig, nicht von seinen eigenen Bedürfnissen auszugehen, sondern den Mitarbeiter gemäß seiner individuellen Motive anzusprechen. Das Sprichwort »Der Wurm muss dem Fisch schmecken, nicht dem Angler« kann also auf die aktive Gestaltung der Kommunikationsebene zwischen Führungskraft und Mitarbeiter übertragen werden.

Was aber ist Kommunikation genau? Wo kann ich als Führungskraft bei der Gestaltung der Kommunikationsebene ansetzen?

In der wissenschaftlichen Literatur gibt es unzählige Abhandlungen über den Versuch einer Definition von Kommunikation. Prinzipiell kann in Anlehnung an Paul Watzlawicks Aussage »Man kann nicht nicht kommunizieren!« alles als Kommunikation aufgefasst werden: Neben den verbalen Aussagen und nonverbalen Signalen durch Mimik, Gestik und Körpersprache wird zum Beispiel auch durch die Wahl der Kleidung eine kommunikative Botschaft gesendet.

Definition von Kommunikation

Bekanntlich machen Kleider Leute und unsere gesellschaftlichen Rahmenbedingungen legen fest, was die passende Kleidung ist und was nicht. Im Berufsalltag dagegen wird Kleidung manchmal nur unbewusst wahrgenommen. Die Wirkung einer Führungskraft in Designerkleidung oder einem gebatikten T-Shirt ist eine völlig unterschiedliche. Dieses einfache Beispiel verdeutlicht, welchen Einfluss die eigene Motivausprägung auf das gesamte Kommunikationsverhalten hat. Egal welche Botschaft wir in der Kommunikation senden wollen, ist es immer wieder die Wahrnehmung des Empfängers, die entscheidet. Wenn eine Führungskraft ein stark ausgeprägtes Statusmotiv besitzt, wird sie gern zu einem Designeroutfit greifen und signalisieren: »Prestige ist mir wichtig.« Hat der Mitarbeiter selbst ein stark ausgeprägtes Statusmotiv, werden ihn die teuren Kleidungsstücke eher beeindrucken als einen Mitarbeiter mit einer geringen Ausprägung. Diesen wird die Kleiderwahl des Chefs im Sinne des *Self-hugging* wahrscheinlich eher darin bestärken, ihn als angeberisch, überheblich und snobistisch zu betrachten.

Um im Beispiel zu bleiben: Übertragen auf die Kommunikationsweisen der motivorientierten Führung sollten Sie als Führungskraft also zunächst überlegen, welche Botschaft Sie senden möchten und wie Sie diese am besten angepasst an die individuelle Sichtweise Ihrer Mitarbeiter übermitteln können. Auf der Basis dieser Einschätzung können Sie dann eine fundierte Wahl zwischen Designerdress oder Turnschuhen mit Jeans treffen.

Bewusst Botschaften senden

Zusammengefasst lässt sich sagen, dass auch das persönliche Erscheinungsbild durch die eigene Motivkonstellation bedingt ist. Dies soll aber nicht bedeuten, dass Sie sich äußerlich immer an Ihre Motivausprägung anpassen müssen. Während also auch die Kleiderwahl als nonverbales Kommunikationsmittel angesehen werden kann, legen wir im Folgenden den Fokus auf verbale Kommunikationsmaßnahmen der motivorientierten Führung. In diesem Sinne steht die Antwort auf folgende Frage im Vordergrund: Auf welche Weise und über welche Themen kann ich als Führungskraft mit meinem Mitarbeiter sprechen, um ihn ganzheitlich wertzuschätzen und langfristig zu motivieren?

Beispiel

Herr Boss weiß, dass er über eine niedrige Ausprägung des Lebensmotivs Anerkennung verfügt. Sein »innerer Motor« funktioniert auch ohne das »Benzin« Lob, sodass es seiner natürlichen Kommunikationsweise entspricht, andere nur wenig zu loben und sich auf kritische Punkte zu konzentrieren. »Schließlich kann man sich nur dann verbessern, wenn man auf seine Fehler aufmerksam gemacht wird«, lautet seine Devise. Auf der anderen Seite hat er erkannt, dass gerade Herr Unsicher ein großes Bedürfnis nach Anerkennung hat und durch diese Motivausprägung bereits ein starkes eigenes Fehlerbewusstsein besitzt. Daher möchte Herr Boss in Zukunft versuchen, in der Kommunikation mit Herrn Unsicher nicht die gegenwärtigen Kritikpunkte anzusprechen, sondern das richtige Verhalten für die Zukunft lösungsorientiert aufzuzeigen und Lob dafür in Aussicht zu stellen.

Die Handlungsebene

Motivierende Maßnahmen

Während die Motivation durch verbale Kommunikation auf der Kommunikationsebene der motivorientierten Führung ansetzt, besteht für die Führungskraft immer auch die Möglichkeit, Mitarbeiter über die Handlungsebene zu motivieren:

> **Die Führungskraft ist dafür verantwortlich, die Tätigkeiten und das Umfeld ihres Mitarbeiters aktiv entsprechend seiner Bedürfnisse zu gestalten.**

Als Handlungsweisen der motivorientierten Führung bezeichnen wir also alle Maßnahmen, die eine Führungskraft ergreifen kann, um dem Mitarbeiter einerseits motivierende Aufgaben und Tätigkeiten zu übertragen und andererseits das Umfeld, in dem sich der Mitarbeiter bewegt, seiner Motivation anzupassen. Im Zentrum steht also die Frage: Welche Maßnahmen kann ich als Führungskraft ergreifen, um meinem Mitarbeiter motivierende Aufgaben und ein motivierendes Umfeld zu bieten?

Durch sein niedrig ausgeprägtes Anerkennungsbedürfnis mag Herr Boss herausfordernde Aufgaben sehr gern. An neue Prozesse geht er selbstbewusst als Erster heran, fordert Kritik aktiv ein und sieht es als Chance, aus seinen Fehlern während dieser »Pionierarbeit« zu lernen. Durch die Auseinandersetzung mit seinem Reiss Profile weiß Herr Boss aber auch, dass er seine eigenen Bedürfnisse nicht auf andere übertragen kann. Während er früher davon ausging, dass jeder seiner Mitarbeiter gern als »Pionier« einen neuen Weg zuerst einschlägt und bewertet, möchte er diese Aufgaben in Zukunft nur noch an die Mitarbeiter delegieren, die ebenfalls ein niedrig ausgeprägtes Anerkennungsmotiv besitzen und gern aus Fehlern lernen. Herr Unsicher hingegen kann mit seinem hoch ausgeprägten Anerkennungsmotiv dann die beste Leistung zeigen, wenn er nicht einfach auf einen neuen Weg »losgelassen« wird, sondern durch ausreichende Informationen Perfektion zeigen kann und wenn er schon für das Erreichen von Teilzielen Bestätigung erhält.

Motivationsmaßnahmen auf der Kommunikations- und Handlungsebene wirken nicht unabhängig voneinander, sondern sind eng miteinander verzahnt. So kann Kommunikation an sich schon als Handlungsweise betrachtet werden. Handlungsweisen der motivorientierten Führung werden in der Regel also bereits über die verbale Kommunikationsebene vermittelt. Kommunikations- und Handlungsebene der motivorientierten Führung sind demnach nicht klar voneinander zu trennen, sondern werden lediglich als gedankliche Stütze getrennt voneinander aufgeführt. Während Kommunikationsmaßnahmen im Folgenden immer beispielhaft in wörtlicher Rede aufgezählt werden, sind die Handlungsmaßnahmen als Anregungen zur aktiven Aufgaben- und Umfeldgestaltung des Mitarbeiters zu verstehen. Idealerweise greifen die motivorientierten Maßnahmen einer Führungskraft sowohl auf der Kommunikations- als auch auf der Handlungsebene, um die Bedürfnisse des Mitarbeiters ganzheitlich anzusprechen.

Voraussetzungen fürs Handeln schaffen Mit den verschiedenen Kommunikations- und Handlungsmaßnahmen der motivorientierten Führung bieten wir Ihnen also eine Art »Pflegeanleitung« für Ihre Mitarbeiter an. Damit diese Maßnahmen ihre volle Motivationswirkung entfalten können, ist jedoch immer ein kritischer Blick auf Ihre eigene Persönlichkeit, die Individualität Ihrer Mitarbeiter, die gesamte Motivstruktur des Mitarbeiters und das betriebliche Umfeld notwendig:

1) *Ihre Motivstruktur:* Je nach den Ausprägungen Ihrer eigenen Lebensmotive werden Sie gemäß des *Self-hugging* die Wirkung einiger Kommunikations- und Handlungsweisen stärker nachvollziehen können als andere. Entsprechend wird Ihnen die Umsetzung der Maßnahmen am leichtesten fallen, die Ihrer Persönlichkeit entsprechen – und die Sie selbst vermutlich schon bewusst oder unbewusst in Ihrem Führungshandeln verwenden. Schwieriger erscheinen Ihnen vermutlich die Kommunikations- und Handlungsweisen, die eine gegenteilige Ausprägung Ihrer Lebensmotive betreffen. Somit gilt für die Umsetzung der Maßnahmen im Führungsalltag: It's simple, but not easy!

2) *Die gesamte Motivstruktur des Mitarbeiters:* Für die motivationale Wirkung einer Kommunikations- und / oder Handlungsweise ist bei Ihrem Mitarbeiter nicht nur die Ausprägung eines einzelnen Lebensmotivs zu berücksichtigen, sondern immer die gesamte Lebensmotivstruktur. Es ist wichtig, sich bewusst zu machen, dass es nicht möglich ist, von einem Lebensmotiv eines Menschen direkt auf sein Verhalten zu schließen, denn es gilt: Menschen mit bestimmten Motivausprägungen zeigen häufig bestimmte Verhaltensweisen – Ausnahmen bestätigen aber die Regel. Ein »abweichendes« Verhalten hinsichtlich der Ausprägung eines bestimmten Lebensmotivs ist häufig durch bestimm-

te Motivkombinationen bedingt. So kann ein Mitarbeiter mit einem stark ausgeprägten Statusmotiv zwar durch ein Einzelbüro motiviert werden – es kann ihn jedoch auch demotivieren, wenn er z.B. ein hoch ausgeprägtes Beziehungs- und ein niedrig ausgeprägtes Unabhängigkeitsmotiv besitzt und sich durch das Einzelbüro von seinem Team isoliert fühlt.

3) *Die Motivstruktur Ihres Mitarbeiterteams:* Beachten Sie bei der Durchführung von Maßnahmen der motivorientierten Führung auf der Handlungsebene nicht nur die Motivausprägung oder die Motivstruktur des Einzelnen, sondern, im Sinne des Teamgefüges, die aller Mitarbeiter. Durch Selfhugging, Neid etc. kann es unter den Mitarbeitern zu Missverständnissen kommen, wenn z.B. ein Mitarbeiter mit einem hoch ausgeprägten Unabhängigkeitsmotiv im Vergleich zu den anderen Mitarbeitern mit einem niedrig ausgeprägten Unabhängigkeitsmotiv eine Sonderbehandlung erfährt, die ihn noch weiter zum Außenseiter im Team machen kann. Sie werden wohl nie in der Lage sein, alle Bedürfnisse Ihrer Mitarbeiter in vollem Maß zu berücksichtigen – aber Sie können abschätzen, welche Auswirkungen die Durchführung einer Kommunikations- und Handlungsmaßnahme nicht nur auf den einzelnen Mitarbeiter, sondern auch auf das gesamte Team haben könnte, und auf dieser Grundlage eine Entscheidung treffen.

4) *Das betriebliche Umfeld:* Bei der Umsetzung der Handlungs- und Kommunikationsweisen der motivorientierten Führung stehen Sie als Führungskraft immer auch in einem Spannungsfeld aus betrieblichen Interessen, Budgetbindungen, Unternehmenskultur etc. Beachten Sie, dass jede Maßnahme nur dann zu einer tatsächlichen Motivations- und Leistungssteigerung des Mitarbeiters führen kann, wenn sie auch tatsächlich in das betriebliche Umfeld integrierbar ist. Gerade vor dem Hintergrund von Budgetbeschränkungen möchten wir besondere Aufmerksamkeit auf die Kommunikations- und Handlungsmaßnahmen

zum Lebensmotiv Anerkennung lenken: Lob kostet nichts und ist jederzeit verfügbar! Aus diesem Grund gehen wir im folgenden Kapitel zusätzlich zu den in diesem Kapitel vorgeschlagenen Maßnahmevorschlägen (siehe Seite 208 ff.) vertieft auf das Führungsinstrument Anerkennung ein.

Insbesondere vor dem Hintergrund des Self-hugging sollten Sie sich außerdem stets folgenden zentralen Punkt bewusst machen:

Die 16 Lebensmotive werden immer wertfrei interpretiert.

Motive neutral bewerten Unabhängig davon, wie stark bei einem Mitarbeiter ein Lebensmotiv in die eine oder andere Richtung ausgeprägt ist – es entspricht vielleicht nicht Ihrer eigenen Ausprägung, ist aber keinesfalls besser oder schlechter. Nur wenn Sie diesen Punkt immer im Hinterkopf behalten, bringen Sie Ihrem Mitarbeiter die notwendige Wertschätzung entgegen, die Kommunikations- und Handlungsmaßnahmen der motivorientierten Führung überhaupt erst wirksam macht.

Ein Lebensmotiv an sich ist also niemals übertrieben ausgeprägt, lediglich das konkrete Verhalten, das ein Mitarbeiter zeigt, kann übertrieben situations- und systemunangepasst sein und sich demnach von einer Stärke in eine Schwäche verwandeln. Dabei ist die Gefahr eines situationsunangepassten Verhaltens besonders dann gegeben, wenn ein Mitarbeiter eine Motivausprägung weit über- oder unterdurchschnittlich besitzt (mehr als + 1,7 bzw. weniger als – 1,7 im Reiss Profile).

Werte- und Entwicklungs-quadrat Den Zusammenhang des »Kippens« eines Verhaltens von einer Stärke in eine Schwäche möchten wir in Anlehnung an das von Friedemann Schulz von Thun entwickelte *Werte- und Entwicklungsquadrat* am Beispiel des Lebensmotivs Macht verdeutlichen:

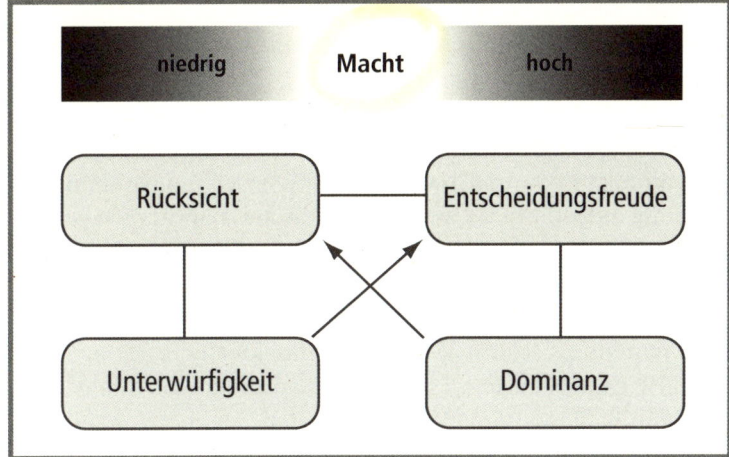

Abb. 21: Gegenpole: Macht

Ein Mensch mit einem starken Streben nach Macht ist in der Regel sehr entscheidungsfreudig. Er kann jedoch auch dazu neigen, in bestimmten Situationen unangemessen dominant aufzutreten. Ebenso ist ein Mensch mit einem geringen Streben nach Macht meist sehr rücksichtsvoll, was unter entsprechenden Umständen dann in unterwürfiges Verhalten »umschlagen« kann.

Was bedeutet das für die motivorientierte Führung? Wir möchten Sie dafür sensibilisieren, die im Folgenden aufgelisteten Kommunikations- und Handlungsmaßnahmen sehr bewusst und reflektiert einzusetzen. Tritt ein Mitarbeiter beispielsweise im Gesamtkontext zu dominant auf, ist es nicht unbedingt angebracht, ihn mit entsprechenden Kommunikations- und Handlungsmaßnahmen weiter zu entscheidungsfreudigem bzw. dominantem Verhalten zu motivieren. Vielmehr kann es sinnvoll sein, Ihren Mitarbeiter für den Gegenpol »Rücksicht« zu sensibilisieren. Zeigt Ihr Mitarbeiter auf der anderen Seite häufig übermäßig unterwürfiges Verhalten, kann es sich als langfristig erfolgreich herausstellen, Ihrem Mitarbeiter zwar weiterhin eine Plattform für Leistung durch Dienstleistung zur Verfügung zu stellen, ihm jedoch gleichzeitig zu eigenen Entscheidungen zu ermutigen. Hinterfragen Sie aber in jedem Fall stets kritisch, ob es sich im betreffenden Fall

Für Gegenpole sensibilisieren

tatsächlich um ein unangepasstes Verhalten handelt – oder ob Sie es, durch Ihre »Self-hugging-Brille« betrachtet, lediglich so wahrnehmen.

In den folgenden Abschnitten haben wir für Sie Vorschläge für Kommunikations- und Handlungsweisen der motivorientierten Führung aufgeführt – jeweils für eine hohe und für eine geringe Ausprägung jedes der 16 Lebensmotive. Jeder Abschnitt beginnt mit einer kurzen Erläuterung des jeweiligen Lebensmotivs, dem ein praxisnahes Beispiel aus dem Führungsalltag folgt. Dieses Beispiel wird im Anschluss jeweils auf eine hohe oder geringe Ausprägung des Lebensmotivs bezogen und durch Anregungen für Kommunikations- und Handlungsweisen der motivorientierten Führung zum jeweiligen Lebensmotiv ergänzt. Schließlich gehen wir noch auf mögliches situationsunangepasstes Verhalten hinsichtlich des entsprechenden Lebensmotivs ein.

Zu eigenen Maßnahmen inspirieren lassen Dabei erhebt unsere Auflistung von Kommunikations- und Handlungsweisen der motivorientierten Führung keinen Anspruch auf Vollständigkeit! Für jedes Motiv sind unzählige Maßnahmen vorstellbar. Lassen Sie sich inspirieren und entwickeln Sie eigene Maßnahmen der motivorientierten Führung auf der Basis Ihrer eigenen Persönlichkeit, der individuellen Eigenschaften Ihrer Mitarbeiter bzw. Ihres Mitarbeiterteams und Ihrer betrieblichen Rahmenbedingungen.

Macht

Das Lebensmotiv der Macht beschreibt den Wunsch nach Einflussnahme und Gestaltung. Menschen mit einem hoch ausgeprägten Machtmotiv streben nach Erfolg, Leistung, Führung und Dominanz, während Menschen mit einem niedrigen Bedürfnis nach Macht sich häufig sehr an Service, Dienstleistung und Personen orientieren. Dabei wird über das Machtmotiv keine Aussage getroffen, wie gut jemand führen kann, sondern nur, ob er es gern tut. Auch der Führungsstil an sich wird nicht über das Machtmotiv definiert, sondern über die gesamte Motivkonstellation geprägt. Um Menschen mit hohem wie mit niedrigem Machtbedürfnis zu motivieren, ist es wichtig, ihnen über passgenaue Handlungs- und Kommunikationsmaßnahmen eine Umgebung zu bieten, in der sie ihre individuelle Machtmotivation leben können.

Hohes Streben nach Macht

Michael ist vor zwei Monaten aus einer anderen Abteilung in Herrn Chefs Team gewechselt. Nach der Einarbeitungsphase soll er nun seinen Vorgänger bei der Leitung einer interdisziplinären Projektgruppe ablösen. Michael besitzt ein hoch ausgeprägtes Machtmotiv. Von Beginn an hat er sich mit großem Ehrgeiz eingebracht und den Wunsch geäußert, die Leitung der Projektgruppe lieber früher als später übertragen zu bekommen, um seine Erfahrungen aus der vorherigen Abteilung besser einbringen und die Teamleistung vorantreiben zu können.

Beispiel

Mitarbeiter mit einem hoch ausgeprägten Machtmotiv sind vor allem dann langfristig motiviert und leistungsbereit, wenn ihnen durch ihre Führungskraft eine

Plattform für Leistung durch Einfluss und Gestaltung

bereitgestellt wird. Dazu bieten sich auf der **Kommunikationsebene** folgende Maßnahmen an:

- Verdeutlichen Sie Ihrem Mitarbeiter seinen Entscheidungsspielraum:
  - → »Sie kennen das Ziel, treffen Sie die dafür notwendigen Entscheidungen.«
  - → »Ich übertrage Ihnen hierfür die Verantwortung.«

- Sprechen Sie durch Reizwörter wie »Vorbild« oder »Leistungsträger« den Ehrgeiz des Mitarbeiters an:
  - → »Sie sind dafür ein Vorbild.«
  - → »Als Leistungsträger erwarte ich von Ihnen ...«

Auch auf der **Handlungsebene** gibt es viele Optionen, um mit individuellen Maßnahmen auf den Wunsch nach Steuerung einzugehen:

- Geben Sie Ihrem Mitarbeiter das Ziel vor, aber lassen Sie ihn den Weg dorthin weitgehend selbst wählen.
- Erlegen Sie Ihrem Mitarbeiter so wenige Einschränkungen wie möglich auf.
- Übertragen Sie Ihrem Mitarbeiter Führungsaufgaben und Verantwortung.
- Lassen Sie Ihrem Mitarbeiter großen Entscheidungsspielraum oder lassen Sie ihn bei wichtigen Entscheidungen zustimmen.
- Erlauben Sie dem Mitarbeiter ein möglichst hohes Maß an Selbst- und Fremdkontrolle, denn Menschen mit einem hohen Machtbedürfnis streben in der Regel nach überdurchschnittlichen Leistungen.

Motivorientierte Führung bei hohem Streben nach Macht

Beispiel

Herr Chef will versuchen, Michael bei der Leitung des interdisziplinären Teams so wenige Einschränkungen wie möglich zu geben. Aus diesem Grund überträgt er ihm einerseits die Verantwortung für das Erreichen eines messbaren Teamziels. Um andererseits informiert zu bleiben und die Steuerung nicht vollständig abzugeben, möchte Herr Chef in einem wöchentlichen Meeting über den Projektverlauf unterrichtet werden. Ansonsten gilt: »*Sie haben die Verantwortung dafür, dass die Projektgruppe die erforderlichen Ergebnisse bringt – viel Erfolg!*«

Niedriges Streben nach Macht

Beispiel

Matthias besitzt ein niedrig ausgeprägtes Machtmotiv. Er weiß, dass die Leitung der interdisziplinären Projektgruppe einen wichtigen Karriereschritt für ihn bedeutet. Auf der anderen Seite weiß er, dass er die beste Leistung erbringen kann und es ihn am meisten motiviert, wenn er als Teammitglied in eine Aufgabe eingebunden ist und gemeinsam mit den

anderen daran arbeitet, das Ziel zu erreichen, statt alleine für die Errei-
chung des Ziels die Verantwortung zu tragen.

Bei der Ableitung von Kommunikations- und Handlungsweisen
zu den verschiedenen Ausprägungen eines Lebensmotivs ist es
nicht ausreichend, bei einer gegenteiligen Ausprägung die entsprechenden Maßnahmen einfach »umzudrehen«. So ist es bei
einem Mitarbeiter mit einem niedrigen Streben nach Macht für
eine nachhaltige Motivation nicht ausreichend, einfach darauf zu
achten, dass der entsprechende Mitarbeiter keine oder nur geringe Verantwortung übernimmt. Die Ausprägung des Lebensmotivs
Macht gibt zwar Auskunft darüber, wie gern jemand Verantwortung übernimmt, ermöglicht aber keine Einschätzung, wie gut jemand steuern kann oder auf welche Art und Weise die Führung
übernommen wird. Bei einem Mitarbeiter mit einem niedrig ausgeprägten Machtmotiv sollte also versucht werden, ihm eine

Plattform für Leistung durch Dienstleistung

zu bieten. Ein Mitarbeiter mit einem geringen Bedürfnis nach
Macht lässt sich gern von anderen anleiten und wird motiviert,
wenn er sich an anderen Menschen orientieren und ihnen einen
guten Service bieten kann.

Für die **Kommunikationsebene** lassen sich also folgende Maßnahmen der motivorientierten Führung ableiten:

- Erklären Sie Ihrem Mitarbeiter die Art und Weise seiner
  Einbindung in Entscheidungswege:
  → »Wir entscheiden gemeinsam auf der Basis Ihrer
    Vorlage.«
  → »Als Entscheidungsgrundlage hätte ich von Ihnen gerne
    eine Einschätzung zum Thema ...«

- Vermitteln Sie Ihrem Mitarbeiter eine Strategie der kleinen
  Schritte, um Orientierungspunkte zu geben:
  → »Jeden Freitag besprechen wir den aktuellen Stand im
    Teammeeting.«

- Klären Sie in der Kommunikation mit Ihrem Mitarbeiter das »Für wen« in der Zielvorgabe, da Menschen mit einem geringen Streben nach Macht in der Regel eine ausgesprochene Personenorientierung auszeichnet:
  - → »Nehmen Sie lieber zu viele als zu wenig Einzelheiten in die Projektplanung auf, um den Verlauf für die Kollegen an den anderen Standorten optimal zu dokumentieren.«
  - → »Frau Müller möchte Ihre Ergebnisse in ihre Kundenpräsentation einbinden.«

Auf der **Handlungsebene** können folgende Maßnahmen die Effektivität und Zufriedenheit Ihrer Mitarbeiter mit einem geringen Streben nach Macht unterstützen:

- Geben Sie einem Mitarbeiter mit geringem Machtwunsch sowohl das Ziel als auch den Weg dorthin vor.
- Übertragen Sie Zuarbeitungs- und Assistenzaufgaben, die Ihrem Mitarbeiter erlauben, seine Dienstleistungsqualitäten zu leben.
- Fördern Sie die Dienstleistungsneigung Ihres Mitarbeiters weiter, indem Sie ihn zur Verbesserung der internen und externen Servicequalität Ihres Teams einsetzen.
- Delegieren Sie die Aufgaben, nicht aber die Verantwortung an Ihren Mitarbeiter.
- Sorgen Sie durch Vormachen, exakte Anleitung oder Schulung des Mitarbeiters für eine reibungslose Einarbeitung, um Unsicherheit entgegenzuwirken.
- Bieten Sie Ihrem Mitarbeiter unterstützende Kontrollen an mit einer Strategie der kleinen Schritte.
- Benennen Sie klare Ansprechpartner und Supportmöglichkeiten.
- Geben Sie Ihrem Mitarbeiter über Checklisten, Handbücher etc. Entscheidungskriterien vor.
- Ermöglichen Sie Ihrem Mitarbeiter Erfahrungsaustausch mit anderen.

Motivorientierte Führung bei niedrigem Streben nach Macht

Herr Chef will versuchen, Matthias bei der Leitung des interdisziplinären Teams viel Unterstützung zu geben. In einem Kick-off-Meeting möchte er mit Michael den genauen Projektplan besprechen und regelmäßige Termine festlegen, um den Verlauf des Projekts zu diskutieren. Bei einem ausgiebigen Business Lunch soll Michael zudem die Möglichkeit bekommen, viel informelles Erfahrungswissen von seinem Vorgänger zu erfragen, um sich an dessen Vorgehen orientieren zu können.

Beispiel

Wenn eine Stärke zur Schwäche wird – situationsunangepasstes Verhalten beim Lebensmotiv Macht

Wie wir anhand des Werte- und Entwicklungsquadrats nach Friedemann Schulz von Thun (siehe Seite 132 f.) bereits verdeutlicht haben, kann der Umgang eines Menschen mit seinem Lebensmotiv, insbesondere bei einer Ausprägung von 1,7 bis 2,0 bzw. −1,7 bis 2,0, von einer Stärke zu einer Schwäche und damit zu situationsunangepasstem Verhalten werden. Diesen Zusammenhang haben wir bereits bei dem Lebensmotiv Macht veranschaulicht: Lebt ein Mitarbeiter sein hoch ausgeprägtes Machtmotiv, ist sein Verhalten von Durchsetzungsvermögen, Zielstrebigkeit, Ehrgeiz, Führungswillen und Entscheidungsfreude gekennzeichnet. Im Extremfall kann er jedoch auch zu Dominanz, Rücksichtslosigkeit und einer ausgesprochenen »Ellenbogen-Mentalität« neigen. Obwohl Ihr Mitarbeiter also ein hoch ausgeprägtes Machtmotiv besitzt, können die entsprechenden motivorientierten Kommunikations- und Handlungsmaßnahmen in diesem Fall nicht die optimale Wahl sein. Ihr Mitarbeiter würde zwar durch die von Ihnen bereitgestellte Plattform für Leistung und Gestaltung ausgesprochen motiviert werden, allerdings laufen Sie Gefahr, im gleichen Zug sein mögliches situationsunangepasstes Verhalten weiter zu fördern. Vielmehr kann es sich als nachhaltig erweisen, Ihren Mitarbeiter für die Wichtigkeit des Gegenpols »Rücksicht« zu sensibilisieren.

Ein Mitarbeiter mit einem niedrig ausgeprägten Machtmotiv wird bereits von sich aus sehr rücksichtsvoll und dienstleistungsorientiert sein – manchmal so sehr, dass sein Verhalten von mangelnder Selbstbehauptung, Demut und einem passiven Hinnehmen der Gegebenheiten gekennzeichnet ist. Überlegen Sie in dieser Situation genau, ob Sie Ihren Mitarbeiter in diesem Verhalten durch die Anwendung der jeweiligen Kommunikations- und Handlungsmaßnahmen weiter bestärken oder ihn vielmehr auf die Relevanz von eigenen Entscheidungen hinweisen möchten.

Unabhängigkeit

Das Lebensmotiv der Unabhängigkeit bezeichnet den unterschiedlich ausgeprägten Wunsch nach emotionaler Verbundenheit. Während Menschen mit einem hoch ausgeprägten Unabhängigkeitsmotiv nach Freiheit, Selbstbestimmtheit und Autarkie streben, wünschen sich Menschen mit einem geringen Unabhängigkeitswunsch Teamarbeit, Konsens und Interdependenz. Im Businesskontext kann also über Handlungs- und Kommunikationsmaßnahmen zu den verschiedenen Ausprägungen dieses Lebensmotivs eine Umgebung für Mitarbeiter gestaltet werden, die optimal auf deren Wunsch nach Eigenständigkeit bzw. Gemeinschaftlichkeit abgestimmt ist.

Hohes Streben nach Unabhängigkeit

Beispiel

Ulrike ist seit vielen Jahren ein Teammitglied von Herrn Chef und macht einen sehr guten und beständigen Job. Herr Chef fragt sich, wie er Ulrike trotz ihrer Leistungsbeständigkeit zusätzlich motivieren und ihre Zufriedenheit beibehalten, wenn nicht sogar erhöhen kann, denn mit einem Weggang von Ulrike in ein anderes Unternehmen würde langjähriges Wissen verloren gehen, und das möchte Herr Chef vermeiden.

Ulrike besitzt ein hoch ausgeprägtes Unabhängigkeitsmotiv. Es ist ihr wichtig, ihre Eigenständigkeit in ihrer Arbeit und ihre Eigenverantwortlichkeit im Handeln ausleben zu können. Unter anderem aus diesem Grund steht Ulrike dem zunehmenden Kulturwandel im Unternehmen von spezialisierter Aufgabenteilung hin zu interdisziplinären Arbeitsgruppen kritisch gegenüber.

Besitzt ein Mitarbeiter ein hoch ausgeprägtes Unabhängigkeitsmotiv, ist er vor allem dann langfristig zufrieden und motiviert, wenn er von seiner Führungskraft eine

Plattform für Leistung durch autonomes, selbstständiges Arbeiten

bereitgestellt bekommt, die ihm ein Gefühl von Freiheit und Selbstbestimmtheit ermöglicht. So wird der Mitarbeiter nicht nur in seiner Unabhängigkeit bestätigt, sondern auch zu individueller Leistung angespornt.

Auf der **Kommunikationsebene** sollten Sie sich daher insbesondere dann, wenn Sie selbst ein niedrig ausgeprägtes Unabhängigkeitsmotiv besitzen, bewusst machen, dass Ihr Mitarbeiter nur in geringem Maß an einem stark teamorientierten Vorgehen interessiert ist:

- Achten Sie auf die Kommunikationssignale Ihres Mitarbeiters, wenn von privaten Erlebnissen erzählt wird. Vermeiden Sie Fragen nach persönlichen Emotionen und erzählen Sie nicht in aller Ausführlichkeit von den eigenen. Führen Sie stattdessen eher formelle Gespräche und instrumentalisieren Sie die Kommunikation z. B. über verschiedene Kanäle:
  → »Es reicht mir, wenn Sie mich darüber per E-Mail auf dem Laufenden halten.«

- Stellen Sie den Freiraum des Mitarbeiters heraus:
  → »Sie erledigen das selbstständig.«
  → »Dieses Projekt ist allein Ihr Ding.«

- Bieten Sie Hilfe, Unterstützung und Abstimmungen defensiv an:
  - → »Sie brauchen das nicht andauernd mit mir abstimmen, es reicht mir eine regelmäßige Information dazu.«
  - → »Entscheiden Sie, ob und welche Hilfe Sie benötigen.«

Auch auf der **Handlungsebene** bieten sich verschiedene Maßnahmen an, um Mitarbeiter mit einem hohen Streben nach Unabhängigkeit individuell zu führen. Gestehen Sie Ihrem Mitarbeiter insbesondere körperliche und persönliche Distanz zu, damit er den Grad der Nähe zu Ihnen und / oder den anderen Teammitgliedern selbst steuern kann:

- Instrumentalisieren Sie den Informationszugang Ihres Mitarbeiters, indem Sie, statt auf ausführliche Meetings, verstärkt auf schriftliche Dokumentationen setzen.

- Schützen Sie die Privatsphäre Ihres Mitarbeiters, indem Sie seine »Alleinstellung« herbeiführen. Teilen Sie ihm je nach Ihren betrieblichen Möglichkeiten und je nach Ausprägung seiner anderen Lebensmotive ein Einzelbüro, Aufgaben mit alleiniger Verantwortung oder große Arbeitsfreiräume zu. Gerade in einem Großraumbüro bietet es sich z. B. an, allen Mitarbeitern einen Kopfhörer zur Verfügung zu stellen, der akustische Ablenkungen verhindern und so die Konzentrationsfähigkeit fördern kann.

- Erlauben Sie Ihrem Mitarbeiter entgegen dem »Teamarbeits-Paradigma« bewusst autarke Aufgaben, die es ihm ermöglichen, sich vom Team gelegentlich zu lösen.

Motivorientierte Führung bei hohem Streben nach Unabhängigkeit

Beispiel

Herr Chef will versuchen, Ulrikes Eigenständigkeit zu bewahren und sie in ihrer Spezialisierung zu bestätigen, statt sie intensiv in interdisziplinäre Arbeitsgruppen einzubinden. Sie hat sich über die Jahre einen Expertenstatus erarbeitet, der ihm erlaubt, ihr weitere Arbeitsfreiräume zuzugestehen. Außerdem versteht Herr Chef nun besser, warum Ulri-ke selten über ihr Privatleben spricht, und hat sich vorgenommen, bei seiner üblichen »Runde« am Montag stärker auf ihre Bereitschaft zu achten, über ihre Wochenenderlebnisse zu sprechen oder nicht.

Niedriges Streben nach Unabhängigkeit

Ursula besitzt ein niedrig ausgeprägtes Unabhängigkeitsmotiv. Sie glaubt, dass man Ziele am besten gemeinsam erreicht, und hofft, dass durch die zunehmende abteilungsübergreifende Kommunikation eine noch stärkere Verbundenheit der Mitarbeiter untereinander entsteht.

Beispiel

Mitarbeiter mit einem geringen Bedürfnis nach Unabhängigkeit werden vor allen Dingen dann motiviert, wenn sie in ihrem Ar-beitsumfeld eine

Plattform für Leistung durch Gemeinsamkeit

vorfinden. Besitzt eine Führungskraft selbst einen niedrig aus-geprägten Wunsch nach Unabhängigkeit, wird es ihr leicht fal-len, entsprechende Kommunikations- und Handlungsweisen für den Mitarbeiter zu entwickeln und umzusetzen. Vorgesetzte mit einem hoch ausgeprägten Unabhängigkeitsmotiv hingegen kos-tet es viel Energie, die vom Mitarbeiter gewünschte emotionale Verbundenheit herzustellen. Ihnen hilft es häufig, sich bewusst zu machen, dass sie insbesondere bei den Maßnahmen der mo-tivorientierten Führung auf der Handlungsebene auch auf das Team zurückgreifen können. Da die emotionale Verbindung zur Führungskraft nur ein Teil der angestrebten Gemeinsamkeit ist, kann eine gesteigerte Motivation des Mitarbeiters auch durch eine Förderung des generellen Teamzusammenhalts erreicht werden.

Für die **Kommunikationsebene** lassen sich folgende Maßnahmen der motivorientierten Führung bei einem geringen Wunsch nach Un-abhängigkeit ableiten:

- Stellen Sie den Teamgedanken heraus:
  - → »1 + 1 = 3, denn zusammen sind wir stark.«
  - → »Wir unterstützen uns gegenseitig.«
  - → »Zusammen schaffen wir das.«
  - → »Wir sitzen alle in einem Boot.«

- Gehen Sie – auch wenn es Ihnen bei einem hohen Streben nach Unabhängigkeit schwerfällt – offen mit Ihren eigenen Emotionen um und machen Sie sich für Ihren Mitarbeiter »menschlich«:
  - → »Für mich hat es sich komisch angefühlt, als ich damals mein erstes Projekt geleitet habe.«
  - → »Ich bin stolz, dass wir alle so gut zusammenarbeiten.«

- Zeigen Sie Interesse an dem Privatleben Ihres Mitarbeiters und lassen Sie ihn über Erzählungen auch an Ihrem Leben außerhalb des Arbeitsplatzes teilhaben. Beachten Sie bei der Wahl der Gesprächsthemen auch die anderen Motivausprägungen Ihres Mitarbeiters:
  - → »Ich war Samstagnachmittag im neuen Eiscafé am Marktplatz – das kann ich sehr empfehlen! Wie haben Sie das erste Frühlingswochenende verbracht?«

Auch auf der **Handlungsebene** sind Sie als Führungskraft gefordert, Ihrem Mitarbeiter Nähe und Teamorientierung zu vermitteln. Dieses Ziel können Sie durch folgende Maßnahmen erreichen:

- Schaffen Sie regelmäßige formelle und informelle Teamsituationen durch Meetings, gemeinsame Mittagessen etc.
- Ermöglichen Sie gemeinsame Beschlüsse und Abstimmungen.
- Bieten Sie die Möglichkeit zu regelmäßigem Austausch an.
- Platzieren Sie Kollegen des gleichen Arbeits- und Verantwortungsbereiches in der Nähe Ihres Mitarbeiters. Auch wenn Ihnen nun negativ auffällt, dass er sich viel mit den anderen unterhält: So können Sie den Informationsfluss in Ihrem Team sicherstellen. Zudem vermeiden Sie es, dass

der Mitarbeiter sein Bedürfnis nach Kommunikation über private Telefonate, E-Mails etc. befriedigt.
- Übertragen Sie die Durchführung teambildender Maßnahmen auf andere.
- Bitten Sie Ihren Mitarbeiter um einen Gefallen, um Nähe und Interdependenz zu signalisieren.

Motivorientierte Führung bei niedrigem Streben nach Unabhängigkeit

Herr Chef will versuchen, Ursula noch stärker in Teamarbeiten einzubinden und auch abteilungsübergreifend als Ansprechpartner zu positionieren. So werden auch andere Mitarbeiter von ihrem Erfahrungsschatz profitieren können. Zusätzlich hat Ursula gern Herrn Chefs Vorschlag aufgegriffen, zusammen mit einem weiteren Mitarbeiter ein kleines Sommerfest für die Abteilung zu organisieren.

Beispiel

Wenn eine Stärke zur Schwäche wird – situationsunangepasstes Verhalten beim Lebensmotiv Unabhängigkeit

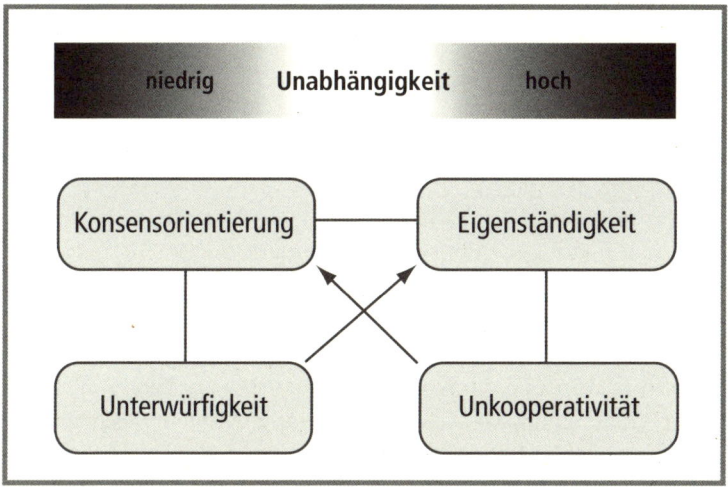

Abb. 22: Gegenpole: Unabhängigkeit

Eine Person mit einem hoch ausgeprägten Unabhängigkeitsmotiv hat die Tendenz, einen gewissen »Eigen-Sinn« zu haben und sehr eigenständig und selbstständig zu agieren. Vor allem dann, wenn die Ausprägung dieses Lebensmotivs weit überdurchschnittlich ist, kann die gelebte Unabhängigkeit so stark sein, dass sie zu situationsunangepasster Unkooperativität und Egozentrik wird. Vor diesem Hintergrund würde eine Anwendung der im vorherigen Abschnitt aufgelisteten Kommunikations- und Handlungsmaßnahmen der motivorientierten Führung bei einem stark ausgeprägten Unabhängigkeitsmotiv das distanzierte Verhalten Ihres Mitarbeiters unterstützen. Um dies zu vermeiden, können Sie auf eine Ausweitung der motivierenden Maßnahmen verzichten und Ihrem Mitarbeiter die Vorteile von Kooperation bewusst machen.

Konsensorientiertes und kooperatives Verhalten wird vor allem von Menschen mit einem niedrig ausgeprägten Unabhängigkeitsmotiv gezeigt. Wird diese Verhaltenspräferenz zu sehr gelebt, kann die eigentliche Stärke zu situationsunangepasster Abhängigkeit, Unsensibilität für die Privatsphäre anderer und selbstloser Anpassung an das soziale Umfeld werden. Unterstützen Sie Ihren Mitarbeiter in diesem Fall nicht durch eine fortgesetzte Förderung seines kooperativen Verhaltens, sondern sensibilisieren Sie ihn für die Wichtigkeit einer gewissen Eigenständigkeit.

Neugier

Das Neugiermotiv drückt den Wunsch nach Intellektualität bzw. Wissenshunger aus. Menschen mit einem hohen Streben nach Neugier sind auf einen Zuwachs ihres Wissens bedacht und ständig der Wahrheitsfindung auf der Spur. Sie schätzen intellektuelle Diskussionen und haben Freude daran, um des Lernens willen zu lernen, während die Anwendung des Wissens häufig nicht an erster Stelle steht. Menschen mit einer niedrigen Motivausprägung hingegen haben einen eher praktischen Ansatz zum Lernen und verwenden Wissen vor allem als Mittel zum Zweck. Beim Lebensmotiv der Neugier geht es also nicht um Intelligenz oder

Auffassungsgabe, sondern um die Motivation, die dem Wissenserwerb zugrunde liegt.

Hohes Streben nach Neugier

Nils ist vor einem Jahr als Berufseinsteiger in das Team von Herrn Chef gekommen. Er hat schnell Anschluss im Team gefunden, sich gut eingearbeitet und soll nun eigenständig einen bestimmten Kundenkreis betreuen. Nils besitzt ein hoch ausgeprägtes Neugiermotiv. Er hat sich schon immer für die unterschiedlichsten Dinge interessiert und findet es toll, dass er schon als Berufseinsteiger in so viele verschiedene Themengebiete und Aufgaben Einblick erhalten konnte.

Beispiel

Für einen Mitarbeiter mit einem hoch ausgeprägten Neugiermotiv ist es wichtig, intellektuell gefordert zu werden. Aus diesem Grund sollten Sie als Führungskraft versuchen, ihm eine

Plattform für Leistung durch Wissenserwerb

zur Verfügung stellen, um seine Motivation und Leistungsbereitschaft zu erhalten und weiter zu fördern. Auf der **Kommunikationsebene** bieten sich dazu folgende Maßnahmen an:

- Stellen Sie Ihrem Mitarbeiter offene und anspruchsvolle Fragen, sodass Sie in einen fachlichen Dialog mit ihm treten:
  → »Welche Ideen haben Sie dazu?«
  → »Wo sind die Stolperfallen, wenn wir so vorgehen?«
  → »Was haben wir vergessen?«
  → »Was denken Sie – mit welcher Strategie sollten wir vorgehen?«

- Stellen Sie die Neuheit und Aktualität von Informationen heraus:
  → »Nun zu einem ganz neuen Thema …«
  → »Arbeiten Sie sich ausgiebig in das Gebiet ein, wir brauchen einen internen Experten!«

Bei den Maßnahmen der motivorientierten Führung auf der **Handlungsebene** steht ebenfalls im Vordergrund, den Mitarbeiter intellektuell zu fordern und ihm eine Erweiterung seines Wissens zu ermöglichen:

- Ermöglichen Sie neben dem reinen Zugang zu Informationsquellen auch die Zeit, das Wissen konsequent auszubauen.
- Fordern Sie den Mitarbeiter durch vielseitige Aufgaben, die verschiedenste Themengebiete berühren und somit ständig eine neue Einarbeitung erfordern.
- Lassen Sie Ihren Mitarbeiter Konzepte und Gutachten erstellen.
- Ermöglichen Sie, dass Ihr Mitarbeiter sein Wissen an andere weitergeben kann. Auch eine »Lehrfunktion« kann je nach Ausprägung der anderen Lebensmotive in höchstem Maß motivierend wirken.
- Lassen Sie Ihren Mitarbeiter fachliches Neuland entdecken.
- Liefern Sie Ihrem Mitarbeiter Hintergrundinformationen und theoretisches Wissen zu den auf ihn übertragenen Aufgaben.

Motivorientierte Führung bei hohem Streben nach Neugier

Beispiel

Herr Chef möchte Nils' hohes Neugiermotiv berücksichtigen und trägt ihm auf, sich im Rahmen der neu übernommenen Kundenbetreuung auch selbstständig in die theoretischen Hintergründe des Customer Relationship Management einzuarbeiten. Zusätzlich soll er ein CRM-Manual verfassen, das künftigen Berufseinsteigern die Einarbeitung in das Thema erleichtern soll.

Niedriges Streben nach Neugier

Beispiel

Nico besitzt ein niedrig ausgeprägtes Neugiermotiv. Das Lernen ist ihm schon immer am leichtesten gefallen, wenn er auf ein bestimmtes Ziel hingearbeitet hat und der Praxisbezug im Vordergrund stand. In seiner Einarbeitungszeit ist es ihm daher sehr entgegengekommen, dass er von

Beginn an voll eingebunden war und sich das Wissen im Gegensatz zur Uni durch »Learning by doing« aneignen konnte.

Im Sinne der motivorientierten Führung haben Führungskräfte die Aufgabe, Mitarbeitern mit einem geringen Streben nach Neugier eine

Plattform für Leistung durch praktische Umsetzung

zu bieten, denn Mitarbeiter mit einem geringen Streben nach Neugier wollen nicht lange herumdiskutieren, sondern einfach »mal machen«. Aus diesem Grund sollten Sie als Führungskraft nicht auf die Intellektualität eines Mitarbeiters mit einem geringen Streben nach Neugier setzen, sondern auf seinen Pragmatismus. Für die **Kommunikationsebene** bedeutet dies:

- Betonen Sie bei Diskussionen mit Ihrem Mitarbeiter die praktischen Aspekte:
  - → »Wie können wir am schnellsten Resultate erzielen?«
  - → »Lassen Sie uns jetzt festlegen, wann wir mit der Umsetzung beginnen wollen.«

- Klären Sie mit Ihrem Mitarbeiter den Sinn und Zweck von Aufgaben und Zielsetzungen:
  - → »Wir benötigen das Konzept, um in Zukunft stärker ...«

Auch die Maßnahmen auf der **Handlungsebene** zielen darauf ab, den Mitarbeiter durch einen starken Praxisbezug zu motivieren:

- Delegieren Sie Aufgaben mit einem Schwerpunkt auf dem Bezug zur Praxis, um die Relevanz für Ihren Mitarbeiter erfahrbar zu machen.
- Machen Sie es Ihrem Mitarbeiter durch Konkretisierung so einfach wie möglich, die relevanten Schritte abzuleiten und in die Tat umzusetzen.

Motivorientierte Führung bei niedrigem Streben nach Neugier

Um auf Nicos niedrig ausgeprägtes Neugiermotiv einzugehen, erläutert Herr Chef ihm das Ziel, das er bei seinen neu übernommenen Kunden innerhalb eines Jahres erreichen soll. Dabei stellt Herr Chef heraus, dass Nico das Rad nicht neu erfinden soll, sondern gerne auf die bestehenden Ansätze und Prozesse zurückgreifen und somit direkt beginnen kann.

Wenn eine Stärke zur Schwäche wird – situationsunangepasstes Verhalten beim Lebensmotiv Neugier

Wer ein hoch ausgeprägtes Neugiermotiv besitzt, ist in der Regel sehr wissbegierig und intellektuell. Wird die hohe Ausprägung des Lebensmotivs hingegen übermäßig ausgelebt, kann die betreffende Person nach der Devise »Denken statt Handeln« realitätsfernes Verhalten zeigen, da sie zu verkopft, umsetzungsunfähig an Aufgaben- und Problemstellungen herangeht. Eine unreflektierte Anwendung von Kommunikations- und Handlungsmaßnahmen bei hoch ausgeprägtem Neugiermotiv kann hier nicht sicherstellen, dass der Mitarbeiter seine Stärke der Intellektualität auch tatsächlich als Stärke und nicht als Schwäche lebt. Weichen Sie hier von den entsprechenden Maßnahmen der motivorientierten Führung ab und achten Sie darauf, dass Ihr Mitarbeiter sich zwar weiter motiviert fühlt, aber einen stärkeren Pragmatismus entwickelt.

Wer hingegen ein niedrig ausgeprägtes Neugiermotiv besitzt, verwendet Wissen meist als Mittel zum Zweck und zeichnet sich durch ausgesprochen praxisorientiertes Verhalten aus. Dies kann so weit gehen, dass die Person ihr Handeln so stark in den Vordergrund rückt, dass sie nicht mehr in ausreichendem Maß darüber nachdenkt. Damit es nicht so weit kommt, gilt für Sie als Führungskraft, das rechte Maß zwischen Maßnahmen zu finden, die den Mitarbeiter einerseits weiterhin auf der Basis seines niedrig ausgeprägten Neugiermotivs motivieren, ihn andererseits aber auch für die ganzheitlichen und nachhaltigen Vorteile von Lernen und Reflektieren gewinnen.

Anerkennung

Das Anerkennungsmotiv beschreibt den Grad der Selbstsicherheit eines Menschen. Ist sein Lebensmotiv der Anerkennung hoch ausgeprägt, sucht er nach externer Anerkennung und Zuspruch, denn sein Selbstbild ist in hohem Ausmaß von der Rückmeldung des sozialen Umfelds abhängig. Ist das Anerkennungsmotiv hingegen niedrig ausgeprägt, besteht ein Bedürfnis nach konstruktiver, klar ausgesprochener Kritik. In diesem Fall greift Feedback nicht das Selbstbewusstsein der Person an, sondern wird als Möglichkeit zur Weiterentwicklung gesehen und oft auch bewusst gesucht.

Jeder Mitarbeiter besitzt also ein unterschiedlich starkes Bedürfnis nach Kritik, sodass die Art und Weise entscheidend ist, mit der eine Führungskraft über Kommunikations- und Handlungsmaßnahmen auf den individuellen Anerkennungswunsch eingeht. Dabei sind Lob und Kritik zentrale Motivationsfaktoren im beruflichen Alltag, denn sie sind immer verfügbar und noch dazu kostenlos. Aufgrund dieser Sonderstellung von Anerkennung im Führungskontext gehen wir mit einem Exkurs noch vertieft auf Lob und Kritik ein (siehe Seite 208).

Hohes Streben nach Anerkennung

Andrea hat eine Ausbildung zur Versicherungskauffrau gemacht und ist nach ihrer Ausbildung übernommen worden. Schon seit zwei Jahren ist sie nun Sachbearbeiterin im Team von Herrn Chef, der sie vor kurzem gebeten hat, einen Vorschlag für ein optimiertes Ablagesystem im Sinne eines »papierlosen Büros« auszuarbeiten.

Beispiel

Andrea besitzt ein hoch ausgeprägtes Anerkennungsmotiv und hält sich stark an die Vorgaben von Herrn Chef. Da sie Kritik meistens sehr verunsichert, versucht sie seine Kritikpunkte bereits schon zu antizipieren, bevor sie ihm ihre Ergebnisse vorlegt. Sie hat sich sehr darüber gefreut, dass ihr Herr Chef die Prozessoptimierung der Ablage übertragen hat, und hofft, sich mit einem guten Vorschlag beweisen zu können.

Besitzt ein Mitarbeiter ein hoch ausgeprägtes Anerkennungsmotiv, kann er am effektivsten motiviert werden, wenn er eine

Plattform für Leistung durch positiven Zuspruch

bereitgestellt bekommt. Mit diesem Ziel können Sie als Führungskraft auf der **Kommunikationsebene** unter anderem folgende Maßnahmen durchführen:

- Loben Sie Ihren Mitarbeiter! Beachten Sie aber, dass Menschen mit einem hohen Anerkennungsmotiv in der Regel feine Antennen dafür haben, ob ein Lob ernst gemeint ist oder nicht. Denken Sie also daran, oft positives Feedback zu geben – aber nur dann, wenn Sie das Lob ehrlich meinen.
  - → »Ihre Gesprächsführung in dem Beratungsgespräch hat mich wirklich beeindruckt.«
  - → »Das Ergebnis der letzten Woche war perfekt.«

- Zeigen Sie bei einem Fehler lösungsorientiert das richtige Verhalten für die Zukunft und damit verbundene Anerkennung auf. Oder fragen Sie nach einer Selbsteinschätzung, um Ihren Mitarbeiter nicht zu demotivieren. Probieren Sie es aus: Mitarbeiter mit einem hohen Anerkennungsbedürfnis haben in der Regel ein hohes Fehlerbewusstsein und wissen meist selbst sehr genau, was nicht optimal gelaufen ist.
  - → »Sie können es in Zukunft noch besser machen, wenn Sie ...«
  - → »Wenn Sie es bis dahin fertig bekommen könnten, wäre das ein Riesenerfolg!«
  - → »Wie schätzen Sie den Verlauf des Gesprächs ein?«

- Sprechen Sie Ihrem Mitarbeiter bei Unsicherheit Selbstvertrauen zu:
  - → »Ich weiß, dass Sie das können.«

Auch auf der **Handlungsebene** haben Sie verschiedene Möglichkeiten, dem Anerkennungsstreben Ihres Mitarbeiters entgegenzukommen:

- Vertrauen Sie Ihrem Mitarbeiter und ermöglichen Sie aufgrund des vorhandenen Fehlerbewusstseins Eigen- statt Fremdkontrolle.
- Loben Sie separat das Erreichen von Teilzielen.
- Ermöglichen Sie Ihrem Mitarbeiter Perfektion, indem Sie ausreichend Zeit- und Informationsressourcen zur Verfügung stellen.
- Beschützen Sie Ihren Mitarbeiter vor den Wünschen und Forderungen anderer. Menschen mit einem starken Streben nach Anerkennung haben oft eine Neigung zum Ja-Sagen, die von anderen ausgenutzt werden und der Leistung im eigentlichen Aufgabengebiet des Mitarbeiters schaden kann.
- Berücksichtigen Sie die erhöhte Empfindlichkeit des Mitarbeiters für Ihre Worte und Taten.
- Definieren Sie deutlich, wessen Meinung und Feedback von Relevanz ist.
- Benennen Sie die lobende Instanz klar, wenn Sie Feedback von Dritten weitergeben.

Motivorientierte Führung bei hohem Streben nach Anerkennung

Herr Chef möchte Andrea bei der Überarbeitung des Ablagesystems unterstützen, indem er seine Kommunikations- und Handlungsweise an ihr hohes Streben nach Anerkennung anpasst. Dazu möchte er in einem Gespräch seine genauen Erwartungen an sie und das neue System herausstellen, sie nach ihrer Ressourceneinschätzung fragen und seine Einsatzplanung danach ausrichten. Um ihr noch einen zusätzlichen »Motivationskick« zu geben, will er Andrea ebenfalls darlegen, weshalb er speziell sie ausgesucht hat und für die Richtige hält, um das Optimierungsprojekt erfolgreich durchzuführen.

Beispiel

Niedriges Streben nach Anerkennung

Anja besitzt ein niedrig ausgeprägtes Anerkennungsmotiv. Sie ist ein sehr selbstbewusster Mensch, der oft nach Feedback fragt, um sich schneller weiterentwickeln zu können. Als Herr Chef ihr die Aufgabe gegeben hat, einen Vorschlag für ein neues Ablagesystem auszuarbeiten, sind ihr direkt viele Dinge in den Kopf gekommen, die sie schon immer gestört haben. Anja ist sich sicher, dass ihr Vorschlag die Effizienz des gesamten Teams weiter erhöhen kann.

Mitarbeiter mit einem niedrigen Streben nach Anerkennung werden motiviert, wenn sie ihr positives Selbstwertgefühl auf einer

Plattform für Leistung durch Leben von Selbstsicherheit

ausleben können. Als Führungskraft können Sie dafür auf der **Kommunikationsebene** zum Beispiel folgende Maßnahmen ergreifen:

- Benennen Sie Kritikpunkte direkt und belegen Sie sie mit Zahlen, Daten und Fakten (ZDF):
  → »Der Fehler liegt genau hier ...«

- Motivieren Sie Ihren Mitarbeiter durch Herausforderungen:
  → »Das hat vor Ihnen noch keiner versucht.«
  → »Wo gehobelt wird, fallen eben auch Späne.«

- Loben Sie, indem Sie sich auf die Selbstsicherheit des Mitarbeiters beziehen:
  → »Das haben Sie gut gemacht, aber das wissen Sie ja selbst.«

Auf der **Handlungsebene** können Sie mit folgenden Maßnahmen unterstützend auf die gelebte Selbstsicherheit Ihres Mitarbeiters eingehen:

- Geben Sie Ihrem Mitarbeiter herausfordernde Aufgabenstellungen, um sein Selbstbewusstsein und seine Kritikfähigkeit zu nutzen.

- Lassen Sie Ihren Mitarbeiter mit anderen Selbstbewussten zusammenarbeiten.
- Ermöglichen Sie Ihrem Mitarbeiter, Neues zu versuchen und Pionierarbeit zu leisten.
- Lassen Sie Ihren Mitarbeiter durch seine Fehler lernen! Achten Sie dabei aber auf sein geringes Fehlerbewusstsein und bringen Sie Ihre Kritikpunkte deutlich an. So können Sie eine Überschätzung nach einem ersten Erfolg verhindern.

Motivorientierte Führung bei niedrigem Streben nach Anerkennung

Herr Chef weiß, dass Anja die Überarbeitung des Ablagesystems vor eine herausfordernde Aufgabe stellen wird – er hat sie bewusst für diese Aufgabe ausgesucht, damit sie sich nicht nur fachlich ausprobieren und weiterentwickeln kann. Anja neigt zu einer sehr direkten Kommunikation, so dass Herr Chef genau beobachten möchte, wie Anja ihre Kollegen auf uneffektives Ablageverhalten hinweist. Gegebenenfalls kann er Anja mit konkreten Beispielen auf ihr Gesprächsverhalten ansprechen und sie in der Kommunikation mit Kunden und Kollegen weiter schulen.

Beispiel

Wenn eine Stärke zur Schwäche wird – situationsunangepasstes Verhalten beim Lebensmotiv Anerkennung

Menschen mit einem hoch ausgeprägten Anerkennungsmotiv verhalten sich aus ihrer großen Angst vor Fehlern und möglicher folgender sozialer Ablehnung heraus meist sehr qualitätsorientiert und suchen nach externer Bestätigung für ihre Leistung und Person. Wird der Wunsch nach Anerkennung jedoch zu sehr gelebt, ist es insbesondere bei Menschen mit einer weit überdurchschnittlichen Ausprägung des Lebensmotivs möglich, dass sie sich selbst unterschätzen und entwerten. Das kann dazu führen, dass sie einerseits kritikunfähig werden, da sie bei Feedback aus Selbstschutz innerlich blockieren oder den Feedbackgeber abwerten.

Andererseits möchten sie so sehr »Everybodys Darling« sein, dass sie sich über die Maßen bei anderen anbiedern. Achten Sie in diesem Fall bewusst darauf, das Anerkennungsstreben Ihres Mitarbeiters durch Kommunikations- und Handlungsmaßnahmen nicht noch zusätzlich zu unterstützen. Bieten Sie ihm stattdessen Gelegenheiten, in denen er unabhängig von dem Zuspruch oder dem Urteil anderer positive Erlebnisse hat.

Im Gegensatz dazu verhalten sich Menschen mit einem niedrig ausgeprägten Anerkennungsmotiv oft bereits sehr selbstsicher sowie kritik- und fehlertolerant. Im Extremfall kann diese Verhaltenspräferenz zu Überheblichkeit, Arroganz, Selbstverherrlichung, Geringschätzung anderer und Unsensibilität »kippen«. Wägen Sie in diesem Fall ab, inwieweit sie Selbstsicherheit durch die Anwendung von Kommunikations- und Handlungsweisen bei gering ausgeprägtem Anerkennungsmotiv weiter stützen oder darauf achten wollen, dass der Mitarbeiter sein Auftreten stärker überprüft.

Ordnung

Das Lebensmotiv Ordnung beschreibt das Bedürfnis nach Struktur und Prozessen. Im Sinne des Spruchs »Jeder Platz hat sein Ding und jedes Ding hat seinen Platz« streben Menschen mit einem hoch ausgeprägten Ordnungsmotiv nach Klarheit und guter Organisation. Besitzt jemand im Gegensatz dazu ein niedrig ausgeprägtes Ordnungsmotiv, sind ihm Flexibilität und Improvisationsmöglichkeiten wichtig. Klare Strukturen werden von diesen Menschen oft als einengend empfunden. Statt lange Zeit in die Planung zu investieren, agieren sie lieber spontan. Im Businesskontext hat das Lebensmotiv Ordnung unter anderem eine große Relevanz für den Bedarf an Planung.

Hohes Streben nach Ordnung

Oliver ist Sachbearbeiter im Team von Herrn Chef und macht einen soliden Job. Herr Chef erwartet von seinen Mitarbeitern jedoch mehr als eine durchschnittliche Leistung. Mit der bewussten Berücksichtigung des Ordnungsmotivs möchte Herr Chef überlegen, wie er Olivers Stärken gezielter nutzen und ihm so eine gesteigerte Performance ermöglichen kann.

Oliver besitzt ein hoch ausgeprägtes Ordnungsmotiv. Nicht nur, dass sein Schreibtisch stets aufgeräumt ist, er mag auch die festen Abläufe und Gewohnheiten in seinen täglichen Aufgaben. Besonders stolz ist er auf sein Selbstmanagement, da er in all den Jahren noch nie eine Deadline versäumt hat, stets gut vorbereitet ist und auch nie nach etwas suchen muss.

Besitzt ein Mitarbeiter ein hohes Streben nach Ordnung, kann seine Motivation und Leistungsbereitschaft gesteigert werden, wenn ihm eine

Plattform für Leistung durch das Leben von Struktur

geboten wird. Diese kann von Ihnen als Führungskraft durch folgende Maßnahmen auf der **Kommunikationsebene** kreiert werden:

- Strukturieren Sie die Kommunikation mit Ihrem Mitarbeiter in Gesprächen und Meetings:
  → »Wir beginnen mit …, bevor wir …«
  → »Zunächst möchte ich mit Ihnen …«

- Konzentrieren Sie sich auf das Wesentliche:
  → »Lassen Sie uns nicht abschweifen.«

- Geben Sie Ihrem Mitarbeiter exakte Details:
  → »Wir wollen eine Qualitätssteigerung von fünf Prozent bis zum Ende des Jahres erreichen.«

Auf der **Handlungsebene** haben Sie folgende Optionen, um auf den Ordnungswunsch Ihres Mitarbeiters einzugehen:

• Übertragen Sie Ihrem Mitarbeiter Aufgaben der Planung und Organisation.
• Vermeiden Sie Planänderungen, die Ihren Mitarbeiter betreffen.
• Erstellen Sie Plan B und C oder lassen Sie diese von Ihrem Mitarbeiter erarbeiten.
• Schaffen Sie übersichtliche Arbeitsbedingungen (Arbeitszeiten, Zuständigkeiten etc.).
• Stellen Sie Sauberkeit und Hygiene sicher.
• Schaffen Sie regelmäßige Rituale wie ein wöchentliches Meeting: immer am selben Tag, zur selben Zeit.

Motivorientierte Führung bei hohem Streben nach Ordnung

Beispiel

In seinem letzten Mitarbeitergespräch hat Oliver erzählt, wie er sein Aufgabenmanagement organisiert hat. Herr Chef möchte auf Olivers Neigung zu guter Organisation künftig stärker eingehen und bittet ihn, zweimal im Jahr eine kleine Schulungseinheit zum Thema Selbst- und Zeitmanagement für die Auszubildenden des Unternehmens zu halten.

Niedriges Streben nach Ordnung

Beispiel

Olaf besitzt ein niedrig ausgeprägtes Ordnungsmotiv und arbeitet am liebsten, wenn er sich seine Aufgaben frei einteilen kann. Da er sehr flexibel ist und sich schnell auf neue Situationen einstellen kann, wird er von Kollegen gerne als Sparringspartner genutzt, wenn es gilt, aufgrund einer veränderten Situation schnell eine Handlungsentscheidung zu treffen.

Ein Mitarbeiter mit einem niedrig ausgeprägten Ordnungsmotiv ist insbesondere dann motiviert, wenn er sich auf einer

Plattform für Leistung, Flexibilität und Kreativität

bewegen kann. Sie kann erzeugt werden, wenn Sie als Führungs-kraft auf der **Kommunikationsebene** zum Beispiel die folgenden Maßnahmen treffen:

- Sprechen Sie die Flexibilität Ihres Mitarbeiters an:
  → »Wir können den Plan ja jederzeit anpassen.«
  → »Sie werden dabei verschiedene Aufgabenbereiche tan-gieren.«

- Ermöglichen Sie eine Fokussierung auf das Wichtigste (Pareto-Prinzip: 80 % der Ergebnisse können mit 20 % des Arbeitseinsatzes erreicht werden).
  → »Machen Sie es kurz und fokussieren Sie sich auf die Hauptpunkte.«

Auf der **Handlungsebene** können Sie das gering ausgeprägte Ord-nungsmotiv Ihres Mitarbeiters durch folgende Handlungsweisen berücksichtigen:

- Übertragen Sie Ihrem Mitarbeiter wechselnde (über-raschende) Aufgaben.
- Vermeiden Sie festgelegte Wege sowie Routinen und Wiederholungen.
- Fördern und nutzen Sie die Struktur- und Prozessflexibi-lität Ihres Mitarbeiters.
- Geben Sie Ihrem Mitarbeiter Freiraum für Abweichungen.
- Ermöglichen Sie Ihrem Mitarbeiter flexible Arbeitszeiten.

Motivorientierte Führung bei niedrigem Streben nach Ordnung

Herr Chef hat sich vorgenommen, Olafs geringes Bedürfnis nach Ord-nung und seinen Wunsch nach Abwechslung und Flexibilität verstärkt anzusprechen, indem er Olaf bei Urlauben, Krankheiten, Auslastungs-spitzen etc. als abteilungsinternen »Springer« nutzen möchte.

Beispiel

Wenn eine Stärke zur Schwäche wird – situationsunangepasstes Verhalten beim Lebensmotiv Ordnung

Jemand mit einem hoch ausgeprägten Ordnungsmotiv besitzt meist die Stärke eines sehr strukturierten, geplanten und organisierten Verhaltens und neigt darüber hinaus zu Sauberkeit. Diese Stärke kann bei übermäßigem Ausleben der Ordnungsneigung zu einer situationsunangepassten Schwäche werden, was sich durch Unflexibilität, übertriebenen Kontrolldrang und ausgeprägte »Pingeligkeit« zeigt. Auf dieses Verhalten können Sie reagieren, indem Sie Ihrem Mitarbeiter die situative Notwendigkeit von Flexibilität bewusst machen – statt ihm durch Kommunikations- und Handlungsmaßnahmen bei hoch ausgeprägtem Ordnungsmotiv eine Plattform zu bieten, die ihn in seinem situationsunangepassten Verhalten zusätzlich unterstützt.

Entgegengesetzt verhält es sich bei Menschen mit einem niedrig ausgeprägten Ordnungsmotiv. Sie tragen bereits die Präferenz zu einem flexiblen, spontanen, intuitiven und improvisierten Verhalten in sich – sie können jedoch, vor allem bei einer stark unterdurchschnittlichen Ausprägung des Ordnungsmotivs, auch dazu übergehen, konzeptlos und chaotisch vorzugehen. Thematisieren Sie in diesem Fall eher die Wichtigkeit einer Planungsbasis, statt ihnen durch Kommunikations- und Handlungsmaßnahmen bei niedrig ausgeprägtem Ordnungsmotiv die Möglichkeit zu geben, übermäßige Planungslosigkeit beizubehalten oder sogar noch weiter auszubauen.

Sammeln / Sparen

Das Lebensmotiv Sammeln / Sparen hat den Wunsch eines Menschen zum Inhalt, materielle Güter und Eigentum anzuhäufen. Eine Person mit einem hoch ausgeprägten Sammeln / Sparen-Motiv ist in der Regel eher sparsam, besitzt gern Dinge, mag Vollständigkeit und die Instandhaltung und Pflege von Dingen. Ein Mensch mit einem niedrig ausgeprägten Sammeln / Sparen-Motiv hingegen hat ein großzügiges Verhältnis zu seinem Eigentum. Ihm fällt es weniger schwer, Dinge wegzuwerfen, zu verleihen oder zu verschenken, er genießt es regelrecht.

Hohes Streben nach Sammeln / Sparen

Sabine ist Herrn Chefs Teamassistentin und hat sich für ihn in vielen Bereichen nahezu unersetzlich gemacht. Sie schafft es regelmäßig, ihm ohne große Worte den Rücken freizuhalten. So wie sich Sabine jeden Tag aufs Neue auf Herrn Chef einstellt, möchte er – nicht nur hinsichtlich ihres Sammeln / Sparen-Motivs – zukünftig auch stärker auf ihre Bedürfnisse eingehen.

Beispiel

Sabine besitzt ein hoch ausgeprägtes Sammeln / Sparen-Motiv. Wann immer jemand ein Protokoll eines längst vergangenen Meetings sucht – Sabine ist stolz darauf, das gewünschte Dokument in ihrem Dateiarchiv gespeichert zu haben. In ihrer Rolle als Teamassistentin ist sie zusätzlich für das Büromaterial der Abteilung verantwortlich. Während sie jedes Blatt mit der Vorder- und Rückseite benutzt, ärgert sie sich oft über ihre »verschwenderischen« Kollegen, die Fehlausdrucke achtlos entsorgen. Auch beim defekten Kugelschreiber wird eher die Mine gewechselt als der komplette Stift.

Für Mitarbeiter wie Sabine, die ein hoch ausgeprägtes Sammeln / Sparen-Motiv besitzen, ist es für eine nachhaltige Motivation wichtig, im Arbeitsalltag eine

Plattform für Leistung durch Bewahren

vorzufinden. Für Führungskräfte bieten sich dazu auf der **Kommunikationsebene** folgende Optionen an:

* Sprechen Sie den Sammlerinstinkt Ihres Mitarbeiters an:
  → »Wir müssen versuchen, so viele Informationen wie möglich zu diesem Thema zusammenzutragen.«

- Erklären und begründen Sie, warum etwas entsorgt
  werden kann:
  → »Die Akten aus den Jahren 1950–1960 können nun
  vollständig entsorgt werden, weil das Wichtigste digita-
  lisiert wurde.«

Auf der **Handlungsebene** ist es für einen Mitarbeiter mit einem
hoch ausgeprägten Sammeln/Sparen-Motiv motivierend, wenn
eine Führungskraft die folgenden motivorientierten Maßnahmen
ergreift:

- Übertragen Sie Ihrem Mitarbeiter Tätigkeiten der Doku-
  mentation, Erfassung und/oder Archivierung.
- Geben Sie Ihrem Mitarbeiter Zeit, Geräte zu pflegen und zu
  reparieren.
- Setzen Sie Ihren Mitarbeiter als Kassenwart ein.
- Ermöglichen Sie Ihrem Mitarbeiter das Führen und
  Verwalten von Archiven.

Motivorientierte Führung bei hohem Streben nach Sammeln/Sparen

Beispiel

*Herr Chef hat sich überlegt, Sabine gemeinsam mit der Systemadminist-
ration des Unternehmens die Ausarbeitung und Implementierung eines
Konzepts zur generellen Dateiarchivierung zu übergeben. Zusätzlich
möchte er seinem gesamten Team das Angebot machen, ab sofort bei den
regelmäßigen Mittags-Matches am Kickertisch des Unternehmens pro
Spiel einen Euro zu setzen, den das Verliererteam in eine Sammelkasse
für einen gemeinsamen Kegelabend einzahlt. Herr Chef ahnt, dass Sabine die Verwaltung dieser Kasse Spaß machen wird.*

Niedriges Streben nach Sammeln/Sparen

Beispiel

*Susanne besitzt ein niedrig ausgeprägtes Sammeln/Sparen-Motiv. Sie
hält nichts davon, Dinge unnütz lange aufzubewahren, sondern mistet
gern aus und hält auch andere Mitarbeiter dazu an. Oft ist sie auch*

diejenige, die andere mittags einlädt oder ihnen etwas leiht, wenn sie bei der Mittagspause in der Kantine ihre Karte zum Bezahlen auf dem Schreibtisch liegen gelassen haben.

Mitarbeiter mit einem niedrig ausgeprägten Sammeln / Sparen-Motiv mögen es, von ihrer Führungskraft eine

Plattform für Leistung durch Großzügigkeit

zu erhalten. Auf der **Kommunikationsebene** kann eine derartige Plattform durch folgende Maßnahmen gestaltet werden:

- Sprechen Sie die Großzügigkeit Ihres Mitarbeiters an.
  → »Bei dem Projekt wird nicht am falschen Ende gespart.«
  → »Lassen Sie das Kundenevent ruhig etwas kosten, wenn es sinnvoll ist und uns weiterbringt.«
  → »Wenn der Locher nicht mehr reibungslos funktioniert, bestellen Sie einfach einen neuen.«

Folgende Maßnahmen auf der **Handlungsebene** können die Motivation von Mitarbeitern mit einem niedrig ausgeprägten Sammeln / Sparen-Motiv weiter unterstützen:

- Lassen Sie Ihren Mitarbeiter Ausgaben tätigen, aber stellen Sie ihm zur Kontrolle ein limitiertes Budget zur Verfügung und halten Sie ihn zu Kosten-Nutzen-Effizienz an.
- Teilen Sie Ihrem Mitarbeiter (je nach Ausprägung der anderen Lebensmotive) Aufgaben mit Kundenkontakt zu, da großzügiges Verhalten oft zu einer Verstärkung der Kundenbindung führen kann.
- Übertragen Sie Ihrem Mitarbeiter Aufgaben, die mit Verschlankung und der Entsorgung von Altlasten zu tun haben.

Motivorientierte Führung bei niedrigem Streben nach Sammeln/Sparen

Susanne geht gern shoppen – aus diesem Grund möchte Herr Chef sie künftig stärker dazu anhalten, mit einem vorgegebenen Budget kleine Aufmerksamkeiten für Kunden oder auch das Team zu organisieren. Zusätzlich wird Susanne bei dem für Ende des Jahres geplanten Neuanstrich der Büroräume eine wichtige Rolle spielen und entscheiden, welche Materialien in diesem Zusammenhang entsorgt oder weiter aufgehoben werden sollen.

Wenn eine Stärke zur Schwäche wird – situationsunangepasstes Verhalten beim Lebensmotiv Sammeln/Sparen

Ein stark ausgeprägtes Sammeln/Sparen-Motiv führt in der Regel zu sparsamem, aufbewahrendem und pflegendem Verhalten. Dies kann so weit gehen, dass die betreffende Person einen situationsunangepassten Geiz entwickelt und sich wie ein »Messie« nicht mehr von Dingen trennen kann. Diesem Drang können Sie entgegenwirken, wenn Sie Ihrem Mitarbeiter die Sinnhaftigkeit von Neuanschaffung oder temporärer Großzügigkeit vermitteln.

Besitzt Ihr Mitarbeiter hingegen ein niedrig ausgeprägtes Sammeln/Sparen-Motiv, zeichnet sich sein Verhalten bereits durch Großzügigkeit aus – in der Regel wird er gern Dinge verleihen, verschenken oder mit anderen teilen. Zu einer Schwäche wird diese Stärke, wenn der Mitarbeiter die Grenzen nicht mehr richtig setzt und beginnt, verschwenderisch vorzugehen und sich respektlos gegenüber Besitz verhält. Eine bewusste Eingrenzung der von Ihnen angewendeten Kommunikations- und Handlungsmaßnahmen bei niedrig ausgeprägtem Sammeln/Sparen-Motiv kann hier dazu beitragen, den Mitarbeiter für einen gewissen Respekt vor Besitz oder Sparsamkeit zu sensibilisieren.

Ehre

Das Lebensmotiv Ehre bezeichnet nach Steven Reiss das Streben nach Einhaltung eines Wertekodex, moralischer Integrität, und trifft eine Aussage darüber, wie prinzipienorientiert das Verhalten eines Menschen ist. Typische Eigenschaften: hohe Loyalität, der Wunsch, den Rollenerwartungen gerecht zu werden, und hohes Regelbewusstsein. Ein Mensch mit einem gering ausgeprägten Ehremotiv hingegen trägt in sich eher den Glaubenssatz: »Ich will frei sein von vorgegebenen moralischen Grundsätzen«, sodass das Handeln meist von Flexibilität und situativer Zweckorientierung bestimmt wird.

Hohe Ausprägung des Motivs Ehre

Eva hat eine Ausbildung zur Versicherungskauffrau abgeschlossen, wurde von ihrem Ausbildungsunternehmen damals übernommen und hat dort mehrere Jahre Berufserfahrung gesammelt. Nach einem Unternehmenswechsel ist sie nun das neueste Teammitglied von Herrn Chef und soll das bestehende Sachbearbeiterteam unterstützen.

Beispiel

Eva besitzt ein hoch ausgeprägtes Ehremotiv. Aufgrund ihrer loyalen und pflichtbewussten Persönlichkeit ist ihr die Entscheidung zum Unternehmenswechsel sehr schwergefallen. Aus persönlichen Gründen war der Wechsel längst überfällig, um die langjährige Fernbeziehung zu ihrem Freund nach seinem Heiratsantrag zu beenden und ein gemeinsames Leben in der gleichen Stadt zu beginnen.

Besitzt ein Mitarbeiter wie Eva ein hoch ausgeprägtes Lebensmotiv der Ehre, sollten Sie als Führungskraft versuchen, ihm eine

Plattform für Leistung durch die Demonstration von Loyalität

zu bieten. Auf der **Kommunikationsebene** können Sie dazu unter anderem die folgenden Maßnahmen ergreifen:

- Sprechen Sie die Loyalität Ihres Mitarbeiters an und stellen Sie sie positiv heraus:
  - → »Auf Ihr Wort kann ich mich verlassen.«
  - → »Ihr Wort genügt mir.«
  - → »Ich schätze Ihre Überzeugung in dieser Sache.«
  - → »Ich schätze Ihre Loyalität.«
  - → »Sie sind ein Vorbild für …«
  - → »Toll, dass Sie die Regeln berücksichtigt haben.«

Auf der **Handlungsebene** können Sie durch diese Anregungen versuchen, eine Plattform für Leistung durch die Demonstration von Loyalität zu gestalten:

- Übertragen Sie Ihrem Mitarbeiter Aufgaben, die das Einhalten von Regeln, Prinzipien, Grundsätzen beinhalten.
- Binden Sie Ihren Mitarbeiter bei der Unterstützung von Traditions- und Ehreaspekten des Unternehmens ein.
- Übertragen Sie Ihrem Mitarbeiter vertrauliche Aufgaben und Informationen.
- Setzen Sie Ihren Mitarbeiter zur Qualitätssicherung ein.
- Ermöglichen Sie Ihrem Mitarbeiter die Repräsentation des Unternehmens.
- Teilen Sie Ihrem Mitarbeiter eine Vorbildfunktion für den Nachwuchs zu.

Motivorientierte Führung bei hohem Streben nach Ehre

Beispiel

Um Eva den Einstieg in das neue Unternehmen zu ermöglichen, hat sich Herr Chef das Ziel gesetzt, Eva von Anfang an hohes Vertrauen in ihre Person und ihre Fähigkeiten zu signalisieren. Dazu will er ihr in einem persönlichen Gespräch einerseits seine Erwartungen, andererseits die Vision und Werte des Unternehmens genau darlegen. Außerdem möchte sich Herr Chef für die Einladung zur Hochzeit bedanken und stellt heraus, dass es eine Selbstverständlichkeit für ihn ist, dieser Einladung zu folgen. Auf der Handlungsebene weist Herr Chef Eva für die Einarbeitung Oliver als Ansprechpartner zu, von dem er weiß, dass er

*ebenfalls ein stark ausgeprägtes Ehremotiv besitzt und Eva überzeugte
Verbundenheit zum Unternehmen vorleben wird.*

Niedriges Streben nach Ehre

*Erika besitzt ein niedrig ausgeprägtes Ehremotiv. In ihrem früheren
Unternehmen hatte sie das Gefühl festzustecken und weder viel lernen
noch viel bewegen zu können. Durch die festgefahrenen Abläufe in ihrer
alten Abteilung hat sie sich eingezwängt gefühlt und erhofft sich von
dem Unternehmenswechsel somit nicht nur ein breiteres Aufgabenspek-
trum, sondern auch die Möglichkeit, aus ihrer alten Rolle ausbrechen
zu können.*

Beispiel

Mitarbeiter mit einem niedrig ausgeprägten Ehremotiv erfahren
langfristige Motivation vor allem auf einer

Plattform für Leistung durch Ziel- und Zweckorientierung.

Vielerlei Gestaltungsmöglichkeiten bieten sich an, um dem Mitarbeiter diese Ebene zu bieten. Auf der **Kommunikationsebene** sind
es folgende:

- Bauen Sie in der Kommunikation zu Ihrem Mitarbeiter
  »Nutzensbrücken« und stellen Sie Zweck und Eigenprofit
  für den Mitarbeiter heraus:
  → »Machen Sie sich klar, was das für eine Chance für Sie
     bedeutet.«

- Räumen Sie Ihrem Mitarbeiter Flexibilität in Regeln und
  Absprachen ein:
  → »Der Zweck heiligt die Mittel – welche Maßnahmen
     schlagen Sie vor?«

- Verweisen Sie in der Kommunikation mit Ihrem Mitarbeiter auf den »Mainstream«:
  → »Das ist auch bei der Konkurrenz gängige Praxis.«

Auf der **Handlungsebene** bieten sich unter anderem folgende Maßnahmen an:

- Ermöglichen Sie Ihrem Mitarbeiter Handlungsfreiheit in Werten, Prinzipien, Regeln und Absprachen.
- Überlassen Sie es Ihrem Mitarbeiter, wie er festgelegte Werte vertritt.
- Ermöglichen Sie Ihrem Mitarbeiter einen Arbeitsbereich mit möglichst geringem Restriktionen.
- Geben Sie ihm die Chance, eigene Werte zu verfolgen.

Motivorientierte Führung bei niedrigem Streben nach Ehre

Beispiel

Herr Chef hat den Grund für Erikas Wechselentscheidung in einem Gespräch hinterfragt und schnell herausgefunden, dass Erika sehr an einem pragmatischen und flexiblen Umfeld und ebensolchen Aufgaben interessiert ist. Aus diesem Grund stellt Herr Chef heraus, wie sehr er ihren Input gerade hinsichtlich ihrer Beobachtungen zur Effektivität und Effizienz seines Teams im Vergleich zu den Abläufen in ihrem alten Unternehmen schätzt. Herr Chef möchte Erika einen Monat Zeit geben, um sich in ihren neuen Aufgabenbereich einzuarbeiten, und will sich danach mit ihr zusammensetzen, um ihre Beobachtungen und Erfahrungen zu besprechen und eventuell Veränderungen bei den bestehenden Prozessen anzustoßen.

Wenn eine Stärke zur Schwäche wird – situationsunangepasstes Verhalten beim Lebensmotiv Ehre

Die große Stärke einer Person mit hoch ausgeprägtem Ehremotiv ist ihr prinzipienorientiertes, diszipliniertes und loyales Verhalten. Wird diese Verhaltenspräferenz übermäßig ausgelebt, kann es zu unflexibler Prinzipienreiterei und ideologischem Starrsinn kommen – Verhaltensweisen, die durch Kommunikations- und Handlungsmaßnahmen bei hoch ausgeprägtem Ehremotiv weiter unterstützt werden. Wenn Sie jedoch darauf achten, dass sich Ihr Mitarbeiter künftig stärker an einem pragmatischen Vorgehen orientiert, können Sie dem situationsunangepassten Verhalten entgegenwirken.

Ein Mensch mit einem niedrig ausgeprägten Ehremotiv ist meist an seinem ziel- und zweckorientierten, flexiblen und pragmatischen Verhalten zu erkennen. Je geringer die Ausprägung des Lebensmotivs dabei ist, umso größer ist die Wahrscheinlichkeit dafür, dass er seine Zweckorientierung übermäßig auslebt und sie als zügel- und regelloses Verhalten zu einer situationsunangepassten Schwäche wird. Eine unreflektierte Anwendung von Kommunikations- und Handlungsweisen der motivorientierten Führung bei niedrig ausgeprägtem Ehremotiv würde in diesem Fall dem Mitarbeiter eine Plattform bieten, die ihn zwar motiviert, aber auch sein unangepasstes Verhalten zusätzlich fördert. Wägen Sie also im Einzelfall ab, wann für ihn die Berücksichtung von vorgegebenen Werten positiv sein kann.

Idealismus

Die Ausprägung des Idealismusmotivs eines Menschen gibt eine Antwort auf die Frage, wie wichtig es ihm ist, dass die Welt ein besserer Ort wird. Besitzt jemand ein stark ausgeprägtes Idealismusmotiv, strebt er nach sozialer Gerechtigkeit und Fairness. Um dieses Ziel zu erreichen, wird er beispielsweise gern altruistisch helfen oder spenden und sich so durch materiellen oder immateriellen Einsatz für die gesellschaftliche Entwicklung engagieren. Besitzt ein Mensch hingegen ein niedrig ausgeprägtes Lebensmotiv Idealismus, strebt er eher nach Realismus und Pragmatismus. In diesem Fall ist die Person der Überzeugung: »Jeder ist seines Glückes Schmied.«

Hohes Streben nach Idealismus

Ines war lange Zeit Mitarbeiterin in der Abteilung von Herrn Chef, bis sie aufgrund ihres ersten Kindes in Elternzeit gegangen ist. Nun steht

Beispiel

ihre Rückkehr ins Unternehmen kurz bevor. Ines besitzt ein hoch ausge-
prägtes Idealismusmotiv. Herr Chef erinnert sich daran, dass sie schon
immer großen Anteil am Schicksal anderer genommen hat. Sie hatte
stets nicht nur ein mitfühlendes Ohr für die Sorgen und Nöte ihrer Kol-
legen, sondern war auch emotional immer sehr betroffen, wenn in den
Medien von einer humanitären Katastrophe berichtet wurde.

Besitzt ein Mitarbeiter ein hoch ausgeprägtes Idealismusmotiv, so
scheint es auf den ersten Blick, als ob dieses vor allen Dingen »außerhalb der Reichweite« einer Führungskraft durch soziales Engagement des gesamten Unternehmens befriedigt werden könnte.
Aber auch im direkten Einflussbereich der Führungskraft gibt es
Möglichkeiten, dem Mitarbeiter eine

Plattform für Leistung durch Einsatz zum Gemeinwohl

zu bieten. Auf der **Kommunikationsebene** stehen der Führungskraft
zum Beispiel folgende Optionen zur Verfügung:

- Sprechen Sie den Gerechtigkeitssinn und das Fairness-
  bestreben Ihres Mitarbeiters an:
    - → »Vor diesem Hintergrund ist es nur fair, dass ...«
    - → »Es ist nur gerecht, wenn wir ...«
    - → »Bewundernswert, wie Sie sich für die Benachteiligten
      einsetzen ...«

- Appellieren Sie an die altruistische Motivation Ihres
  Mitarbeiters:
    - → »Wie können wir unterstützend eingreifen?«
    - → »Haben Sie Vorschläge, wie wir dem abhelfen können?«

Auf der **Handlungsebene** bieten sich Ihnen folgende Motivationsmaßnahmen:

- Geben Sie Ihrem Mitarbeiter Freiraum für »gute Taten«
  und idealistische Aktivitäten; bieten Sie unter Umständen
  auch die Unterstützung des Unternehmens durch eine
  Kooperation oder Sponsoring an.

- Übertragen Sie Ihrem Mitarbeiter idealistische Nebenaufgaben.
- Sorgen Sie dafür, dass sich der Mitarbeiter für eine faire und gerechte Firmenkultur einsetzen kann.

Motivorientierte Führung bei hohem Streben nach Idealismus

Herr Chef weiß, dass der Wiedereinstieg in den Beruf für Mütter immer ein schwieriger Schritt ist, der jedoch auch vor dem Hintergrund der demografischen Entwicklung in Deutschland wichtig ist und noch weiter an Bedeutung gewinnen wird. Um Ines gemäß ihres Idealismusstrebens »abzuholen« und ihr die Möglichkeit zu geben, motiviert in den neuen Lebensabschnitt als berufstätige Mutter zu starten, hat Herr Chef ein Gespräch zwischen Ines und der Personalabteilung in die Wege geleitet. Sie soll eine Diskussion darüber anregen, wie das Unternehmen berufstätige Eltern weiter dabei unterstützen kann, dass sie sich trotz ihrer Kinder voll für das Unternehmen einsetzen können und im Vergleich zu anderen Mitarbeitern durch ihre private Situation nicht benachteiligt werden.

Beispiel

Niedriges Streben nach Idealismus

Isabelle besitzt ein niedrig ausgeprägtes Idealismusmotiv. Eine ihrer großen Stärken ist ihr Pragmatismus, der dafür sorgt, dass sie in beruflichen wie privaten Situationen rationale Entscheidungen auf der Basis einer realistischen Situationseinschätzung treffen kann, ohne durch Mitgefühl befangen zu sein.

Beispiel

Haben Mitarbeiter ein niedrig ausgeprägtes Idealismusmotiv, werden sie durch eine

Plattform für Leistung durch Realismus und Pragmatismus

motiviert, die ihre »Vernunfthaltung« honoriert. Möglich wird dies auf der **Kommunikationsebene** unter anderem durch die folgenden Maßnahmen:

- Achten Sie (insbesondere wenn Sie selbst ein hoch ausgeprägtes Idealismusmotiv besitzen) darauf, den individuellen Standpunkt Ihres Mitarbeiters nicht altruistisch auszuhebeln:
  - → »Da müssen wir mal realistisch sein: ...«
  - → »Orientieren Sie sich bei der Entscheidung an Ihren eigenen Bedürfnissen.«
  - → »Diese Sichtweise mag unfair erscheinen, aber Sie haben Recht.«
  - → »Hier stehen unsere Interessen im Vordergrund.«

Auch auf der **Handlungsebene** können Sie als Führungskraft verschiedene Handlungsweisen umsetzen:

- Setzen Sie Ihren Mitarbeiter dort ein, wo eigene Interessen gefragt sind.
- Lassen Sie Ihren Mitarbeiter die »harten« Nachrichten überbringen (aber achten Sie dabei auf die anderen Lebensmotivausprägungen!).
- Nutzen Sie Ihren Mitarbeiter bei sozialen Entscheidungsprozessen als Sparringspartner und diskutieren Sie verschiedene Optionen mit ihm durch.

Motivorientierte Führung bei geringem Streben nach Idealismus

Beispiel

Herr Chef weiß, dass für Isabelle eine gewisse Härte einfach zum Leben dazugehört, ohne deshalb gleich »herzlos« zu sein. Nach der Rückkehr aus ihrer Elternzeit wird er Isabelle aus diesem Grund weiter im Bereich Inkasso und Mahnwesen beschäftigen.

Wenn eine Stärke zur Schwäche wird – situationsunangepasstes Verhalten beim Lebensmotiv Idealismus

Wenn ein Mensch sein hoch ausgeprägtes Idealismusmotiv so sehr auslebt, dass es von einer Stärke zur Schwäche wird, ist sein Verhalten nicht mehr von Altruismus, Hilfsbereitschaft und sozialem Engagement gekennzeichnet, sondern durch ein ausgesprochenes »Helfersyndrom«. Je nach Situation kann es dann auch angebracht sein, dem situationsunangepassten Verhalten entgegenzuwirken und Ihrem Mitarbeiter den Vorteil von angemessener Berücksichtigung eigener Interessen zu vermitteln.

Konträr dazu ist ein Mensch mit niedrig ausgeprägtem Idealismus in der Regel bereits intrinsisch eher egozentriert. »Kippt« hier das Verhalten von einer Stärke in eine Schwäche, zeigt die Person selbstsüchtiges, egoistisches und gefühlloses Verhalten. Auch hier stehen Sie als Führungskraft vor der Frage, inwieweit Sie das situationsunangepasste Verhalten tolerieren wollen. Hier kann es sinnvoll sein, Ihrem Mitarbeiter die zentrale Bedeutung von angemessener sozialer Hilfsbereitschaft bewusst zu machen.

Beziehungen

Das Beziehungsmotiv gibt Auskunft darüber, wie sehr ein Mensch den Wunsch nach physischer Nähe zu anderen Menschen hat. Jemand mit einem hoch ausgeprägten Beziehungsmotiv wünscht sich Freundschaft und Nähe mit anderen. Er ist in der Regel ein geselliger und umgänglicher Mensch, der gern mit anderen zusammen ist. Diesen Wunsch besitzt eine Person mit niedrig ausgeprägtem Beziehungsmotiv nicht. Im Gegenteil, sie ist meist eher zurückgezogen. Das Beziehungsmotiv besitzt eine große Relevanz für das betriebliche Umfeld, da es eine Aussage darüber trifft, wie oft ein Mitarbeiter mit Kollegen oder Kunden zusammen sein möchte oder lieber alleine seinen Aufgaben nachgeht.

Hohes Streben nach Beziehungen

Bastian ist durch seine langjährige Erfahrung in verschiedenen Versicherungsunternehmen eine wichtige fachliche Stütze für Herrn Chef bei der Projektabwicklung.

Beispiel

Bastian besitzt ein hoch ausgeprägtes Beziehungsmotiv. Durch seine aufgeschlossene und humorvolle Art ist er abteilungsübergreifend bekannt und hat sich über Gespräche im Eingangsbereich, Aufzug oder in der Raucherecke mit vielen Kollegen unterschiedlicher Fachbereiche vernetzt. Bei Teammeetings ist er oft der »Spaßvogel«, der immer einen flotten Spruch auf den Lippen hat. Diese Schlagfertigkeit ist nicht immer ganz einfach für Herrn Chef, der dennoch dankbar dafür ist, dass Bastian durch seine hohe Sozialkompetenz auch Konfliktsituationen mit einer treffenden Bemerkung zu entschärfen weiß.

Besitzt ein Mitarbeiter wie Bastian ein hoch ausgeprägtes Beziehungsmotiv, kann er durch eine

Plattform für Leistung durch (informellen) Kontakt mit anderen

motiviert werden. Ein derartiges Umfeld lässt sich auf der **Kommunikationsebene** gestalten, wenn Sie als Führungskraft einige der folgenden Maßnahmen ergreifen:

- Bieten Sie Ihrem Mitarbeiter Raum, von sich zu erzählen, und bauen Sie informelle Elemente in Ihre Kommunikation ein:
  → »Wie war Ihr Wochenende?«

- Scherzen und Lachen Sie mit Ihrem Mitarbeiter:
  → »Kommt ein Mann zum Arzt ...«

- Sprechen Sie aktiv das Netzwerk Ihres Mitarbeiters an und ermöglichen Sie ihm, seine Kontakte zu nutzen:
  → »Sie kennen doch bestimmt jemanden, der ...?«

Auf der **Handlungsebene** können Sie folgende Maßnahmen ergreifen, um Ihrem Mitarbeiter ein beziehungsorientiertes Umfeld zu bieten und die Möglichkeit, es sich selbst zu gestalten:

- Übertragen Sie Ihrem Mitarbeiter soziale und teambildende Aufgaben wie die Organisation innerbetrieblicher Veranstaltungen.

- Überlassen Sie Ihrem Mitarbeiter Tätigkeiten mit sozialen Kontakten wie z.B. die Kundenbetreuung.
- Schaffen und erlauben Sie Ihrem Mitarbeiter freie Zeit und Räume zur Kontaktpflege während der Arbeitszeit, z.B. über gemeinsame Pausenzeiten,
- Lassen Sie Ihren Mitarbeiter humorige bzw. soziale Aktivitäten gestalten.

Motivorientierte Führung bei hohem Streben nach Beziehungen

Jetzt, wo sich Herr Chef der Beziehungsorientierung von Bastian bewusster geworden ist, möchte er ihm noch stärker darauf abgestimmte Aufgaben übertragen. Davon erhofft sich Herr Chef einerseits eine weitere Stärkung des Teamzusammenhalts, andererseits möchte Herr Chef Bastian gemäß seiner Motivstruktur motivieren, um ihn noch länger zu binden und von seinen Fachkenntnissen zu profitieren. Vor diesem Hintergrund will Herr Chef Bastian fördern, sodass dieser sich auch über das Unternehmen hinaus noch stärker vernetzen und über Plattformen im Internet und Netzwerktreffen den Kontakt zu anderen Experten in seinem Fachgebiet aufbauen und pflegen kann.

Beispiel

Niedriges Streben nach Beziehungen

Benjamin besitzt ein niedrig ausgeprägtes Beziehungsmotiv. Er ist ein Einzelgänger, der eher selten den Kontakt zu anderen sucht, sondern im Umgang mit Menschen zurückhaltend ist. Herr Chef kann sich immer auf Benjamins fundierten Input verlassen, erhält seine Informationen und Anregungen aber in der Regel vor allem dann, wenn er aktiv die Diskussion mit Benjamin sucht.

Beispiel

Besitzt ein Mitarbeiter ein geringes Streben nach Beziehungen, wird er durch eine

Plattform für Leistung durch Alleinsein

motiviert. Dieses Bedürfnis steht oft konträr zur häufig geforderten Teamarbeitskompetenz – insbesondere Mitarbeiter und Führungskräfte mit einem hohen Streben nach Beziehung neigen dazu, Personen mit einer niedrigen Ausprägung des Lebensmotivs Beziehung als »ungesellige Eigenbrötler« zu verurteilen. Doch Achtung: Ein niedrig ausgeprägtes Beziehungsmotiv bedeutet nicht, dass ein Mensch nicht in Teams arbeiten kann. Es sagt lediglich aus, dass es diese Person mehr Energie als andere kostet, eine Leistung in enger Zusammenarbeit mit anderen zu erbringen, und dass sie in der Regel motivierter ist und effizienter arbeiten kann, wenn sie alleine ist.

Führungskräfte eines Mitarbeiters mit einem geringen Streben nach Beziehungen sollten auf der **Kommunikationsebene** beachten:

- Vermeiden Sie, von zu starker Gemeinsamkeit zu sprechen. Stellen Sie die Möglichkeit in Aussicht, dass er selbstbestimmt die Nähe und Kontaktintensität mit anderen bestimmen kann.
  → »Die Teilnahme am gemeinsamen Umtrunk heute Abend ist natürlich freiwillig.«
  → »Sie können beim nächsten Meeting auch das Protokoll lesen anstatt komplett teilzunehmen.«

- Kündigen Sie Ihrem Mitarbeiter Gespräche vorher an:
  → »Herr Meier, könnte ich Sie um 15 Uhr kurz wegen der neuen Qualitätsstandards sprechen?«

Auf der **Handlungsebene** haben Führungskräfte folgende Optionen, um ihrem Mitarbeiter eine motivierende Plattform bereitzustellen:

- Akzeptieren Sie die Zurückgezogenheit Ihres Mitarbeiters, indem Sie ihm Aufgaben als »Einzelkämpfer« übertragen.
- Überreden Sie Ihren Mitarbeiter nicht zur Teilnahme an sozialen Veranstaltungen.
- Schützen Sie Ihren Mitarbeiter ggf. vor Teamansprüchen.

- Schützen Sie die Privatsphäre Ihres Mitarbeiters, indem Sie ihn z. B. mit einem Einzelbüro oder einer Sichtschutzwand ausstatten.

Motivorientierte Führung bei niedrigem Streben nach Beziehungen

Herr Chef weiß nun, dass Benjamins zurückgezogene Art ein Teil seiner Persönlichkeit ist, die er wertschätzen und für das Gesamtteam nutzbar machen möchte. Er will mit Benjamin vereinbaren, dass er die Anzahl und Dauer der persönlichen Abstimmungen mit ihm aus Effizienzgründen durch regelmäßige E-Mail-Updates weiter reduzieren kann. Zusätzlich möchte er auf Benjamins Technikbegeisterung eingehen und ihn mit der Einrichtung eines teaminternen Wikipedia betrauen, mit dem die Wissensdokumentation weiter vorangetrieben werden soll. Benjamin soll auf der Basis seines Wissens und seiner Erfahrungen mit der Zeit eine umfangreiche Datenbank aufbauen, auf die alle Mitarbeiter bei Fragen und Problemen schnell und unkompliziert Zugriff haben und Antworten finden können, ohne immer auf den persönlichen Kontakt angewiesen zu sein.

Beispiel

Wenn eine Stärke zur Schwäche wird – situationsunangepasstes Verhalten beim Lebensmotiv Beziehungen

Situationsunangepasstes Verhalten bei hoch ausgeprägtem Beziehungsmotiv zeigt sich in Distanzlosigkeit, Oberflächlichkeit oder sogar abhängigem, anbiederndem Verhalten eines Menschen. In diesem Fall übertreibt ein Mensch seine eigentlichen Stärken Geselligkeit, Humor, Kontaktfreude und ausgeprägte Sozialkompetenz, wozu ihm eine Anwendung der Kommunikations- und Handlungsmaßnahmen bei hoch ausgeprägtem Beziehungsmotiv eine zusätzliche Motivationsplattform bieten würde. Um dies zu vermeiden, können Sie auch auf eine Ausweitung der motivorientierten Maßnahmen verzichten und Ihrem Mitarbeiter den möglichen Gewinn von temporärer konzentrierter Eigenarbeit verdeutlichen.

Im Gegensatz dazu zieht ein Mensch mit niedrig ausgeprägtem Beziehungsmotiv viel Kraft aus sich selbst heraus und verhält sich meist sehr zurückgezogen und nach innen gerichtet. Diese Verhaltenspräferenz wird situationsunangepasst, wenn sich die Person übertrieben zurückzieht und jede Gesellschaft meidet. Motivorientierte Führung bei gering ausgeprägtem Beziehungsmotiv unterstützt diese Schwäche des übermäßigen Einzelgängertums zusätzlich, auch wenn sie weiter eine motivationale Wirkung entfaltet. Überlegen Sie als Führungskraft daher immer, ob Sie die entsprechenden Kommunikations- und Handlungsmaßnahmen dennoch anwenden oder sich dafür entscheiden möchten, Ihren Mitarbeiter die möglichen positiven Konsequenzen von persönlichen Treffen und Gesellschaften erkennen und erfahren zu lassen.

Familie

Das Familienmotiv gibt nach der Theorie der 16 Lebensmotive eine Auskunft darüber, wie fürsorglich oder partnerschaftlich ein Mensch mit seiner Kernfamilie umgehen möchte. Eine Person mit einem hoch ausgeprägten Familienmotiv wünscht sich in der Regel eigene Kinder, möchte für sie sorgen und ein »Heim« schaffen. Dagegen möchte eine Person mit einem gering ausgeprägten Lebensmotiv eher eine partnerschaftliche Beziehung zu seiner Familie leben, die ihm viel Freiraum lässt und ihn nicht einengt.

Auf den ersten Blick scheint das Lebensmotiv Familie keine oder nur eine geringe Auswirkung auf die Motivation und Leistung am Arbeitsplatz zu haben. Es ist ein Motiv, welches eher privat zum Tragen kommt und ausgelebt werden kann. Dennoch kann ich einen Menschen mit einem hoch ausgeprägten Familienmotiv im Business-Kontext motivieren. Bei der näheren Auseinandersetzung mit diesem Motiv wird deutlich, dass Arbeits- und Privatleben nie vollständig voneinander zu trennen sind, sondern die Zufriedenheit im eigenen Lebensumfeld stets Einfluss auf die anderen Bereiche hat. Aus diesem Grund ist eine ausgeglichene

Work-Life-Balance eines Mitarbeiters in der Lage, ihn langfristig und nachhaltig für seine Leistung im »Work-Bereich« zu motivieren.

Hohes Streben nach Familie

Florian ist nur etwas jünger als Herr Chef und hat gute Chancen, ihm in der Abteilungsleitung eines Tages nachzufolgen. Während sie beide beruflich eine vergleichbare Ausbildung durchlaufen haben, ist ihr Umgang mit Familie unterschiedlich geprägt. Herr Chef besitzt ein durchschnittlich ausgeprägtes Familienmotiv, das ihm im Alltag Kraft gibt, aber nicht belastet. Florian hingegen hat, wie Herr Chef weiß, aufgrund seiner Ausprägung und seines Umgangs mit dem Familienmotiv oft mit inneren und äußeren Konflikten zu kämpfen.

Florian besitzt ein hoch ausgeprägtes Familienmotiv, was nicht nur die Bilder seiner Frau und seiner drei Kinder auf seinem Schreibtisch verdeutlichen. Er ist ein stolzer Vater, der auch gedanklich häufig bei seinen Kindern ist und im Kontakt mit den Kollegen oft auf seine Frau und Kinder zu sprechen kommt.

Ein Mitarbeiter mit einem hoch ausgeprägten Familienmotiv kann vor allem dann motiviert werden, wenn er durch eine

Plattform für Leistung durch Fürsorglichkeit und Familiensinn

eine Möglichkeit bekommt, Familie und Beruf stärker miteinander zu vereinen. Auf der **Kommunikationsebene** kann eine Führungskraft dafür die folgenden Maßnahmen ergreifen:

- Beziehen Sie das Familienleben Ihres Mitarbeiters in die Kommunikation ein:
  - → »Mein Mann hat in dem Zusammenhang letztens auch erwähnt, dass …«
  - → »Wenn wir jetzt alle nochmal zwei Stunden richtig Gas geben, sind wir nachher alle schneller zu Hause.«

Auf der **Handlungsebene** bieten sich folgende Handlungsweisen an, um das starke Streben eines Mitarbeiters nach Familie zu berücksichtigen:

- Nehmen Sie Rücksicht auf die Familienbelange Ihres Mitarbeiters und unterstützen Sie ihn, indem Sie ihn z. B. mit »frei verfügbarer Zeit« belohnen.
- Binden Sie die Familie in informelle Anlässe des Unternehmens ein (Tag der offenen Tür, Sommerfest etc.).
- Fördern Sie die Effektivität und Effizienz Ihres Mitarbeiters, um Überstunden und Wochenendarbeit weitestgehend zu vermeiden.
- Setzen Sie Ihren Mitarbeiter nach Möglichkeit nicht für regelmäßige Dienstreisen ein.
- Bombardieren Sie Ihren Mitarbeiter nicht auch am Wochenende mit E-Mails und/oder Anrufen.

Motivorientierte Führung bei hohem Streben nach Familie

Beispiel

Herr Chef weiß, dass zwei Herzen in Florians Brust schlagen. Einerseits möchte er als Vater so viel Zeit wie möglich mit seiner Familie verbringen. Andererseits ist Florian auch sehr karriereorientiert und weiß, dass der Posten des Abteilungsleiters in absehbarer Zeit erreichbar ist – entweder als Nachfolger von Herrn Chef oder in einer anderen Abteilung. Um beide Bedürfnisse zu berücksichtigen, möchte Herr Chef Florian ermöglichen, künftig noch stärker Teile seiner Arbeit von zu Hause aus zu erledigen. So kann Florian zum Beispiel gemeinsam mit seinen Kindern zu Abend essen und sie ins Bett bringen, um sich danach noch einmal in seinem Arbeitszimmer intensiv mit den aktuellen beruflichen Problemstellungen zu beschäftigen.

Niedriges Streben nach Familie

Beispiel

Frank besitzt ein niedrig ausgeprägtes Familienmotiv. Er liebt seine Frau und seine Kinder, aber auch seine Arbeit. Oft fühlt er sich von den Forderungen seiner Frau, abends früh nach Hause zu kommen und weniger Überstunden zu machen, in seinem beruflichen Fortkommen behindert. Schließlich kann er sich durch einen Karrieresprung als Abteilungsleiter nicht nur selbst weiter verwirklichen, sondern durch das höhere Einkommen auch noch besser für seine Familie sorgen.

Wer ein niedrig ausgeprägtes Familienmotiv besitzt, findet es motivierend, im beruflichen Umfeld eine

Plattform für Leistung
durch Ausleben der familiären Unabhängigkeit

vorzufinden. Als Führungskraft können Sie solch ein Umfeld auf der **Kommunikationsebene** insbesondere durch die folgenden Maßnahmen realisieren:

- Thematisieren Sie das Familienleben in der Kommunikation mit Ihrem Mitarbeiter wenig:
  → »Lassen wir das Private beiseite und konzentrieren uns auf den Job.«

- Sprechen Sie die Selbstverwirklichung Ihres Mitarbeiters durch die Arbeit an:
  → »Und wenn wir heute noch bis Mitternacht dasitzen – wir liefern Ergebnisse ab, auf die wir stolz sein können!«
  → »Toll, wie Sie Familie und Job unter einen Hut bringen.«

Auch auf der Handlungsebene haben Sie als Führungskraft Optionen zur Bestärkung der familiären Unabhängigkeit Ihres Mitarbeiters:

- Geben Sie Ihrem Mitarbeiter die freie Entscheidung, inwiefern er sein Familienleben beruflich berücksichtigt.
- Geben Sie ihm keine berufliche Rolle, die viel Fürsorge erfordert.

Motivorientierte Führung bei geringem Streben nach Familie

Herr Chef weiß, dass Frank die häufigen Konflikte mit seiner Frau belasten, er aber in erster Linie an seinem beruflichen Fortkommen interessiert ist und ihm die berufliche Verwirklichung ein wichtiges Anliegen ist. Um Frank zu signalisieren, dass er auf ihn setzt, wenn es um die Besetzung künftiger Abteilungsleiterpositionen geht, möchte Herr Chef Frank in Zukunft ein Umfeld bieten, in dem er sich unabhängig von seinen familiären »Verpflichtungen« voll auf seine Karriere konzentrieren kann. Dazu hat sich Herr Chef vorgenommen, dass ihn Frank künftig verstärkt bei Kundenterminen im Ausland vertreten wird. Des Weiteren möchte Herr Chef Frank zunehmend mehr Aufgaben mit starkem konzeptionellen und gestalterischen Charakter übertragen, in die Florian nicht nur viel Zeit und Energie investieren kann, sondern die ihn auch beim Aufbau wichtiger Führungskompetenzen unterstützen.

Wenn eine Stärke zur Schwäche wird – situationsunangepasstes Verhalten beim Lebensmotiv Familie

Menschen mit einem hoch ausgeprägten Familienmotiv haben die Gabe, sich ihrer Familie gegenüber ausgesprochen fürsorglich, schützend und behütend zu verhalten. Allerdings besteht vor allem bei einer weit überdurchschnittlichen Motivausprägung die Möglichkeit, dass die Person in ihrer Fürsorglichkeit nicht das richtige Maß findet und zu situationsunangepasster »Über-Behütung« neigt. Auch in diesem Fall empfindet die Person Maßnahmen der motivorientierten Führung bei stark ausgeprägtem Familienmotiv weiterhin als motivierend. Je nach Kontext sollten Sie als Führungskraft abwägen, die entsprechenden Kommunikations- und Handlungsmaßnahmen zu Motivationszwecken weiter einzusetzen oder darauf zu achten, dass Ihrem Mitarbeiter bewusster wird, dass andere einen gewissen Grad an persönlichem Freiraum und Eigenständigkeit brauchen.

Ein niedrig ausgeprägtes Familienmotiv äußert sich meist in partnerschaftlichem Verhalten, durch das ein Mensch seiner Familie und sich selbst viel Freiraum gibt. Situationsunangepasstes Verhalten zeigt sich dadurch, dass er seine persönliche Freiheit zu hoch bewertet und im Gegenzug seine Familie »allein« bzw. »sitzen lässt«. Maßnahmen der motivorientierten Führung bei gering ausgeprägtem Familienmotiv haben hier weiterhin einen motivierenden Effekt für den Mitarbeiter, sorgen aber auch dafür, dass er in seinem Verhalten bestätigt wird. Als Führungskraft sollten Sie sich bewusst dafür entscheiden, die Motivation Ihres Mitarbeiters durch die jeweiligen Handlungs- und Kommunikationsmaßnahmen weiter zu fördern oder ihn für die Wichtigkeit angemessener Fürsorge zu motivieren.

Beachten Sie insbesondere bei diesem Motiv, dass Sie nicht in Wertetyrannei oder *Self-hugging* verfallen. Letztendlich muss der Mensch selbst entscheiden, in was er seine Zeit investiert. Zum Beispiel hat ein Mensch mit einem niedrig ausgeprägten Familienmotiv meistens für sich und seine Familie eine Lösung gefunden, die dann im beruflichen Kontext einfach zu akzeptieren ist.

Status

Streben nach Prestige, Titeln, Aufmerksamkeit und der Zugehörigkeit zu einer Elite wird in der Theorie der 16 Lebensmotive durch das Statusmotiv beschrieben. Wer ein hoch ausgeprägtes Statusmotiv besitzt, kauft sich in der Regel gern Statussymbole und möchte privilegiert sein. Jemand mit einem niedrig ausgeprägten Lebensmotiv Status hingegen möchte eher »Gleicher unter Gleichen« sein, für ihn sind Bescheidenheit und Unauffälligkeit wichtig. Insgesamt geht es bei dem Statusmotiv also darum, wie sehr ein Mensch etwas haben oder können möchte, was andere nicht haben oder können.

Hohes Streben nach Status

Stefan, ein Sachbearbeiter im Team von Herrn Chef, ist vor einem halben Jahr von einem anderen Versicherungskonzern in das Team von Herrn Chef gewechselt. Er hat sich insgesamt gut eingearbeitet und ins Team integriert, hat aber nach der Anfangsphase keinen großen Leistungssprung mehr gemacht. Herr Chef fragt sich, wie er Stefan aufbauend auf der Ausprägung seines Statusmotivs motivieren kann, da dessen Ausprägung scheinbar ein zentraler Antreiber für Stefan ist.

Stefan besitzt ein hoch ausgeprägtes Statusmotiv. Er legt Wert auf qualitativ hochwertige Kleidung und erzählt seinen Kollegen gern von seiner Ausbildung und seinen Erfolgen in seinem vorherigen Unternehmen.

Wer auf die Bedürfnisse eines Mitarbeiters mit einem hoch ausgeprägten Statusmotiv eingehen möchte, sollte versuchen, ihm eine

Plattform für Leistung durch Deklaration nach außen

zur Verfügung zu stellen. Möglich wird dies durch folgende Maßnahmen auf der **Kommunikationsebene**:

- Stellen Sie einen Zusammenhang zwischen der Bedeutung Ihres Mitarbeiters und seiner Aufgabe her:
  → »Sie sind unser wichtigster Mann / unsere wichtigste Frau für …«
  → »Mit diesem Projekt können Sie zeigen, wie herausragend Sie sind.«
  → »Diese Maßnahme liegt in Ihrer Verantwortung und ist von zentraler Bedeutung für unseren Markteintritt.«

- Reden Sie Ihren Mitarbeiter eventuell mit seinem Titel an:
  → »Sie als promovierter Diplom-Betriebswirt – welchen Eindruck haben Sie von der aktuellen Situation?«

Wie bei den zuvor dargestellten Maßnahmen der motivorientierten Führung haben Sie als Führungskraft nicht nur auf der Kom-

munikations-, sondern auch auf der **Handlungsebene** verschiedene
Optionen, die Motivation Ihres Mitarbeiters zu stärken:

• Geben Sie Ihrem Mitarbeiter statusträchtige Titel und
  Jobbezeichnungen (z. B. Senior Manager).
• Verdeutlichen Sie den Status Ihres Mitarbeiters durch
  Visitenkarten, Namensschilder, Büroschilder, einen eigenen
  Parkplatz etc.
• Teilen Sie Ihrem Mitarbeiter Repräsentationsaufgaben zu
  (z. B. bei Jubiläen, Messen).
• Sorgen Sie für eine hochwertige Büroausstattung und ggf.
  Kleiderordnung.
• Ermöglichen Sie Ihrem Mitarbeiter den Besitz elitärer
  Arbeitsmittel (Dienstwagen, Computer, Mobiltelefon etc.).
• Belohnen Sie Ihren Mitarbeiter für gute Leistungen mit
  Auszeichnungen oder Einladungen zu VIP-Anlässen bzw.
  mit VIP-Status.
• Berücksichtigen Sie für Ihren Mitarbeiter elitäre Aus-
  bildungen in der Personalentwicklung.

Motivorientierte Führung bei hohem Streben nach Status

Herr Chef ahnt, dass Stefans Leistungsabfall auch dadurch zu erklären ist, dass er frustriert ist, weil er sich als ein Sachbearbeiter unter vielen fühlt. In Zukunft möchte Herr Chef ihm gegenüber stärker deutlich machen, dass er Stefans Sonderstellung durch seinen für das Unternehmen wertvollen Einblick in die Abläufe der Konkurrenz anerkennt und schätzt. Vor diesem Hintergrund möchte er Stefan zum Beispiel bitten, als Experte und Diskussionspartner in der nächsten Abteilungsleiterrunde zur Verfügung zu stehen.

`Beispiel`

Niedriges Streben nach Status

Sebastian besitzt ein niedrig ausgeprägtes Statusmotiv. Er legt beispielsweise keinen Wert auf Markenkleidung, sondern kauft seine Anzüge regelmäßig von der Stange. Des Weiteren ist Herrn Chef insbesondere

`Beispiel`

aufgefallen, dass sich Sebastian bei Kollegen und Kunden stets nur mit seinem Namen, statt zusätzlich mit seinem Titel und seiner Funktion, vorstellt. Auch der Stapel Visitenkarten, der jedem Mitarbeiter bei Eintritt in das Unternehmen zur Verfügung gestellt wird, liegt noch in verschlossener Verpackung auf Sebastians Schreibtisch.

Ein niedrig ausgeprägtes Statusmotiv lässt sich bei einem Mitarbeiter unter anderem daran erkennen, dass er vermeidet aufzufallen, sich nur ungern aus der Runde seiner Kollegen hervorhebt, und auch auf sogenannte Statussymbole wenig Wert legt. Stattdessen betont er deutlich, wie wichtig ihm die »Gleichstellung aller« ist. Vor dem Hintergrund der motivorientierten Führung können Sie der Motivation Ihres Mitarbeiters vor allem mit einer

Plattform für Leistung durch das Leben von Bescheidenheit

entgegenkommen. Auf der **Kommunikationsebene** bieten sich dafür die folgenden Maßnahmen an:

- Hängen Sie die Leistungen Ihres Mitarbeiters vor anderen nicht »an die große Glocke«, sondern drücken Sie Ihre Anerkennung in einem Gespräch unter vier Augen aus:
  - → »Ich weiß, was Sie in den vergangenen Monaten geleistet haben, aber Sie brauchen sich deswegen nicht nach vorne zu stellen.«
  - → »Ihr Einfluss bleibt unter uns.«

- Stellen Sie die Gleichheit Ihrer Mitarbeiter und deren Gemeinschaft heraus:
  - → »Wir sitzen alle im gleichen Boot.«
  - → »Es gibt keine Extrawurst.«

Zusätzlich können Sie auf der **Handlungsebene** weitere Maßnahmen ergreifen:

- Vermeiden Sie Hierarchien und Besonderheiten, unterstützen Sie Gemeinsamkeiten.
- Belohnen Sie Ihren Mitarbeiter nicht durch Privilegien,

sondern beachten Sie die Ausprägungen der anderen
Lebensmotive Ihres Mitarbeiters.

Motivorientierte Führung bei niedrigem Streben nach Status

*Herr Chef ahnt, dass Sebastians Leistungsregression unter anderem da-
mit zu erklären ist, dass es Sebastian unangenehm ist, dass sowohl Herr
Chef als auch die Kollegen ihn oft auf seine Sonderstellung durch seinen
für das Unternehmen wertvollen Einblick in die Abläufe der Konkurrenz ansprechen. Herr Chef hat sich vorgenommen, Sebastian in einem
Gespräch unter vier Augen deutlich zu machen, dass es diese Vergangenheit zwar gibt, nun aber vor allem die gemeinsame Leistung des
Teams zählt. Zusätzlich möchte er bei der nächsten Abteilungsleiterrunde anregen, jedem Mitarbeiter künftig zwei verschiedene Visitenkarten
zur Auswahl zu stellen: einmal mit Angabe des Titels und einmal ohne
Angabe des Titels, lediglich mit Namen und Kontaktdaten.*

Beispiel

Wenn eine Stärke zur Schwäche wird – situationsunangepasstes Verhalten beim Lebensmotiv Status

Wer ein hoch ausgeprägtes Statusmotiv besitzt, ist meist sehr
gut darin, Aufmerksamkeit zu erhalten und seine Einzigartigkeit
hervorzuheben. Auch dieser Stärke ist eine Grenze gesetzt: Übertreibt es die Person, verliert sie die »Bodenhaftung« und neigt
zu arrogantem, versnobtem und extravagantem Verhalten. Als
Führungskraft können Sie darauf reagieren, indem Sie Ihrem
Mitarbeiter die Vorteile situativ angemessener Bescheidenheit
vermitteln.

Ein niedrig ausgeprägtes Statusmotiv führt oft zu bescheidenem,
gleichberechtigtem und genügsamem Verhalten. Zur Schwäche
kann diese Verhaltenspräferenz werden, wenn der Mitarbeiter
seine Neigung zu Bescheidenheit unangemessen auslebt und abs-
tinent und vollkommen anspruchslos wird. Hier könnte es sich
anbieten, darauf zu achten, dass sich Ihr Mitarbeiter an einem
Mindestmaß an Individualität orientiert.

Rache / Kampf

Rache / Kampf ist das Lebensmotiv, das sich in dem Streben eines Menschen nach Vergleich und Gewinn ausdrückt. Wer ein hoch ausgeprägtes Rache / Kampf-Motiv besitzt, möchte im Berufskontext in der Regel im Vergleich zu den Kollegen lieber »mit einer halben Million Umsatz Erster sein als mit einer ganzen Million Umsatz auf den zweiten Platz verwiesen zu werden«. Für diese Menschen ist der Wettbewerb sehr wichtig. Da sie gern gewinnen, ist es ein großer Antreiber für sie, besser zu sein als andere. Wer hingegen ein niedrig ausgeprägtes Rache / Kampf-Motiv besitzt, möchte sich meist nicht mit anderen vergleichen oder messen. Stattdessen besteht oft ein großer Wunsch nach Harmonie und Ausgleich.

Hohes Streben nach Rache / Kampf

Beispiel

Rafael ist der Sohn eines Abteilungsleiterkollegen von Herrn Chef und macht derzeit ein Praktikum in Herrn Chefs Team. Er steht kurz vor dem Ende seines Studiums der Betriebswirtschaftlehre und möchte die Chance nutzen, in der vorlesungsfreien Zeit Praxiserfahrungen zu sammeln.

Rafael besitzt ein hoch ausgeprägtes Rache / Kampf-Motiv und orientiert sich bei seinen Leistungen stark an denen seiner Kollegen. Ihn interessiert mehr der gegenseitige Vergleich als die absolute Leistung. Wenn er auf neue Kollegen stößt, versucht er schnell zu erkennen, in welchen Dimensionen er ihnen überlegen ist und er bessere Ergebnisse erzielen kann.

Langfristige Motivation erfahren Mitarbeiter mit einem hoch ausgeprägten Rache / Kampf-Motiv durch eine

Plattform für Leistung durch Vergleich.

Sie kann bereitgestellt werden, indem Führungskräfte auf der **Kommunikationsebene** zum Beispiel Folgendes beachten:

- Verwenden Sie in der Kommunikation mit Ihrem Mitarbeiter antreibende Ausdrücke:
  - → »Sie können besser als alle anderen für uns den Karren aus dem Dreck ziehen.«

- Vergleichen Sie und spornen Sie Ihren Mitarbeiter zur Wettbewerbsorientierung an:
  - → »Eines ist klar: Wir wollen besser sein als die Konkurrenz!«

Eine Plattform für Leistung durch Vergleich kann ebenfalls gestaltet werden, wenn Sie auf der **Handlungsebene** die folgenden Optionen umsetzen:

- Ermöglichen Sie Ihrem Mitarbeiter Wettbewerbssituationen, Rankings und Vergleiche.
- Bieten Sie Ihrem Mitarbeiter Herausforderungen für sein Durchsetzungsvermögen, indem Sie ihn z.B. Verhandlungen führen lassen.
- Schaffen Sie Tätigkeiten für Ihren Mitarbeiter, bei denen Power und ein gewisses Maß an Aggression gefordert sind.

Motivorientierte Führung bei hohem Streben nach Rache/Kampf

Herr Chef weiß nun, dass Rafael gern besser ist als andere. Aus diesem Grund möchte er Rafael von nun an insbesondere einem Mitarbeiter zuordnen, der ebenfalls ein stark ausgeprägtes Rache/Kampf-Motiv besitzt. Dieser Mitarbeiter wird in Kombination mit seinem hoch ausgeprägten Macht- und gering ausgeprägten Anerkennungsmotiv ein geeigneter Sparringspartner für Rafael sein und ihn stark herausfordern, aber auch in seine Schranken verweisen. Zusätzlich hat sich Herr Chef überlegt, Rafael in einem Gespräch von den Erfolgen der vorherigen Praktikanten zu erzählen. Er weiß, dass diese die Messlatte für ein erfolgreiches Praktikum sehr hoch gehängt haben, was Rafael vermutlich zusätzlich zu einem hohen Einsatz anspornen wird.

Beispiel

Niedriges Streben nach Rache/Kampf

Richard besitzt ein niedrig ausgeprägtes Rache/Kampf-Motiv und ist für Herrn Chef bis jetzt ein eher unscheinbarer Praktikant, der sich allen gegenüber freundlich verhält und seine Aufgaben schnell und gut erledigt. Allerdings scheut sich Richard davor, seine Leistungen mit anderen zu vergleichen. Im Diskussionen stellt er seine Meinung eher zurück, als sie deutlich zu verteidigen und kraftvoll »durchzuboxen«.

Wenn ein Mitarbeiter ein niedrig ausgeprägtes Rache/Kampf-Motiv besitzt, kann er am besten auf einer

Plattform für Leistung durch Harmonie und Ausgleich

langfristig eine gute Leistung zeigen. Darauf kann eine Führungskraft auf der **Kommunikationsebene** im Sinne der motivorientierten Führung unter anderem folgendermaßen reagieren:

- Vermeiden Sie in der Kommunikation zu Ihrem Mitarbeiter Vergleiche:
  → »Wir schauen nur auf Ihre Leistung.«

- Nutzen Sie die Kommunikation zu Ihrem Mitarbeiter zur Harmonisierung:
  → »Jeder hat auf seine Weise Recht.«

Auf der **Handlungsebene** können Führungskräfte durch geeignete Handlungsweisen ebenfalls versuchen, Ihrem Mitarbeiter ein harmonisches und ausgeglichenes Umfeld zu bieten:

- Vermeiden Sie Wettkampfsituationen und Vergleiche, teilen Sie Ihren Mitarbeiter für harmonisierende Tätigkeiten ein (z.B. in der Streitschlichtung oder bei Abstimmungsprozessen).
- Schützen Sie Ihren Mitarbeiter vor Konflikten, indem Sie rechtzeitig eingreifen und ihn z.B. bei Verhandlungen unterstützen oder eine Hilfe zur Seite stellen.

Motivorientierte Führung bei niedrigem Streben nach Rache/Kampf

Herr Chef weiß, dass Richard sehr dankbar für den Praktikumsplatz ist und nicht anders behandelt werden möchte als andere Praktikanten – trotz oder gerade weil er der Sohn eines anderen Abteilungsleiters ist. Dennoch möchte Herr Chef von Richard mehr Einsatz sehen und weiß, dass Richard nur dann wirklich lernen kann, wenn er aktiv Verantwortung und Erklärungen einfordert. Zu diesem Zweck will er Richard in einem Einzelgespräch erklären, dass am Ende des Praktikums nur seine Leistung zählt und es vor allem dann für alle Beteiligten eine Win-Win-Situation werden kann, wenn er über seinen Schatten springt und seine Fähigkeiten voll einbringt.

Wenn eine Stärke zur Schwäche wird – situationsunangepasstes Verhalten beim Lebensmotiv Rache/Kampf

Menschen mit einem hoch ausgeprägten Rache/Kampf-Motiv sind oft an ihrem auf Konkurrenz, Siegeswillen und Durchsetzungsfähigkeit ausgerichteten Verhalten zu erkennen. Dies kann so weit gehen, dass sie situationsunangepasst zu Streitsucht, Aggressivität, Neid und Eifersucht tendieren und somit ihre gegebene Stärke zu einer Schwäche wird. Als Führungskraft kann es vor diesem Hintergrund nachhaltiger sein, den Mitarbeiter nicht weiter durch Maßnahmen der motivorientierten Führung bei hoch ausgeprägtem Rache/Kampf-Motiv zu motivieren. Stattdessen bietet es sich möglicherweise an, dem Mitarbeiter die Chancen einer angemessenen Kompromissfähigkeit zu vermitteln.

Wer auf der anderen Seite über ein niedrig ausgeprägtes Lebensmotiv Rache/Kampf verfügt, dessen großer Vorteil besteht meist darin, harmonisierend und ausgleichend zu wirken. Er lebt sein Rache/Kampf-Motiv als Stärke und zeichnet sich durch große Kooperationsfähigkeit aus. Überschreitet eine Person mit ihrem Verhalten dabei eine gewisse Grenze, kann es zu situationsunangepasster Konfliktscheu und Nachgiebigkeit kommen. Hier kann es angebracht sein, die Wichtigkeit einer grundlegenden Wettbewerbsorientierung zu thematisieren.

Eros (Business-Version Schönheit)

Das Lebensmotiv Eros beschreibt das Ausmaß, in dem ein Mensch sich ein erotisches Leben, Sexualität, Schönheit und Sinnlichkeit wünscht. Im Gegensatz zu den bisher vorgestellten Lebensmotiven ist das Erosmotiv jedoch kein Motiv, das Menschen in jedem Fall Werteglück erfahren lässt – sei es nun gering oder stark ausgeprägt. Menschen mit einer geringen Ausprägung des Erosmotivs werden durch Askese und Nüchternheit nicht motiviert, sondern lediglich nicht demotiviert. Wer hingegen ein stark ausgeprägtes Erosmotiv besitzt, erfährt bei Ausleben seines Motivs durch ein erotisches Leben, Schönheit, Ästhetik und Kunst eine entsprechend starke Motivation.

Hohes Streben nach Eros

Beispiel

Elisabeth hat sich dafür entschieden, nach ihrem Bachelor-Studium noch eine praxisnahere Ausbildung zur Kauffrau für Marketingkommunikation zu beginnen. Den Hauptteil ihrer Ausbildung wird sie in der PR-Abteilung des Unternehmens absolvieren. Um jedoch das Unternehmen als Ganzes besser kennenzulernen, verbringt sie auch einige Zeit in einem eher fachfremden Bereich – in der Abteilung von Herrn Chef. Elisabeth hat es innerhalb kurzer Zeit geschafft, für Aufruhr im Team von Herrn Chef zu sorgen. Durch ihr gutes Aussehen und ihre körperbetonte Kleidung kommt sie insbesondere bei ihren männlichen Kollegen gut an, obwohl sie damit nicht kokettiert. Privat lebt sie ihre große Musikleidenschaft aus, indem sie nicht nur oft auf Konzerte geht, sondern auch selbst klassische Gitarre spielt.

Obwohl Eros ein Lebensmotiv ist, das vor allen Dingen im Privatleben und weniger am Arbeitsplatz große Bedeutung besitzt, können Mitarbeiter mit einem hoch ausgeprägten Erosmotiv auch im Berufsleben durch eine

Plattform für Leistung
durch das Leben von Ästhetik und Schönheit

motiviert werden. Auf der **Kommunikationsebene** kann eine Führungskraft dazu unter anderem folgende Maßnahmen ergreifen:

- Fragen Sie Ihren Mitarbeiter nach seiner ästhetischen Meinung:
  - → »Was sieht Ihrer Meinung nach schöner aus?«
  - → »Wie können wir die Darstellung optisch noch aufwerten?«

Diese Motivation kann durch Maßnahmen auf der **Handlungsebene** weiter ausgebaut werden:

- Ermöglichen Sie Ihrem Mitarbeiter ein ästhetisches Umfeld am Arbeitsplatz.
- Übertragen Sie Ihrem Mitarbeiter Tätigkeiten mit gestalterischer und künstlerischer Komponente.

Motivorientierte Führung bei hohem Streben nach Eros

Herr Chef möchte Elisabeths Sinn für Schönes nutzen und sie damit beauftragen, hochwertige Präsente für langjährige Kunden zu recherchieren, zu bestellen und den Versand zu koordinieren. Gleichzeitig hat er durch seine lange Betriebszugehörigkeit den Blick dafür verloren, wie die Arbeitsräume seiner Abteilung mit einfachen Mitteln angenehmer ausgestattet werden können – auch hier möchte er versuchen, in einem Gespräch Anregungen von Elisabeth zu bekommen.

Beispiel

Niedriges Streben nach Eros

Emma ist ein sehr nüchterner Mensch. Sie hat nach eigenen Angaben weder ein Händchen dafür, gestalterisch tätig zu sein oder etwas zu dekorieren, noch ist es ihr wichtig. Generell neigt sie dazu, sich (vor allem privat) praktisch und bequem zu kleiden, das Aussehen steht bei ihr immer erst an zweiter Stelle.

Beispiel

Wie bereits beschrieben kann ein Mitarbeiter mit einem niedrig ausgeprägten Erosmotiv mittels motivorientierter Führung nicht zusätzlich motiviert werden. Eros ist kein »Hinzu-Motiv«; entsprechend sind Maßnahmen ausschließlich bei einer hohen Ausprägung, nicht aber bei einer niedrigen Ausprägung des Motivs motivierend. Dennoch ist es für Sie als Führungskraft zentral, Ihren Mitarbeiter nicht durch den Zwang zu Sinnlichkeit zu demotivieren. Da ein Mitarbeiter mit einem niedrig ausgeprägten Erosmotiv kein oder nur ein geringes Bedürfnis nach Ästhetik und Schönheit verspürt, kann er demotiviert werden, wenn es in starkem Maß von ihm gefordert wird. Dies kann vermieden werden, wenn die Führungskraft die Nüchternheit des Mitarbeiters sowohl auf der Handlungs- als auch auf der Kommunikationsebene respektiert und wertschätzt.

Wenn eine Stärke zur Schwäche wird – situationsunangepasstes Verhalten beim Lebensmotiv Eros

Obwohl Eros wie bereits erläutert keine Hinzu-Motivation ist, kann es auch bei diesem Lebensmotiv zu situationsunangepasstem Verhalten kommen – wenngleich Eros das Lebensmotiv ist, das in den meisten Fällen wohl die geringste Relevanz für die betriebliche Zusammenarbeit hat. Jemand mit einem stark ausgeprägten Erosmotiv ist meist sehr sinnlich und hat ein hohes Bewusstsein für Erotik. Vor allem, wenn eine Person eine Ausprägung von 1,7 bis 2,0 besitzt, kann es dabei auch zu grenzüberschreitendem, unkontrolliertem oder distanzlosem Verhalten kommen. Sie können sich bewusst entscheiden, den Aspekt der Schönheit bei Menschen mit einem hoch ausgeprägten Erosmotiv zu fördern. Auf der anderen Seite können Sie auch auf die unpassende Auslebung des Erosmotivs hinweisen.

Besitzt ein Mensch hingegen ein niedrig ausgeprägtes Erosmotiv, kann er durch Maßnahmen der motivorientierten Führung nicht zusätzlich motiviert, sondern nur nicht demotiviert werden. Er zeichnet sich in der Regel durch ein sehr asketisches und nüchternes Verhalten aus.

Essen

Das Essensmotiv bezieht sich auf die Art und Weise, wie sehr ein Mensch mit Essen beziehungsweise Nahrung umgeht. Jedoch ist das Essensmotiv wie auch das Erosmotiv eher unipolar – wirkliche Motivation erfährt nur jemand mit einer starken Ausprägung des Essensmotivs. Besitzt auf der anderen Seite jemand ein niedrig ausgeprägtes Lebensmotiv Essen, bedeutet dies, dass er durch hungerstillende Nahrungsaufnahme nicht motiviert, sondern lediglich nicht demotiviert wird.

Personen mit einem hoch ausgeprägten Essensmotiv beschäftigen sich in der Regel schon gedanklich sehr viel mit Essen und planen ihre Mahlzeiten längere Zeit im Voraus. Sie zelebrieren das Essen und essen um zu genießen – wobei sie kulinarische Vielfalt und Abwechslung lieben. Sie genießen es in der Regel, Kunden in gute Restaurants zu begleiten. Obwohl das Essensmotiv eher im privaten Umfeld als im beruflichen Alltag wirksam ist, lassen sich auch für die Mitarbeiterführung relevante Kommunikations- und Handlungsmaßnahmen ableiten – denn wir essen bekanntlich auch im Berufsleben, ebenso wie wir uns dort über Essen unterhalten.

Hohes Streben nach Essen

Erik ist als Quereinsteiger in das Team von Herrn Chef gekommen. Er hat lange im Vertrieb gearbeitet, sich dann aber umorientiert und unterstützt nun schon seit vier Jahren den Bereich von Herrn Chef.

Beispiel

Erik besitzt ein hoch ausgeprägtes Essensmotiv. Schon sein Frühstück zelebriert er; statt einfach ein belegtes Brot zu essen, bereitet er sich zum Beispiel mit großer Freude eine Schüssel Obstsalat, Müsli mit Früchten oder frisches Gemüse mit selbst gemachtem Kräuterquark zu. Auch in seiner obersten Schreibtischschublade findet sich immer eine Leckerei – entweder als kleine Eigenmotivation am Nachmittag oder auch für Kollegen, denen er etwas Gutes tun möchte.

Besitzt ein Mitarbeiter ein hoch ausgeprägtes Essensmotiv, können Sie ihm als Führungskraft auch am Arbeitsplatz eine

Plattform für Leistung durch genussvolles Essen

gestalten. Auf der **Kommunikationsebene** bietet sich dafür Folgendes an:

- Thematisieren Sie den Genuss durch Essen in der informellen Kommunikation:
  - → »Ich habe am Wochenende ein hervorragendes Restaurant kennengelernt.«
  - → »Was können Sie mir denn heute in der Kantine empfehlen?«
  - → »Wissen Sie schon, was Sie heute Mittag essen wollen?«

Auf der **Handlungsebene** müssen Sie Ihre Mitarbeiter mit hoch ausgeprägtem Essensmotiv nicht permanent zum Essen einladen. Schon kleinere – und für Sie persönlich weniger kostspielige – Maßnahmen können eine motivierende Wirkung entfalten:

- Stellen Sie Ihrem Mitarbeiter genug Zeit zum Mittagessen zur Verfügung. So können Sie dafür sorgen, dass er in der Mittagspause genügend Muße findet, um tatsächlich mit Genuss statt unter Stress zu essen.
- Versuchen Sie, Ihrem Mitarbeiter eine anspruchsvolle Küche zu bieten, und setzen Sie z. B. bei der Qualität des Kaffeevollautomaten an.
- Belohnen Sie Ihren Mitarbeiter mit Essensgutscheinen und Einladungen in besondere Restaurants.
- Organisieren Sie gemeinsame Kochveranstaltungen als Teambildungsmaßnahme für Ihre Abteilung.
- Beauftragen Sie Ihren Mitarbeiter mit der Bestellung des Caterings für Firmenveranstaltungen oder sorgen Sie selbst für ein abwechslungsreiches und ansprechendes Buffet.

Motivorientierte Führung bei hohem Streben nach Essen

Herr Chef weiß, dass Erik sich seines hoch ausgeprägten Essensmotivs bewusst ist und es bereits aktiv für sich selbst nutzt, um sich zu motivieren. Während andere Mitarbeiter rauchen, geht Eriks erster Gang meist zum Teamkühlschrank, nachdem er eine schwierige Aufgabe abgeschlossen hat. Aus diesem Grund hat Herr Chef sich überlegt, ihn in Verbindung mit seinem niedrig ausgeprägten Rache/Kampf-Motiv für den Abschluss einer wichtigen Projektphase in Aussicht zu stellen, den Erfolg mit seiner Frau in einem guten Restaurant feiern zu können – je besser das Ergebnis, desto besser das Restaurant ...

Beispiel

Niedriges Streben nach Essen

Edgar besitzt ein niedrig ausgeprägtes Essensmotiv. Oft kommt es vor, dass er keine wirkliche Mittagspause macht, sondern neben der Arbeit am Schreibtisch isst – oft auch immer die gleichen Gerichte, die er sich schnell beim Italiener holt oder bestellt.

Beispiel

Da Essen, wie bereits erläutert, kein beidseitig ausgeprägtes Motiv ist, kann ein Mitarbeiter mit einem niedrig ausgeprägten Essensmotiv durch motivorientierte Führung hinsichtlich dieses Lebensmotivs nicht zusätzlich motiviert, sondern lediglich nicht demotiviert werden. Ein Mitarbeiter mit einem niedrig ausgeprägten Essensmotiv verspürt so gut wie keinen Wunsch danach, ausgiebig und genussvoll zu essen. Im Gegenteil, er kann sogar demotiviert werden, wenn dies zum Beispiel durch ausufernde Meetings in hochwertigen Restaurants oder Team-Kochevents von ihm gefordert wird – vor allem, wenn er zusätzlich ein niedrig ausgeprägtes Beziehungsmotiv besitzt und ihm Essen nicht als Mittel zum Zweck dienen kann, eine schöne Zeit mit seinen Kollegen zu verbringen.

Während es aus Zeit- und Kostengründen nicht immer einfach ist, die entsprechenden Kommunikations- und Handlungsmaßnahmen für Mitarbeiter mit starkem Streben nach Essen zu bieten, ist motivorientierte Führung bei Mitarbeitern mit einem gering ausgeprägten Essensbedürfnis also mit einem vergleichsweise geringen Ressourcenaufwand verbunden. Die angesprochene Demotivation durch genussvolles Essen können Sie vor allem vermeiden, wenn Sie Ihrem Mitarbeiter nicht nur die Möglichkeit bieten, seinem Hang zu lediglich hungerstillendem Essen nachzukommen, sondern diese Neigung auch respektieren. Ermöglichen Sie Ihrem Mitarbeiter beispielsweise, neben der Nahrungsaufnahme weiteren Tätigkeiten nachzugehen – in der Regel wird er vor allem deswegen oft am Schreibtisch essen, weil er der Aktivität Essen keinen großen Platz einräumen möchte, und nicht, weil er unter so hohem Druck steht, dass er keine Zeit dafür findet. Achten Sie jedoch auf der anderen Seite darauf, dass Ihr Mitarbeiter das Essen oder eine Mittagspause nicht völlig auslässt. Jeder Mensch braucht durch Essen gewonnene Energie, um eine gute Leistung zu erbringen. Demotivierend für einen Menschen mit einem gering ausgeprägten Essensmotiv könnte der regelmäßige Einkauf von Lebensmitteln für andere und die Teilnahme an regelmäßigen Geschäftsessen mit mehreren Gängen sein.

Wenn eine Stärke zur Schwäche wird – situationsunangepasstes Verhalten beim Lebensmotiv Essen

Situationsunangepasstes Verhalten bei einem hoch ausgeprägten Essensmotiv betrifft vor allem zeitintensive Schlemmerei während der Arbeitszeit. Hier übertreibt ein Mensch seine Neigung zu genussvollem Essen deutlich. In jedem Fall entfalten auch dann Maßnahmen der motivorientierten Führung bei hoch ausgeprägtem Essensmotiv weiter ihre motivationale Wirkung. Entscheiden Sie dennoch, inwieweit es auch zu Ihrer Fürsorgepflicht als Führungskraft gehört, Ihrem Mitarbeiter gegebenenfalls die Notwendigkeit maßvollen Essens zu vermitteln – vor allem dann, wenn das übermäßige Ausleben des Essensmotivs die Gesundheit Ihres Mitarbeiters beeinträchtigen sollte.

Eine Person mit niedrig ausgeprägtem Essensmotiv neigt zu hungerstillendem Essen – was bei übermäßigem Ausleben bis zu ungesundem und wahllosem Essen führen kann. Auch hier stellt sich erneut die Frage, inwieweit Sie sich als Führungskraft dafür verantwortlich fühlen (sollten), Essen als Gesundheits- und Energiequelle bei Ihrem Mitarbeiter zu thematisieren.

Körperliche Aktivität

Das Lebensmotiv der körperlichen Aktivität befasst sich mit unserem unterschiedlichen Bedürfnis nach Fitness und Bewegung. Während Menschen mit einem hohen Bedürfnis nach körperlicher Aktivität danach streben, den eigenen Körper zu spüren, werten Menschen mit einem gering ausgeprägten Motiv der körperlichen Bewegung vor allem Bequemlichkeit hoch.

Ähnlich wie das Eros- oder Essensmotiv ist auch das Motiv der körperlichen Aktivität vor allen in der Freizeit relevant. Aber auch ein individueller Umgang mit dem unterschiedlich starken Bewegungsbedürfnis Ihrer Mitarbeiter am Arbeitsplatz kann eine erhebliche Motivationswirkung entfalten.

Hohes Streben nach körperlicher Aktivität

Herr Chef ist für eine vergleichsweise große Zahl an Sachbearbeitern verantwortlich – Klaus ist ein weiterer davon. Schon seit vielen Jahren geht er seinem Beruf nach und wird in zwei Jahren in Rente gehen. Zu seinem Dienstjubiläum vor einigen Monaten haben ihm seine Kollegen einen elektronischen Countdown geschenkt, der nun auf seinem Schreibtisch steht und die verbleibenden Tage bis zum Rentenantritt anzeigt.

Beispiel

Klaus besitzt ein hoch ausgeprägtes Lebensmotiv der körperlichen Aktivität. Trotz seines fortgeschrittenen Alters spielt er regelmäßig Fußball in der standorteigenen Mannschaft und geht am Wochenende zusätzlich Joggen oder unternimmt lange Fahrradtouren mit seiner Frau. Er ist stolz darauf, dass man ihm sein Alter nicht ansieht, und hat mit zwei jüngeren Kollegen gewettet, dass er bei einem Halbmarathon trotz seiner Jahre der Schnellste sein wird.

Mitarbeiter mit einem hohen Streben nach körperlicher Bewegung leben dieses Bedürfnis oft in der Freizeit aus. Dennoch haben sie gerade bei einem Beruf mit sitzender Tätigkeit häufig Schwierigkeiten, sich lange Zeit am Stück zu konzentrieren und ihre Aufgaben mit Motivation anzugehen. Für diese Mitarbeiter ist es wichtig, eine

Plattform für Leistung durch Bewegung

aufzubauen. Auf der **Kommunikationsebene** gelingt dies vor allen Dingen durch folgende Maßnahmen:

- Thematisieren Sie den Bewegungsdrang Ihres Mitarbeiters und signalisieren Sie Verstehen:
  - → »Es macht mich auch immer ganz kribbelig, wenn ich den ganzen Tag nur sitze.«
  - → »Ich freue mich schon auf heute Abend, wenn ich zum Sport gehe.«
  - → »Ihre Agilität und Vitalität tut uns allen gut.«

Besondere Motivationswirkung kann eine Berücksichtigung der hohen Ausprägung des Wunsches nach körperlicher Aktivität auf der Handlungsebene entfalten:

- Ermöglichen Sie das Arbeiten mit viel Bewegung durch Stehtische und / oder Gespräche beim Laufen oder Stehen.
- Passen Sie die Anordnung des Mobiliars und der Gegenstände am Arbeitsplatz dem Bewegungsbedürfnis Ihres Mitarbeiters an.
- Bieten Sie Ihren Mitarbeitern Maßnahmen zur Fitnesssteigerung an – viele Fitnessstudios geben mittlerweile Firmenrabatte zu besonderen Konditionen.

Motivorientierte Führung bei hohem Streben nach körperlicher Aktivität

Herr Chef möchte Klaus' hohes Bedürfnis nach körperlicher Aktivität künftig noch stärker berücksichtigen, indem er ihm zusätzlich zu seinem Schreibtischstuhl einen Sitzball zur Verfügung stellt. Auch ist ihm aufgefallen, dass er für viele Abstimmungen oft aus eigener Bequemlichkeit den Fahrstuhl nutzt – künftig möchte er stattdessen die Treppen hochlaufen, wenn er zusammen mit Klaus auf dem Weg vom Büro in den Konferenzraum ist.

Beispiel

Niedriges Streben nach körperlicher Aktivität

Kevin besitzt ein niedrig ausgeprägtes Lebensmotiv der körperlichen Aktivität. Er sitzt gern auf seinem bequemen Schreibtischstuhl. Gäbe es Autos in der Firma, würde er überspitzt gesagt sogar das Auto nutzen, um damit zu seinem Postfach zu fahren, denn bei vielen Entscheidungen wägt er ab, welches Ausmaß an Bewegung und Anstrengung sie von ihm verlangen.

Beispiel

Mitarbeiter mit einem niedrig ausgeprägten Lebensmotiv der körperlichen Aktivität fühlen sich durch eine

Plattform für Leistung durch Bequemlichkeit

motiviert. Auf der **Kommunikationsebene** können Sie dies am ehesten durch die folgende Maßnahme berücksichtigen:

- Thematisieren Sie Gemütlichkeit:
  - → »Lassen Sie uns das Meeting in den großen Konferenzraum verlegen, da kann man am besten sitzen.«
  - → »Das sieht sehr bequem aus, bleiben Sie ruhig sitzen.«

Auf der **Handlungsebene** haben Sie vor allem folgende Möglichkeiten, Ihre Mitarbeiter durch die Ermöglichung von Bequemlichkeit zu unterstützen:

- Sorgen Sie für bequeme Bürostühle. Wer gern an seinem Schreibtisch sitzt, wird auch gern dort arbeiten.
- Bieten Sie Ihrem Mitarbeiter kurze Wege, denn lange Gänge oder umständliche Prozesse können als anstrengend empfunden werden.

Motivorientierte Führung bei niedrigem Streben nach körperlicher Aktivität

Beispiel

Herr Chef hat sich vorgenommen, bei der Konzernführung einen Raum mit Sofas und Sesseln anzuregen, der sowohl für interne Abstimmungen mit Mitarbeitern als auch für Kundenbesuche genutzt werden kann. Zusätzlich möchte er Kevin in einer ruhigen Minute zeigen, wie er über das Internet Online-Bestellungen tätigen kann, die ihm das private Einkaufen erleichtern. Als Nebeneffekt erhofft sich Herr Chef, dass Kevins Begeisterung für das Internet geweckt wird und er so wie von selbst seine noch ausbaufähigen PC- und Onlinekenntnisse weiter schult.

Wenn eine Stärke zur Schwäche wird – situationsunangepasstes Verhalten beim Lebensmotiv körperliche Aktivität

Ein Mensch mit einem hoch ausgeprägten Motiv der körperlichen Aktivität ist in der Regel ausgesprochen fit und aktiv. Wird dieses Lebensmotiv übermäßig ausgelebt, kann es sogar zu einer regelrechten »Sportsucht« kommen, bei der die Person von einer permanenten Unruhe ergriffen wird, sobald sie nicht in Bewegung ist. Dies kann je nach Art und Weise der Aufgabenstellung unterschiedliche Implikationen für situationsangepasstes oder -unangepasstes Verhalten am Arbeitsplatz haben. In einer stehenden Tätigkeit mit viel Aktion kann es sich anbieten, den Bewegungsdrang und die Motivation des Mitarbeiters durch Kommunikations- und Handlungsmaßnahmen weiter zu fördern. Bei einer sitzenden Tätigkeit kann es die bessere Entscheidung sein, den zusätzlichen Motivationsschub durch motivorientierte Führung einzuschränken und darauf zu achten, dass der Mitarbeiter sich stärker an einem ausgeprägten, aber nicht ungesunden Bewegungsmaß orientiert.

Wer hingegen ein niedrig ausgeprägtes Lebensmotiv der körperlichen Aktivität besitzt, hat meist eine ausgesprochene Tendenz zu Gemütlichkeit und Bequemlichkeit – bis hin zu unangepasster Faulheit und Trägheit. Sie sollten sich als Führungskraft bewusst dafür entscheiden, ob Sie die Gemütlichkeit und Motivation Ihres Mitarbeiters durch ausgesuchte Kommunikations- und Handlungsweisen weiter unterstützen oder ihm die Wichtigkeit ausreichender Bewegung bewusst machen.

Emotionale Ruhe

Wie sehr ein Mensch sich emotionale Sicherheit wünscht, darüber gibt das Lebensmotiv der emotionalen Ruhe Auskunft. Es ist damit ein wichtiger Indikator für die psychische Stabilität eines Menschen. Eine Person mit einem stark ausgeprägten Motiv der emotionalen Ruhe vermeidet gern Unwägbarkeiten. Sie sieht in Veränderungen eher ein Risiko und braucht weniger Abwechslung. Im Gegensatz dazu ist jemand mit einem gering ausgeprägten Motiv der emotionalen Ruhe ausgesprochen risikofreudig und stressrobust. Er sieht in Veränderungen eher eine Chance, hat wenig Angst und spürt gern das Adrenalin in seinem Körper.

Hohes Streben nach emotionaler Ruhe

Regina ist eine frühere Mitarbeiterin von Herrn Chef, an die er sich gerne zurückerinnert. Durch ihre schnelle Auffassungsgabe war sie immer in der Lage, seinen Gedankengängen zu folgen, zudem hat sie ihm in vielen Situationen als Sparringspartnerin wertvolle Unterstützung geliefert.

Beispiel

Herr Chef denkt immer wieder daran zurück, wie aufgewühlt Regina oft gewesen ist, wenn sie aufgrund aktueller Gegebenheiten neue Aufgaben übernehmen musste oder eine Deadline verkürzt wurde. In diesen Situationen ist es ihr trotzdem gelungen, alle Eventualitäten und Risiken zu durchdenken, bis ein angemessenes Vorgehen festgelegt wurde. Das erfordert eine

Plattform für Leistung durch emotionale Stabilität.

Auf der **Kommunikationsebene** können Sie unter anderem durch die nachfolgend aufgelisteten Maßnahmen auf das Stabilitätsbedürfnis Ihrer Mitarbeiter eingehen:

- Betonen Sie bei Veränderungen, was sicher ist und bleibt:
  → »Die neue Struktur ändert in dieser Hinsicht nichts, da wir nach wie vor ...«

- Klären und suchen Sie den Dialog zu emotionalen Bedenken Ihres Mitarbeiters:
  → »Welche Bedenken haben Sie dabei?«
  → »Wir haben die möglichen Konsequenzen bedacht.«

Um Ihrem Mitarbeiter zusätzliche emotionale Stabilität zu bieten, können Sie die Maßnahmen auf der Kommunikationsebene um weitere Schritte auf der **Handlungsebene** ergänzen:

- Geben Sie Ihrem Mitarbeiter einschätzbare Aufgaben. Er wird es Ihnen danken, wenn es möglichst wenige Unsicherheitsfaktoren in der Aufgabenstellung und -bewältigung gibt.
- Bieten Sie Ihrem Mitarbeiter durch Transparenz und offene Kommunikation Sicherheit gegen Ängste und Bedrohungen im Unternehmen. Lassen Sie ihn nach Möglichkeit Langfristigkeit erleben, statt gerade eingeführte Maßnahmen erneut einem Veränderungsprozess zu unterziehen.
- Kündigen Sie Veränderungen nicht zu langfristig an und führen Sie die Maßnahmen zeitnah durch. Setzen Sie

dabei jedoch großzügige Veränderungszeiträume und begleiten Sie den Prozess persönlich.
• Ermöglichen Sie Ihrem Mitarbeiter sich durch einen »Plan B« abzusichern.

Motivorientierte Führung bei hohem Streben nach emotionaler Ruhe

Wäre sich Herr Chef früher Reginas hoch ausgeprägtem Motiv der emotionalen Ruhe bewusst gewesen, hätte er sicherlich versucht, ihr in stressigen Situationen mehr Sicherheit zu geben. Wenn er Reginas Emotionen in diesen Momenten zunächst mehr Raum gegeben hätte, wäre sie danach sicherlich noch stärker zu einem lösungsorientierten Vorgehen fähig gewesen, statt emotional auf der Problemebene »gefangen« zu sein.

Beispiel

Niedriges Streben nach emotionaler Ruhe

Herr Chef hat noch deutlich im Gedächtnis, dass Rebecca immer dann die besten Lösungsansätze gefunden hat, wenn die Zeit extrem knapp oder der Druck ausgesprochen hoch war. Durch ihre Stressresistenz hat sie ihn stets dazu gebracht, auch in stressigen Situationen zunächst innezuhalten, eine fundierte Entscheidung zu treffen und dann mit Volldampf an der Umsetzung zu arbeiten.

Beispiel

Besitzt ein Mitarbeiter ein niedrig ausgeprägtes Lebensmotiv der emotionalen Ruhe, wünscht er sich eine

Plattform für Leistung durch Unwägbarkeiten,

sodass er seinem Streben nach Abwechslung und Veränderung gerecht werden kann. Um Ihren Mitarbeiter so zu motivieren, können Sie auf der **Kommunikationsebene** vor allen Dingen folgendermaßen vorgehen:

- Stellen Sie bei Veränderungen die Chance heraus, die sich
  für Ihren Mitarbeiter bzw. alle Beteiligten bietet:
  → »Dieser Wechsel bietet uns die Möglichkeit, endlich ...«
  → »Egal wie es ausgeht, heute ist es wichtig, dass ...«

Auf der **Handlungsebene** können Sie bei einem niedrig ausgeprägten Motiv der emotionalen Ruhe durch folgende Handlungen erfolgreich motivorientiert führen:

- Fördern Sie Veränderungen und Abwechslungen. Ihr
  Mitarbeiter liebt die Spannung – erhalten Sie sie für ihn.
- Ermöglichen Sie Ihrem Mitarbeiter riskantes »unterneh-
  merisches« statt Risiken vermeidendes »betriebswirtschaft-
  liches« Handeln.
- Sorgen Sie dafür, dass Ihr Mitarbeiter immer ausgelastet ist,
  da ihn Langeweile, Routinen oder Nichtstun mehr belasten
  als Mitarbeiter mit einem hoch ausgeprägten Lebensmotiv
  der emotionalen Ruhe.

**Motivorientierte Führung bei niedrigem Streben nach emotionaler
Ruhe**

Beispiel

*Wären Herrn Chef früher schon die Möglichkeiten bekannt gewesen,
bewusst auf Rebeccas Streben nach Abwechslung und Abenteuer einzugehen, hätte er ihr noch herausfordernde Deadlines gesetzt, um sie an-
zuspornen. Zusätzlich hätte er sie gern noch stärker in Verhandlungen
eingebunden, da sie sich niemals von außen unter Druck setzen lässt,
sondern stets einen kühlen Kopf bewahrt und überlegt reagiert.*

**Wenn eine Stärke zur Schwäche wird – situationsunangepasstes
Verhalten beim Lebensmotiv Emotionale Ruhe**

Besitzt jemand ein hoch ausgeprägtes Lebensmotiv der emotionalen Ruhe, ist es meist seine natürliche Stärke, sich vorsichtig und
absichernd zu verhalten. Zu situationsunangepasstem Verhalten
kann es durch übermäßige Feigheit, Ängstlichkeit und Pessimis-

mus kommen. Wenn Sie in diesem Fall die oben aufgeführten Handlungs- und Kommunikationsmaßnahmen bei stark ausgeprägter emotionaler Ruhe einsetzen, könnten diese Tendenzen Ihres Mitarbeiters zusätzlich ungünstig verstärkt werden. Dadurch fühlt sich Ihr Mitarbeiter in der Regel entsprechend seiner Bedürfnisse geführt und motiviert, Sie ändern aber nichts oder nur wenig an seinem situationsunangepassten Verhalten. Möchten Sie hingegen an diesem Punkt ansetzen und erreichen, dass Ihr Mitarbeiter seine Stärke künftig auch tatsächlich als Stärke einsetzen kann, sensibilisieren Sie ihn für die eventuellen Chancen einer gewissen Risikobereitschaft.

Konträr dazu haben Menschen mit einem niedrig ausgeprägten Lebensmotiv der emotionalen Ruhe bereits die Neigung, sich kühn, mutig und risikobereit zu verhalten. Je niedriger ihr Lebensmotiv dabei ausgeprägt ist, desto größer ist die Wahrscheinlichkeit dafür, dass diese Stärke durch Übermut, Leichtsinn und Unbesonnenheit zu einer Schwäche werden kann. Möchten Sie dieser Schwäche entgegenwirken, bietet es sich an, Ihrem Mitarbeiter die Bedeutung einer angemessenen Vorsicht zu vermitteln.

Wie bereits erwähnt, ist es absolut wichtig, sich immer die gesamte Motivstruktur anzuschauen, um die richtigen Kommunikations- und Handlungsmaßnahmen zu wählen. Bedenken Sie, dass nicht nur die Motivkonstellation Ihrer Mitarbeiter einzigartig sein kann, sondern dass auch die Befriedigung der Motive unterschiedlich vorgenommen und wahrgenommen wird.

Gesamte Motivstruktur beachten

Fazit: Ein motivierter Mitarbeiter ist nicht nur zufriedener, sondern langfristig leistungsfähiger und leistungsorientierter.

Exkurs: Das Führungsinstrument Anerkennung

Mark Twain hat einmal gesagt: *»Von einem guten Kompliment kann ich zwei Monate leben.«*

Nicht nur für ihn, sondern für viele Menschen sind Lob und Anerkennung für die psychische Stabilität so wichtig wie Nahrung für den Körper, denn ein gutes Kompliment, ein ehrlich gemeintes Lob verschaffen einen emotionalen Höhenflug.

Jederzeit einsetzbares Instrument

Lob hat eine erhebliche Bedeutung für den Führungsalltag – und ist kostenlos und jederzeit einsetzbar. Wie in der Vorstellung der Motivationstheorie nach Steven Reiss beschrieben (siehe Seite 50 ff.), bezeichnet das Lebensmotiv Anerkennung, das Streben nach sozialer Anerkennung, Zugehörigkeit und positivem Selbstwert. Anders ausgedrückt zeigt die Ausprägung des Anerkennungsmotivs eines Menschen, wie hoch oder niedrig seine Selbstsicherheit ist. Jemand mit einem hoch ausgeprägten Anerkennungsmotiv braucht auf der einen Seite eine Plattform, auf der sein Selbstbild durch externe Anerkennung bestätigt wird. Auf der anderen Seite sollte jemand mit einem niedrig ausgeprägten Anerkennungsmotiv Möglichkeiten bereitgestellt bekommen, mit denen er Leistung durch das Leben von vorhandener Selbstsicherheit zeigen kann. Für Führungskräfte bedeutet das:

Jeder Mensch braucht Anerkennung, aber jeder Mensch braucht unterschiedlich viel Anerkennung!

Oft gehen Führungskräfte mit dem Thema »Lob und Anerkennung« gemäß ihres eigenen Anerkennungsbedürfnisses um (vgl. die Ausführungen zum Thema *Self-hugging* Seite 95). Eine Führungskraft, die selbst ein hoch ausgeprägtes Anerkennungsmotiv besitzt, wird ihre Mitarbeiter in der Regel häufig und individuell loben. Auf der anderen Seite kann sie vor dem Austeilen von Kritik zurückschrecken, da sie in der Regel sehr empathisch ist und sich der möglichen zerstörerischen Kraft von negativem Feedback sehr bewusst ist. Führungskräften mit einem niedrig ausgeprägten Anerkennungsmotiv hingegen fehlt oft dieser intuitive Zugang zum Thema »Bestätigung«. Ihr eigener »Motor« läuft ohne das »Benzin Anerkennung«, sodass sie eher nach der Maxime »Nicht geschimpft ist Lob genug« handeln und dazu neigen, unsichere Mitarbeiter wegen ihres kaum vorhandenen Selbstbildes zu verurteilen.

Aus dem Vorhergehenden sollte deutlich geworden sein, dass die Ausprägungen der eigenen Lebensmotive unveränderbar sind, man aber lernen kann, die »Brille der Selbstbezogenheit« abzunehmen und die eigenen Motivausprägungen nicht als Maßstab zu nehmen, sondern die Motivausprägungen anderer zu erkennen und entsprechend zu berücksichtigen. Denn gerade Anerkennung ist eine wichtige Stellschraube in der Mitarbeiterführung, um die Leistungen und das Engagement in dem Maß und auf die Art und Weise zu würdigen, wie jeder Einzelne es sich wünscht. Wie jedoch lobt man nun »richtig«? Erste Hinweise zu Kommunikations- und Handlungsweisen rund um das Thema Anerkennung haben Sie im vorigen Kapitel erhalten (siehe Seite 151). Grundsätzlich gilt:

Leistungen individuell anerkennen

> **Jedes Lob sollte individuell auf den Empfänger zugeschnitten sein, denn nur ein Lob, das wirklich allein die angesprochene Person bekommt, kann auch gut angenommen werden.**

Zusätzlich zeigt eine Studie von Andrei Cimpian et al. von der Stanford-University, dass die Art des Lobes schon Kinder beeinflusst, wie sie generell mit Kritik umgehen (vgl. The British Psychological Society, Research Digest, 95/2007).

In einem Versuch bekam die eine Hälfte der Kinder spezifische Anerkennung, zum Beispiel: »Die Katze hast du aber schön gemalt!«, während die andere Hälfte der Kinder ein generelles Lob erhielten, zum Beispiel: »Du bist eine tolle Malerin.« In einem zweiten Versuchsdurchlauf übten die Wissenschaftler Kritik an den Malkünsten der Kinder, zum Beispiel: »Die Katze hat aber viel zu lange Beine.« Es zeigte sich: Die Kinder, die zu Beginn nur ein generelles Lob erhielten, reagierten sehr sensibel auf die Kritik und verloren das Interesse. Die Kinder hingegen, die zunächst spezifisch gelobt wurden, erwiesen sich der Kritik gegenüber als robuster. Statt Desinteresse zu zeigen oder sich zurückzuziehen, äußerten sie Vorschläge zur Verbesserung der Bilder.

Cimpian erklärt dieses Verhalten damit, dass generelle Anerkennung bewirkt, die belobte Fähigkeit für eine überdauernde Eigenschaft zu halten, und sich Kritik somit negativ auf die Motivation auswirkt. Spezifisches Lob ist jedoch belohnend, ohne ein falsches Vertrauen in die eigenen Fähigkeiten zu bewirken. So kann durch eine dauerhafte Motivation bewirkt werden, immer das Beste zu geben.

Lob bei Erwachsenen Verhält sich das bei Erwachsenen ähnlich? Diese Frage kann man mit »Ja« beantworten. Auch wenn wir als Erwachsene mehr unter dem sogenannten »sozialen Spiegel« leiden, der uns sagt, was gut und schlecht, schön oder hässlich ist, und dadurch selbstkritischer sind im Vergleich zu Kindern, streben wir nach sozialer Akzeptanz, die sehr durch Lob und Anerkennung zum Ausdruck kommt. Bei Anerkennung handelt es sich also um ein Grundbedürfnis.

Alexander Groth zitiert in seinem Buch *Führungsstark in alle Richtungen* (2008) den amerikanischen Stahlindustriellen Charles M. Schwab (S. 117): »Ich bin bis heute dem Mann noch nicht begegnet, wie berühmt er auch sein mochte, der nicht nach einer Anerkennung besser und einsatzfreudiger gearbeitet hätte als nach einem Tadel.« Eine so einfache Weisheit – und doch oft so schwer zu befolgen im Alltag.

Viele Fragen werden hierbei aufgeworfen, wie zum Beispiel:

- Was sind Formen des Lobes und der Anerkennung?
- Wann sollten Lob und Anerkennung erfolgen?
- Wie sollten Lob und Anerkennung ausgedrückt werden?
- Sollen Lob und Anerkennung im Beisein des Teams gegeben werden?
- Inwieweit nimmt das Selbstwertgefühl Einfluss auf den Umgang mit Lob und Anerkennung?
- Wie verhält es sich mit Komplimenten?

Wir wollen diese Fragen nicht nur mit ein paar Tipps und Tricks beantworten, sondern auch mit faktischen Beispielen untermauern.

Gegen ein Kompliment ist nichts einzuwenden. Wird es jedoch inflationär verwendet, wirkt es beliebig – und wird damit bedeutungslos für den Empfänger. Ein Kompliment muss weder besonders originell noch sprachlich virtuos sein, aber es muss zu beiden passen: zu dem, der es macht, und zu dem, der es erhält. Sonst büßt es an Glaubwürdigkeit ein. Eines der schönsten Komplimente der Filmgeschichte fällt in der Hollywoodkomödie »Besser geht's nicht«. Jack Nicholson spielt darin den zwangsneurotischen Misanthropen Melvin, der sich in eine Kellnerin verliebt, ohne sich seine Gefühle einzugestehen. Eines Abends gibt er zu: »Wegen Ihnen möchte ich ein besserer Mensch werden.« Das hat Klasse, ist unschlagbar schön, ohne viel Tamtam.

An anderer Stelle im Film schmettert ihm sein homosexueller Nachbar Simon ein brüderliches »Ich liebe dich!« entgegen. Daraufhin legt ihm Melvin die Hand auf die Schulter (er fasst sonst nichts und niemanden an) und sagt: »Glaub mir, ich wäre der glücklichste Mann auf der Welt, wenn das bei mir was bringen würde.«

Komplimente signalisieren: Ich nehme dich wahr und wertschätze bestimmte Merkmale ganz besonders. Sie sind nicht nur eine Sache zwischen Mann und Frau. Auch Kollegen, Freunde, die Eltern, Kinder, der Mann am Kiosk freuen sich darüber. Man muss sein Gegenüber für ein echtes Kompliment nicht einmal gut kennen. Ein im Vorbeigehen zugeworfenes »Toller Mantel!« zaubert der Trägerin bestimmt ein Lächeln ins Gesicht. Die Folgen sind also immer erfreulich: Man verbreitet eine positive Stimmung, erntet Sympathie, wird von seiner Umwelt als Mensch mit positiver Grundhaltung wahrgenommen; als jemand, der andere motivieren kann.

Ebenso wichtig ist es, Komplimente offen anzunehmen. Wer sich jedes Mal windet, wird früher oder später leer ausgehen. Denn irgendwann hat niemand mehr Lust, für solch einen Undankbaren nette Worte zu finden. Wenn wir Anerkennung erfahren, beginnt das Gehirn Neurotransmitter zu produzieren, die Stress bekämpfen. Das wirkt positiv auf den Stoffwechsel, der Teint erscheint sofort rosiger, die Augen strahlen. Auch langfristig haben wir mehr davon: Ein Forscherteam der University of Michigan fand heraus, dass Hilfsbereitschaft und soziales Verhalten die Lebenserwartung entscheidend erhöhen.

»Ein Kompliment ist wie Benzin für einen Motor«, bestätigt auch die Wiener Psychologin und Psychotherapeutin Gerti Senger. »Die psychosozialen Grundbedürfnisse des Menschen werden befriedigt.« Was dazu führt, dass im Körper das Glückshormon Dopamin ausgeschüttet wird – und man sich zufrieden und zuversichtlich fühlt. Mehr noch: Es spornt an, zum Spender des Kompliments mehr Nähe herzustellen, was diesem wiederum gut tut. »Ein Geschenk kommt dann schnell zurück«, ist Gerti Senger überzeugt.

Komplimente können uns aber nicht nur anspornen, sondern mitunter auch verunsichern. An manchen Tagen reicht das Selbstbewusstsein kaum bis zur Kniekehle – und wenn einem dann der gut aussehende Typ am Tisch gegenüber zulächelt, dreht man sich erst mal um und schaut, wen er damit wohl gemeint hat. Damit man sich solche Chancen nicht entgehen lässt, beginnt man mit dem Komplimentemachen am besten jeden Tag bei sich selbst. Auch wenn es sich erst einmal albern anhört: Was spricht dagegen, sich morgens vor dem Spiegel mit einem »Gut siehst du aus!« zu ermuntern? »Stimmungsinduktion« nennen Psychologen diesen Weg, wie man sich selbst aktiv in einen Zustand guter Laune versetzen kann. Denn nur wer von sich und seiner Erscheinung überzeugt ist, kann auch empfänglich für Komplimente sein. Und lächelt sofort zurück – ohne sich vorher umzudrehen.

Hier ein Beispiel aus dem Arbeitsalltag: Der Unterschied zwischen »mir gefällt das« versus »das hast du gut gemacht« ist gravierend, weil »mir gefällt das« eine persönliche Aussage über mich ist. Bei »das hast du gut gemacht« ist es eine Aussage über den anderen und hebt den Sprecher in eine bewertende Position. Erstens kann sie als anmaßend empfunden werden und zweitens negative Reaktionen zur Konsequenz haben, da der Angesprochene nicht mehr auf den Inhalt des Gesagten reagiert, sondern auf die eigenmächtige Erhöhung desjenigen, der das Urteil abgibt. Ganz nach dem Motto: »Ich weiß, sehr geehrter Mitarbeiter, was gut und was schlecht ist im Gegensatz zu dir.« Man verliert die gleiche Augenhöhe.

In Anlehnung an das *Selbstbewertungsmodell* von Hans Heckhausen (Lehrbuch der Motivationspsychologie, 1980) hat die Ausprägung des Anerkennungsmotivs eines Mitarbeiters einen entscheidenden Einfluss darauf, welche Ziele sich ein Mitarbeiter setzt und welche Ursachen er Erfolg oder Misserfolg zuschreibt. Heckhausen geht davon aus, dass es zwei verschiedene Typen in der Selbstbewertung gibt: den »Erfolgszuversichtlichen« und den »Misserfolgsvermeider«. Dabei entspricht der »Erfolgszuversichtliche« nach Heckhausen einer Person mit einem gering ausgeprägten Anerkennungsmotiv nach der Theorie der 16 Lebensmotive. Analog ist der »Misserfolgsvermeidende« einem Menschen mit hoher Ausprägung des Anerkennungsmotivs zuzuordnen.

Selbstbewertungsmodell von Heckhausen

Welche Bedeutung hat die Tendenz zur Selbstbewertung und damit die Ausprägung des Annerkennungsmotivs nun auf Zielsetzung und Erfolgszuschreibung eines Mitarbeiters?

- Ein Mitarbeiter mit einem niedrig ausgeprägten Anerkennungsmotiv setzt sich in der Regel herausfordernde, aber erreichbare Ziele. Wenn er bei der Zielbearbeitung Erfolg hat, schreibt er diesen Erfolg seinen eigenen Kompetenzen zu, während er bei Misserfolg entweder von einer mangelnden Anstrengung seinerseits oder missgünstigen äußeren Rahmenbedingungen ausgeht. Diese Annahme bestätigt seinen positiven Selbstwert – schließlich hat er es seiner Ansicht nach selbst in der Hand, sich beim nächsten Mal noch stärker für die Zielerreichung einzusetzen.

- Ein Mitarbeiter mit einem hoch ausgeprägten Anerkennungsmotiv hingegen geht in der Regel entweder über- oder unterfordernde Ziele an. Wenn er Erfolg hat, sieht er diesen meist in günstigen Umständen begründet. Ein Misserfolg liegt für Menschen mit einem starken Anerkennungsbedürfnis hingegen ausschließlich an den nach eigener Einschätzung fehlenden Fähigkeiten und Fertigkeiten, nicht an ihren Anstrengungen – mit der Folge, dass sie sich selbst als das entscheidende Problem bei der Aufgabenbewältigung betrachten und der Selbstwert sinkt.

Aus diesen Selbstbewertungen lässt sich vor allem eine zentrale Empfehlung für den Umgang mit Mitarbeitern mit hoch ausgeprägtem Anerkennungsmotiv ableiten:

Verdeutlichen Sie einem Mitarbeiter mit stark ausgeprägtem Anerkennungsmotiv immer wieder, dass Anstrengung in der Zielerreichung entscheidende Bedeutung hat und der Misserfolg nicht ausschließlich auf seinen mangelnden Kompetenzen beruht.

Ein positives Selbstbild aufbauen

So können Sie Ihren Mitarbeiter dabei unterstützen, ein positives Selbstbild aufzubauen und zu erhalten. Eine solche Einstellungsänderung ist ein schwerer und langwieriger Prozess, aber er kann den Mitarbeiter dazu bringen, sich auf die Zielerreichung zu konzentrieren, ohne in einen Kreislauf hineinzugeraten, bei dem das negative Selbstbild durch jeden Misserfolg weiter bestätigt wird.

Schauen wir uns in diesem Zusammenhang noch andere Personenkonstellationen an: Zu Beginn einer Partnerschaft macht man in romantischer Verklärung noch überschwängliche Komplimente – so der Berliner Diplompsychologe Volker Drewes. Aber ist das nicht auch zutreffend zu Beginn einer beruflichen Partnerschaft mit dem neuen Kollegen oder Mitarbeiter, sei es als Kunde oder Dienstleister? Am Anfang sind wir meist positiv angetan, wollen der neuen Beziehung möglichst einen leichten Start verschaffen. Dann kommen die ersten Niederschläge und Enttäuschungen, Unterschiede werden erkennbar, Missinterpretationen sind die Folge.

Stephen R. Covey, der amerikanische Managementexperte, hat in seinem Buch *Die 7 Wege zur Effektivität* dafür eine wunderbare Metapher genutzt: *Das Emotionale Beziehungskonto*. Dies beschreibt, wie viel Vertrauen in einer Beziehung aufgebaut worden ist. Durch sogenannte Einzahlungen wird das Vertrauen in die Beziehung aufgebaut und bestärkt. Abhebungen hingegen führen dazu, dass das Vertrauen in einer Beziehung schrumpft und auf Dauer zerbricht.

Beziehungskonto

Auch wenn die Intention ist, in eine Beziehung aktiv einzuzahlen, kann es dazu führen, dass diese Einzahlung beim Empfänger nicht als solche registriert und verbucht wird. Dafür gibt es verschiedene Gründe. Ein Grund ist die Verwendung der falschen Währung, das heißt der Empfänger empfindet den Gefallen, den man jemandem macht, oder das Lob, das man ausspricht, nicht als eine Einzahlung.

Herr Chef möchte mit seinem Stellvertreter ein laufendes Projekt besprechen und lädt ihn zum Mittagessen in ein Fastfood-Restaurant ein. Je nachdem, wie dieser Stellvertreter in seiner Motivkonstellation aufgestellt ist, kann er diese Einladung als Einzahlung empfinden, zum Beispiel: »Mein Chef nimmt sich Zeit …«. Oder: »Na, endlich mal was anderes als immer nur das Büro oder ein Besprechungsraum …« oder »Prima, ich gehe gern zu …« Es kann aber auch sein, dass er die Einladung als absolutes »No go« ansieht: »Ein Fastfood-Restaurant ist alles andere als eine Wertschätzung meiner Person oder des Projekts«. Vielleicht hasst er auch einfach nur Fastfood.

Beispiel

Herr Chef hat die Einladung bestimmt mit guter Intention ausgesprochen, vielleicht wollte er einfach mal etwas anderes machen, das Schöne mit dem Nützlichen verbinden. Es kann aber auch sein, dass er einfach nur schnell etwas essen wollte. Diese Handlung lässt viel Interpretationsspielraum. Selbst wenn sie als eine Einzahlung in das Beziehungskonto gedacht war, kann sie als neutral oder Abhebung empfunden werden.

Wichtiges zu Lob und Anerkennung Lob und Anerkennung sind also immer spezifisch, situationsabhängig und motivorientiert zu sehen und zu nutzen. Einzahlungen auf das Beziehungskonto und dessen »Kontostand« werden immer vom Empfänger bewertet. Darüber hinaus gilt:

- Eine Abhebung wiegt dreimal so schwer wie eine Einzahlung.
- Die Währung muss die richtige sein. Was eine Einzahlung bei dem einen ist, bedeutet für den anderen eine Auszahlung, eine Abhebung.
- Bei einer Einzahlung muss man aufrichtig und konsequent sein.
- Fortwährende Einzahlungen führen mit der Zeit zu einem hohen Kontostand.
- Oft reichen auch kontinuierliche, kleine Einzahlungen, um eine Beziehung, egal ob beruflich oder privat, zu festigen und anzureichern.

So wie in Stephen R. Coveys Beispiel des Emotionalen Beziehungskontos verhält es sich auch mit Lob und Anerkennung in fast allen Lebenssituationen. Das bedeutet:

- Lob und Anerkennung müssen verstanden werden (richtige Währung).
- Sie sollten zeitnah erfolgen und zu dem gezeigten Verhalten, den erreichten Ergebnissen passen und damit persönlich ansprechen.
- Parallel zum Umgang mit Geld und Währung sollte vermieden werden, mit Lob und Anerkennung inflationär umzugehen.

Beim Thema »Lob« ist es immer wieder erstaunlich zu beobachten, wie gut wir sind, wenn wir die Leistungen von Kindern hervorheben und ihnen sagen, wie toll sie etwas gemalt, gebastelt oder vorgesungen haben – wobei das oft einfach nur dazu dient, die Kleinen zu bestärken, denn das Ergebnis ist oft alles andere als wirklich toll aus der Sicht des Erwachsenen. Auch im Umgang mit unseren Tieren finden wir dieses Phänomen: Der Hund, der das Stöckchen holt und zurückbringt, bekommt eine Streicheleinheit, viele wohlklingende Worte und ein Leckerli.

Natürlich reicht es nicht aus, einen Menschen, der eine sehr gute Leistung erbracht hat, mit einem Leckerli zu belobigen. Vielmehr braucht er die Wertschätzung, welche ein Zusammenspiel aus verschiedenen Faktoren ist. Ein Lob muss authentisch sein. Es sollte von Herzen kommen und auch so wahrnehmbar sein. Bevor Sie ohne Überzeugung oder nur aus strategischen Gründen loben, loben Sie lieber nicht.

Nachfolgend finden Sie ein paar Vorschläge, um erfolgreich im Loben und Anerkennen zu sein oder zu werden:

Vorschläge für Lob und Anerkennung

- Seien Sie genau, also in der Argumentation begründet und beschreibend. Das bedeutet, man muss genau hinsehen und hinhören, und allein das ist schon Wertschätzung.
- Loben Sie auf Augenhöhe. Nicht gönnerhaft, sondern respektvoll, in der Sprache, die der andere versteht.
- Geben Sie Lob und Anerkennung individuell, ohne zu vergleichen.
- Seien Sie gerecht. Sprechen Sie in der Ich-Form. Denn ein anderer könnte die lobenswerte Tat anders bewerten.
- Seien Sie sensibel für die Situation und die Person. Fragen Sie sich, ob Ihnen ein Urteil zusteht und ob die andere Person das Lob auch hören will.
- Vermeiden Sie angehängte Kritik, wie zum Beispiel: »Ihre Präsentation heute war sehr gut vorgetragen, alle hingen Ihnen an den Lippen, aber ...«
- Vermeiden Sie Phrasen wie »toll gemacht« oder »well done«, »Sie waren wie immer gut« etc.

- Loben Sie persönlich, nicht per E-Mail oder über eine dritte Person.

Nehmen Sie sich Zeit für Ihre Mitarbeiter. Sprechen Sie als Führungskraft mit Ihrem Mitarbeiter über den Weg, den er gewählt hat, um zu einem lobenswerten Ergebnis zu kommen. Dann fühlt er sich nicht nur wertgeschätzt, sondern auch angespornt, weiter gute Leistungen zu bringen, denn diese wird ja dem spezifischen Lob entsprechend wahrgenommen.

Anerkennung immer wieder neu

Überraschen Sie Ihre Teammitglieder mit abwechslungsreichen Anerkennungswegen. Diese müssen nicht immer mit Geld oder anderen materiellen Dingen verbunden sein. Wenn Sie die Vorlieben Ihrer Mitarbeiter kennen, dann kennen Sie auch die Wege zu ihnen hin, um Wertschätzung zu zeigen.

Unterschätzen Sie nicht die Wirkung, die Sie als Führungskraft auf Ihr Team haben. So, wie Sie beobachtet werden, wenn Sie Kritik für etwas aussprechen, was nicht gut gemacht wurde, wird auch gesehen, wenn Sie sich wirklich und aufrichtig für Ihre Mitarbeiter interessieren und ihre individuellen Beiträge anerkennen, ob unter vier Augen oder auch mal vor versammelter Mannschaft. Kritik sollten Sie übrigens immer nur unter vier Augen aussprechen, denn wer mag es schon, wenn seine Fehler publik gemacht werden.

Situation der Führungskraft

Das Fatale für die Führungskraft ist: Je höher sie in der Hierarchie steht, desto weniger Lob und Anerkennung erfährt sie selbst. Gleichzeitig vermindert sich mit dem Aufstieg das Bedürfnis, Lob und Anerkennung nach »unten« zu geben. Mit zunehmender Kompetenz verliert man den Blick dafür, welche kleinen Schritte lobenswert sind. Viele Dinge sind für die Führungskraft eine Selbstverständlichkeit, für andere aber nicht.

Zum Abschluss dieses Exkurses zum Thema Anerkennung möchten wir Sie auffordern, einen persönlichen »Beziehungskontostand« zu evaluieren:

Suchen Sie sich zwei Beziehungen aus Ihrem Leben (beruflich oder privat) aus. Markieren Sie auf einer Skala von −100 bis +100 die Stelle (Summe), von der Sie glauben, dass diese Beziehung dort derzeit steht. Es sollte sich dabei um eine Beziehung handeln, die Ihnen wichtig ist. Anschließend notieren Sie Dinge, von denen Sie glauben, dass die besagte Person diese als Einzahlung betrachten würde. Genauso verfahren Sie mit den Dingen, von denen sie glauben, dass die besagte Person diese als Abhebung ansehen würde.

Wenn Sie die Erkenntnis aus dieser Übung innerlich verankern, können Sie bewusster mit Einzahlungen umgehen und Abhebungen vermeiden. Wenn Sie nun noch sich selber bei der Kommunikation häufiger beobachten, um festzustellen, wo Sie noch facettenreicher werden und sich mit dem Thema Kommunikation (die Regeln des Senders und Empfängers) beschäftigen können, garantieren wir Ihnen, dass die Beziehung langfristig eine vertrauensvollere und bessere sein wird und somit auch zu einer Bereicherung Ihres Lebens führt.

TEIL 3

Motivorientiertes Führen in der Praxis

Interviews und Fallbeispiele

In diesem Kapitel lassen wir andere berichten. Wir haben als Autorenteam Menschen interviewt, die zum Thema Motivation und Führung nicht nur eine Meinung, sondern auch Erfahrungen gesammelt haben, die Ihnen Denkanstöße geben können. Im Folgenden finden Sie

- ein Gespräch mit Fred Schmidt, Leiter Personal und Organisationsentwicklung der QSC AG,
- einen Exkurs zu Persönlichkeit und Führung der Psychologin Dr. Mareike Hoffmann,
- einen Erfahrungsbericht des Motivationstrainers und Bergsteigers Steve Kroeger,
- ein Interview mit dem Sportpsychologen Lothar Linz.

Fred Schmidt – motivorientierte Führung bei der QSC AG

»Selbsterkenntnis ist eine wichtige Basis für effektive Kommunikation.«

Die QSC AG (QSC), Köln, bundesweiter Telekommunikationsanbieter mit eigenem Breitband-Netz, bietet Unternehmen aller Größenordnungen sowie anspruchsvollen Privatkunden die gesamte Palette hochwertiger Breitbandkommunikation an. QSC realisiert komplette Standort-Vernetzungen (VPN) inklusive Managed Ser-

Das Unternehmen

vices, betreibt Sprach- und Datendienste auf Basis des Next Generation Netzwerks (NGN) und stellt Standleitungen in verschiedensten Bandbreiten zur Verfügung – bis hin zu 400 Mbit/s per Richtfunk-Technologie. Darüber hinaus liefert der Netzbetreiber im Wholesale-Geschäft nationalen und internationalen Carriern, ISPs sowie markenstarken Vertriebspartnern im Privatkundenmarkt entbündelte DSL-Vorprodukte. QSC bietet ihre Leistungen nahezu flächendeckend an, erreicht mit dem eigenen Breitband-Netz allein über 200 Städte mit mehr als 40000 Einwohnern in Deutschland und beschäftigt derzeit 700 Mitarbeiter. QSC ist im TecDAX gelistet.

Der Telekommunikationsanbieter QSC AG durchläuft seit seiner Gründung im Jahre 2000 eine Entwicklung des dynamischen Wachstums und der schrittweisen Konzernbildung. Damit verbunden sind die stärkere Professionalisierung des Human Resources Management und der Aufbau einer strategisch wirksamen Personal- und Organisationsentwicklung. Ziel ist es dabei, ein auf Potenzialentfaltung ausgerichtetes Dienstleistungs- und Unterstützungsportfolio aufzubauen und nachhaltig zu verankern.

Einführung des Reiss Profile In diesem Zusammenhang wurde das Reiss Profile angewandt. Auf mehrere zweitägige Workshops verteilt, wurden insgesamt 80 Führungskräfte mit der Theorie und den Nutzungsmöglichkeiten im Unternehmensalltag vertraut gemacht. Aufbauend auf das individuelle Rückmeldegespräch mit einem Reiss Profile Master zu jeder einzelnen Motivstruktur wurden Gruppen-, Paar- und Einzelübungen durchgeführt. So bekamen alle im Unternehmen Zugang zum eigenen Motivmodell. Auf dieser Grundlage konnte man die Mitarbeiter entsprechend ihrer Motive passend auf Positionen in einem Projektteam unterbringen, motivspezifische Kommunikations- und Handlungsmaßnahmen entwickeln sowie aktuelle, auf Selbstbezogenheit beruhende Schwierigkeiten mit Mitarbeitern besser verstehen. Schließlich konnten neue, effektivere Ansatzpunkte zur Bewältigung erarbeitet werden. Das Vorgehen lieferte die Basis für eine neue Qualität in der Führungskräfteentwicklung.

Herr Schmidt ist Leiter der Personal- und Organisationsentwicklung des Unternehmens.

■ **Herr Schmidt, was heißt für Sie individualisiertes Führen?**

Interview
mit
Fred Schmidt

Individualisiertes Führen bedeutet für mich, Leistungs- und Entwicklungsziele passend auf die Person zuzuschneiden, die eine zu vereinbarende Leistung erbringen soll. Das Individuum muss hier verstanden werden als ein einzigartiges Bündel von Fähigkeiten und Deutungsmustern, dem ich mich in meiner Kommunikation anpassen muss, wenn ich eine optimale Leistung fördern möchte. Jeder Mensch pflegt einen eigenen Stil, mit Informationen umzugehen – dieses Grundwissen ist für mich als Führungskraft essenziell.

Wenn ich Ziele für eine Aufgabe formuliere, muss ich den Empfänger in seiner Einzigartigkeit berücksichtigen. Ich darf Ziele nicht ins »Off« formulieren, sondern muss an die Bedürfnislage desjenigen, der Ziele erreichen soll, ankoppeln. Ich muss seine Bedürfnisse sowie grundlegenden Werte berücksichtigen.

■ **Was genau meinen Sie mit Deutungsmustern?**

Mit Deutungsmustern meine ich die Gewohnheiten, die sich bei dem jeweiligen Mitarbeiter auf Basis seiner Haltungen und gelernten Überzeugungen etabliert haben, bezogen darauf, wie er mich zum Beispiel versteht – was er letztlich aus Umweltinformationen macht. Denken wir nur an die vier Seiten einer Nachricht: die Sachebene, Appellebene, Selbstoffenbarung und die Beziehungsebene. Gerade Letztere wird mit einer zunehmenden Tiefe immer komplexer und schwerer kontrollierbar. Kenne ich aber die Motivstruktur meines Mitarbeiters, so kann ich bestimmte Missverständnisse vermeiden oder zumindest verstehen und nach vorn gerichtete Gefolgschaft erzeugen. Ich bin in der Lage, viel unmittelbarer anzusprechen, zu erreichen und zu gestalten.

Aber den anderen besser verstehen ist nur die eine Seite von individualisiertem Führen. Die andere, vielleicht sogar noch grundlegendere Perspektive ist die, sich selbst zu kennen und zu verstehen. Die Führungskraft muss Kenntnis darüber haben, wie sie sich selbst gern steu-

ert. Wie verhalte ich mich, wenn ich an Performancegrenzen komme? Wie äußert sich Stress bei mir? Hier geht es nicht nur darum, erlerntes Verhalten zu kennen, sondern sich mit der eigenen emotional wirkenden Motivlage auseinanderzusetzen. Da muss man dann auch mal ehrlich mit sich selbst sein können, um blinde Flecken auszumachen.

■ Warum war die QSC offen für das Reiss Profile?

Wir haben ja bereits vorher über verschiedene Maßnahmen mit Markus Brand gesprochen und mit der Verhaltenspräferenzanalyse »Insights Discovery« gearbeitet und über diese Typologienlehre einiges an Bewusstsein für das Vorhandensein und den Wert von Diversität geschaffen. Damit wurde dem Management deutlicher gemacht, welchen Wert unterschiedliche Persönlichkeitsmerkmale für das Unternehmen haben können. Es wurde auch klarer, dass das Zusammenwirken dieser unterschiedlichen Persönlichkeiten ein noch unterschätzter Faktor war, sodass hier noch eine Menge nicht ausgeschöpftes Potenzial – aber auch Brennstoff – steckte. Und da es gut zu unserer Unternehmenskultur passt, Wärme durch Reibung zu erzeugen, wollten wir hier eine Ressourcenklärung unterstützen, die noch mehr Kernprägnanz erzeugt.

Die Erkenntnis war uns ja auch nicht neu, dass die Performance über Methoden gesteigert werden kann, die individuelle Stärken innerhalb des Unternehmens und einzelner Teams aktiviert. Das Reiss Profile erschien uns als das richtige Werkzeug, um hier nicht mehr nur an der Oberfläche zu kratzen, sondern »ans Eingemachte« zu gehen; zumal auch die Methode selbst als theoretischer Ansatz gut zum Wertekanon der QSC passt: Es geht weniger um Typisierung als um das Wirken jedes Einzelnen in seiner individuellen Motivstruktur. Gerade in der Botschaft von Respekt und Wertschätzung des Reiss Profile hat sich unser Topmanagement sehr gut wiedergefunden. Das war eine perfekte Ausgangssituation.

■ Was gab es für Reaktionen zu Beginn des Projektes?

Die Reaktionen schwankten zwischen den Extremen »Ablehnung« und »Begeisterung«. Dazwischen gab es wenig. Aber auch die Zweifler haben zum großen Teil sehr schnell einen Zugang zu der Thematik gefun-

den. Auch wenn man eigentlich mit der Frage »Wer bin ich?« nichts am Hut hat, lassen einen die gelieferten Antworten nicht kalt.

So waren das Reiss Profile und die individuellen Ergebnisse schon ein recht großes Thema und über das Wochenende der Trainingsmaßnahme hinaus nachhaltig. Viele, die ihre Ergebnisse zunächst angezweifelt oder sogar abgelehnt hatten, kamen mit der Zeit immer mehr ins Nachdenken und Reflektieren. Bei einigen haben sich hier schon ein paar Sperren gelöst und blinde Flecken erhellt. Zusätzlich hat die Dynamik im Unternehmen diesen Prozess extrem begünstigt.

■ Was waren direkte Folgen der Einführung des Reiss Profile?

Als wir unsere Profile in den Händen hielten, gab es zunächst eine hohe Begeisterung, später kam dann aber auch ein wenig »Katergefühl« auf. Die Lebensmotive und die Auseinandersetzung mit ihnen wirken sich in einer längerfristigen Reaktion aus. Zunächst nimmt man ausschließlich die als positiv empfunden Aussagen seines Profils wahr, beziehungsweise hält die eigene Sichtweise auf die Welt sowieso für die richtige. Aber dann kommen die »Aha-Momente«, in denen man sich fragt, ob es wirklich nur die eine Sicht auf die Dinge gibt. Die gibt es natürlich nicht, das ist ja eine der zentralen Botschaften, die wir den Lebensmotiven entnehmen können.

Hinzu kommt, dass man sich mit seinem Arbeitsumfeld vergleicht, was für den einen oder anderen sehr ernüchternd ist. Wenn der Wertekanon der QSC auf Respekt, Wertschätzung und Kooperation beruht, wie ist es dann möglich, dass ein relativ hoher Anteil der Führungskräfte stark vom Motiv der Macht getrieben wird? Viele fragten sich unausgesprochen: »Bin ich ein schlechter Mensch?«

Ein Mensch, der ein hohes Machtmotiv besitzt, wird viel Kraft dahingehend investieren, eine Position mit Entscheidungsbefugnis zu erringen. Dieser Fakt an sich ist für uns als schnell gewachsenes Unternehmen weder überraschend noch in irgendeiner Form als grundsätzlich schlecht zu bewerten. Die Frage ist aber: Wie gehe ich damit im Rahmen der stark auf ein »aufgeklärtes Netzwerk« hin ausgerichteten Unternehmensidee um? Welchen Wert hat dieses Wissen für die

Organisationsentwicklungsperspektive und für Themen wie »Stellver-treter-/Nachfolgeplanung« oder »Talentmanagement«?

Eine strukturierte Nachbereitung ist an dieser Stelle extrem wichtig, um den gewaltigen Wert, den das Reiss Profile für ein Unternehmen haben kann, zu nutzen. Verstehen wir ein Unternehmen als ein geschlossenes System, so bietet das Reiss Profile eine Intervention von außen, die einen ungeheuren Innovationsschub auslösen kann.

So wurde in unserem Unternehmen wieder viel stärker »Out of the Box« gedacht. Es wurde von allen sehr viel intensiver darüber nachgedacht, wer auf welchem Platz der Richtige wäre. Strukturen wurden in Frage gestellt, der Wert einer gemeinsamen Führungsidee wurde diskutiert und der Bedarf nach klareren Funktionen wurde offensichtlicher. Es wurde Raum geschaffen für sinnvolle Umstrukturierungen, wie zum Beispiel eine Umstellung der Mitarbeitergespräche.

- **Sie haben bereits über Kommunikation gesprochen.**
  An welchen Stellen hat sich die Kommunikation konkret
  verbessert?

Zunächst war die Selbsterkenntnis eine wichtige Basis für effektive Kommunikation: Ich bin ein Individuum und der andere auch. Jeder von uns verdient in seiner Einzigartigkeit Wertschätzung und unsere Haltung steuert unsere Wahrnehmung.

Aufbauend auf dieser Grundeinstellung hat sich eine hohe Dynamik entwickelt, die diese Philosophie mit Leben füllt. Ich möchte ein Beispiel anführen, das vielleicht zunächst banal klingen mag, aber nur stellvertretend für viele andere Situationen stehen soll, in denen die Lebensmotive den gegenseitigen Austausch gefördert haben.

In einer Gruppe wollten wir gemeinsam zu einem Termin fahren und waren im Begriff auf dem Parkplatz in ein Auto einzusteigen. Plötzlich entstand dort eine (durchaus witzige) Diskussion, wer wo sitzen sollte. »Geh du mit deinem Machtmotiv ruhig nach vorne, ich möchte mein Motiv der Teamorientierung befriedigen und setze mich nach hinten«, so wurde da argumentiert. Das Ganze erzeugte in dem Moment eine sehr

persönliche Atmosphäre, die gute Stimmung führte zu einem spieleri-
schen Umgang mit dem anderen. Ich möchte sogar so weit gehen, dass
sich eine gemeinsame Sprache herausbildete, die weit über diesen Mo-
ment hinaus Wirksamkeit entfaltete. Ich möchte mit dieser Geschichte
zeigen, dass viel positive Dynamik auf unterschiedlichen Ebenen ausge-
löst wurde und der persönliche Austausch über die individuellen Mo-
tivstrukturen bis in den Alltag vorgedrungen ist. Viele Führungskräfte
haben sich untereinander über ihre Lebensmotive ausgetauscht.

■ **Gibt es ein konkretes Beispiel, in dem das Reiss Profile eine**
  entscheidende Rolle für die Kommunikation gespielt hat?

Spontan fällt mir da eine Situation ein, in der es zu einer Eskalation
kam. Eine Führungskraft wurde bei einer Entscheidung übergangen,
was aber erst während eines Meetings herauskam. Als Reaktion verließ
diese Führungskraft unter lautem Protest und mit knallenden Türen
das Meeting. In einem anschließenden Gespräch besprachen wir die Si-
tuation mit Blick auf die eigenen Rollenerwartungen und die Motive, die
zur persönlichen Verletztheit geführt haben. Die Person hätte viel lieber
den klärenden Dialog gesucht, um die Meinungen der anderen im Raum
zu dieser Situation zu erfahren. Der starke Wunsch nach Kooperation
wurde hier aber zunächst nicht gelebt. In einem zweiten Anlauf hat die
Führungskraft diesem Wunsch dann entsprochen und dabei auch auf
das eigene Reiss Profile hingewiesen.

In der Art und Weise, wie wir es anwenden, steckt ja auch eine Erlaub-
nis, sich zu korrigieren und zu erklären. Verfügen die anderen um mich
herum über die nötigen Informationen, so kann ich mich viel leichter
selbst erklären.

■ **Also wurde über das Reiss Profile auch eine intensivere**
  Zusammenarbeit unter den Führungskräften gefördert?

Auf jeden Fall! Etablierte Cliquen haben sich in Frage gestellt, es hat
eine breitere Vernetzung stattgefunden. Einige haben das Unternehmen
aber auch bewusst verlassen, da sie für sich erkannt haben, dass sie
bestimmte Bedürfnisse in diesem Unternehmen nicht befriedigen konn-
ten. Was zunächst wie ein Negativaspekt aussehen mag, ist ganzheitlich

betrachtet eher ein weiterer Vorteil des Reiss Profile. Es hat an dieser Stelle bewusste Entscheidungen ermöglicht, deren Ausbleiben nur zu latenter Unzufriedenheit geführt hätte. Auf lange Sicht gesehen erhöht dies die Performance des Unternehmens. Einfach gesprochen: Es geht vielleicht ein Leistungserbringer, wenn dieser sich aber innerhalb des Unternehmens nicht ausleben kann, so wird er unzufrieden und gibt diese Unzufriedenheit auch weiter. Im Extremfall wirkt sich so etwas auf das gesamte Betriebsklima aus.

- **Wo sehen Sie weitere Ansatzpunkte, das Reiss Profile als Führungswerkzeug einzusetzen?**

Gelder zur Mitarbeitermotivation können mit dem Stichwort »Individuelles Incentivieren« sehr viel zielgerichteter eingesetzt werden. Über eine Teamaufstellung ist sehr gut zu erkennen, welche Ausgaben die kollektive Motivation wirklich fördern.

Wollen die Mitarbeiter ihre Neugier durch Seminare befriedigen oder lieber die Gemeinschaft durch gemeinsame Veranstaltungen oder Sozialräume erleben? Motiviert sie eine Investition in die Kantine, da sie ein hohes Essensmotiv besitzen oder wollen sie ihr Bedürfnis nach Familie beispielsweise durch eine unternehmensinterne Kinderbetreuung gestillt sehen? Auch im internen Coaching stellt das Reiss Profile eine sinnvolle Ergänzung dar.

- **Welcher Mitarbeiter hat sich besonders entwickelt / verändert?**

Ein Mitarbeiter hat sich unter anderem auf Basis seiner Motivstruktur entschlossen, eine Elternteilzeit (Viertagewoche) in Anspruch zu nehmen, da er feststellen musste, dass er seine Motive nicht zu 100 % in seiner aktuellen beruflichen Lebenswelt entfalten kann. Interessant für uns ist dann doch, tatsächlich zu beobachten, dass er in der verbliebenen Arbeitszeit eine wesentlich höhere Leistung erzielt, als das vorher der Fall war.

Auch ich selbst habe meine Tätigkeit innerhalb des Teams optimieren können. Während ich eher den Wunsch habe, Neues zu erschaffen und in die Tat umzusetzen, nimmt eine andere Person im Team die Funktion des eher stabilisierenden Beraters wahr. Wenn wir ein Zug wären, dann schaufle ich sozusagen die Kohlen und sorge gerne für Geschwindigkeit, die andere Person begrüßt die Fahrgäste. Diese bewusste Aufteilung war eine direkte Folge der Auseinandersetzung mit dem Reiss Profile und für uns stimmig und vor allem mit relativ hoher Geschwindigkeit auf der bewussten Selbsterfahrungsebene machbar. Ein anderes Teammitglied dient dann wiederum als Sparringspartner, um mich zu reflektieren, herauszufordern und auch mal zu bestätigen. Die Qualität der Zusammenarbeit wurde so enorm erhöht.

Dr. Mareike Hoffmann – Mitarbeiterführung aus personalpsychologischer Sicht

>*»Effektive Führung entsteht erst*
>*im Auge des Mitarbeiters.«*

Dr. Mareike Hoffmann schloss ihr Studium der Psychologie an der Universität zu Köln ab und promovierte anschließend im Bereich Wirtschaftspsychologie. Innerhalb ihrer Forschung und wissenschaftlichen Arbeit beschäftigt sie sich vor allem mit den personalpsychologischen Aspekten der Wahrnehmung von Führungspotenzial bei Menschen. Dabei geht sie auch der Frage nach, wie gängige Stereotypen die Zuschreibung von Führungsstärke beeinflussen. Außerdem untersucht sie verschiedene Facetten der sozialen Verantwortlichkeit von Unternehmen (Corporate Social Responsibility), beispielsweise wie sozial verantwortliches Handeln eines Unternehmens die Wahrnehmung potenzieller Bewerber beeinflusst.

■ **Was ist der aktuelle wissenschaftliche Stand zum Thema Persönlichkeit und Führung?**

Auch wenn es aus der unternehmerischen Praxis heraus einen enormen Bedarf an einfachen Führungstheorien oder persönlichkeitsbasierten Determinanten von Führungserfolg gibt, kann die Wissenschaft diesen

Interview mit Dr. Mareike Hoffmann

auf Basis der bisherigen Ergebnisse kaum bedienen. Stand heute ist, dass das Rezept für erfolgreiche Führung nicht mit ein paar wenigen Persönlichkeitseigenschaften als Hauptzutaten auskommt, sondern viele Variablen mit hereinspielen. Obwohl einige Eigenschaften, die in einem Zusammenhang mit Führungserfolg stehen, identifiziert wurden, reicht es nicht aus, allein diese zu kennen. Als wichtige Eigenschaften haben sich überdurchschnittlich hohe kognitive Fähigkeiten, soziale Kompetenzen (Kommunikationsgeschick, gutes Sozialverhalten, Flexibilität in Bezug auf neue Menschen und Situationen) und eine ausgeprägte Leistungsmotivation herauskristallisiert. Von den Big Five der Persönlichkeitsdimensionen haben sich eine ausgeprägte Extraversion und emotionale Stabilität als förderlich erwiesen. Darüber hinaus ist es jedoch wichtig zu bemerken, dass effektive Führung von einer Vielzahl weiterer Einflussfaktoren abhängt, beispielsweise von dem konkreten Zusammenwirken dieser Eigenschaften, von der Situation, dem Führungsstil, den Mitgliedern des Teams, Gruppenvariablen wie beispielsweise dem Klima oder dem Zusammenhalt in der Gruppe usw.

- **Transformationale Führung scheint auf dem Vormarsch zu sein. Was sind demnach die wichtigsten Faktoren für erfolgreiche Führung?**

In der Tat kann man die Theorie der transformationalen versus transaktionalen Führung als die derzeit populärste Führungstheorie bezeichnen. Zwischen der charismatischen und der transformationalen Führung bestehen inhaltlich kleinere Unterschiede, meist werden die beiden Begriffe jedoch synonym verwendet. Die Theorie der transformationalen Führung ist im Kern ein eigenschaftstheoretischer Ansatz, der den Charakteristiken von Führungskräften eine bemerkenswerte Renaissance verschaffte.

Nachdem in der Geschichte der Führungsforschung eine Erklärung von Führungserfolg weder allein durch konkrete Eigenschaften der Führenden noch durch spezifische Führungsstile oder durch situative Faktoren gelang, stehen heute Modelle im Vordergrund, die mehrere dieser Faktoren integrieren. So auch die Theorie der transformationalen Führung. Diese geht in ihrem Ursprung auf eine Publikation von Weber aus dem Jahre 1947 zurück, der Führungserfolg vor allem auf die Wahrneh-

mung der Führungsperson als Person besonderer Qualität zurückführte. Charisma wird in modernen Ansätzen als ein Konstrukt verstanden, welches sich in bestimmten Situationen in ein bestimmtes Verhalten des Führenden übersetzt. Kernpunkt dieses Ansatzes ist, dass Mitarbeiter das Verhalten ihrer Führungskraft als außergewöhnlich und herausragend wahrnehmen. Infolgedessen identifizieren sie sich mit ihrer Führungsperson und betrachten sie als Vorbild, sie internalisieren deren Werte und Ziele und lenken ihre Ressourcen und Energien auf die Ziele der Führungskraft.

■ **Charisma scheint für erfolgreiche Führung ein wichtiger Faktor zu sein. Welche Faktoren tragen außer Charisma zur erfolgreichen Führung bei?**

Grundsätzlich ist die Fokussierung auf Charisma als relevante Führungseigenschaft nicht als Rückfall in einen simplen monokausalen Erklärungsansatz zu verstehen. Auch ist Charisma nicht als EINE Eigenschaft zu verstehen. Vielmehr besteht charismatische Führung aus einem Zusammenspiel zwischen den Eigenschaften des Führenden wie Extraversion und Verträglichkeit, Selbstvertrauen, prosoziale Durchsetzungskraft, Kreativität, Entscheidungsfreudigkeit, Einfühlungsvermögen, etc. und bestimmten Verhaltensweisen, wie die individuelle Berücksichtigung der Untergebenen, inspirierende Motivation, ausdrucksstarke Kommunikation, Eingehen persönlicher Risiken, Aussprechen von Vertrauen in die Geführten, intellektuelle Stimulation etc. Letztendlich entsteht eine gute Führungsbeziehung in diesem Sinne erst durch das Verhältnis von Mitarbeiter und Führendem.

■ **Können Führungskräfte dies für sich nutzen? Kann man Charisma lernen?**

Lange Zeit ging man davon aus, dass Charisma etwas ist, was eine Person hat oder eben nicht. Dann würde es aber nur wenigen herausragenden Persönlichkeiten vorbehalten bleiben, etwas zu bewegen. In der Realität gibt es natürlich ein paar berühmte Beispiele außergewöhnlicher Führungspersönlichkeiten wie etwa Steve Jobs, Esteé Lauder oder Barack Obama, jedoch es gibt auch viele sehr gute Führungskräfte außerhalb des Scheinwerferlichts. Insofern ist man von dieser engen De-

finition heute weg und geht vielmehr davon aus, dass Menschen ihre Führungsfähigkeiten durchaus verbessern können. Charismatische Führer sind in der Regel selbstbewusste Personen, die über klare Visionen verfügen, hohe Standards für sich selbst und andere haben, unkonventionelle Verhaltensweisen zeigen und sich in Veränderungsprozessen als treibende Kraft beweisen. Wenn sich eine Person über eine gewisse natürliche Begabung hinaus mit den wichtigsten Führungskonzepten vertraut macht und gezielt an ihren Schwachpunkten arbeitet sowie ihre Stärken immer weiter ausbaut, ist gute Führung sicherlich bis zu einem bestimmten Grad erlernbar.

■ Warum ist individualisiertes Führen so wirksam?

Wie schon erwähnt kann eine Führungsperson ein Team nur dann erfolgreich führen, wenn eine bestimmte Beziehung zu den Mitarbeitern gepflegt wird. Dazu gehört zum einen, dass die Führungskraft engagiert und mit gutem Beispiel die Teamziele verfolgt, dazu gehört aber auch, dass die Führungskraft mit ihrer Art zu führen und mit den eingesetzten Führungsinstrumenten auf die Persönlichkeiten und Bedürfnisse ihrer Mitarbeiter eingeht. Dies ist natürlich nicht ganz einfach. Gerade Führungskräften mit ihren vielfältigen und komplexen Rollen und teilweise sehr abstrakten Aufgaben gelingt es im Berufsalltag oftmals nicht, ihren Geführten mit der nötigen Aufmerksamkeit zu begegnen. Dennoch ist die individuelle Berücksichtigung der Eigenschaften und Motive der Untergebenen ein unerlässlicher Bestandteil von effektiver Führung, da eben diese erst sozusagen im Auge des Mitarbeiters entsteht.

Grundsätzlich gibt es verschiedene Wege zu individualisiertem Führen. Grundlegend ist natürlich, dass man sich in irgendeiner Weise über die Gefühle und Befindlichkeiten der Mitarbeiter informiert. Da hilft es oftmals schon, sich ein wenig Zeit zu nehmen und sich in aktivem Zuhören zu üben. Wichtig ist hierbei, dass Sie sich als Führungskraft den Gewinn/Gewinn-Aspekt dieser Zeit deutlich machen. Ihre Mitarbeiter gewinnen, weil sie das Gefühl haben, pro-aktiv ihre Arbeitssituation und ihre Beziehung zu ihrem Vorgesetzten zu gestalten, und Sie selbst gewinnen, weil einfühlende Kommunikation das Guthaben auf dem Beziehungskonto vermehrt und Sie Ihren Führungsstil besser an den aktuellen Bedürfnissen der von Ihnen Geführten ausrichten können.

*Seien Sie also interessiert und versuchen herauszufinden, was Ihre Mit-
arbeiter momentan wirklich bewegt.*

■ **Reicht es also, wenn ich als Führungskraft meinen
Mitarbeitern einfach besser zuhöre?**

*Nein, für wirklich gute Führung kann dies nur ein erster Schritt sein.
Darüber hinaus ist es für eine Führungskraft wichtig zu wissen, durch
welche Grundbedürfnisse und Motive sich ihre Mitarbeiter von ihrer
Persönlichkeit her auszeichnen. Solch ein Wissen über andere Menschen hilft auf vielerlei Weise. Die Einsicht über die intrinsischen Motive
und die stabilen Bedürfnisse von Personen hilft zu erkennen, warum
Menschen auf eine bestimmte Art und Weise denken, empfinden und
handeln. Ein wissenschaftlich fundiertes und praktikables Instrument,
mit dem individuelle Motivstrukturen diagnostiziert werden können,
ist das Reiss Profile. Durch Erkenntnisse, die mithilfe des Reiss Profiles gewonnen werden können, kann eine Führungsperson nicht nur
mit kurzfristigen Anliegen und Erfordernissen spezifischer Situationen
umgehen, sondern langfristig die Bedürfnisse ihrer Mitarbeiter befriedigen und so dauerhaft deren Arbeitszufriedenheit und Commitment
steigern.*

Steve Kroeger – Expedition zum persönlichen Gipfel

>»Das Reiss Profile hat es mir erlaubt,
>die Menge meines Eigentums
>auf ein paar Taschen zu reduzieren.«

Als Motivationstrainer und Professional Speaker motiviert Steve
Kroeger Menschen und verhilft ihnen zu ihren persönlichen Gipfeln. Ob es um die eigene Fitness, die Motivation von Mitarbeitern
oder um das Erweitern der eigenen Grenzen geht, Steve Kroeger
kennt die Strategien, mit denen selbst große Ziele erreichbar werden. Er sagt über sich: »Das Reiss Profile hat mich dabei unterstützt herauszufinden, wer ich bin und was mich ›kickt!‹«

Mit seinem Projekt »7 Summits« gehört er mit Sicherheit zu den visionärsten Trainern auf dem internationalen Markt. Er hat sich zum Ziel gesetzt, die sieben höchsten Berge unserer Kontinente zu besteigen. 2013 möchte er die Tour mit der Besteigung des Mount Everest, dem höchsten Berg der Welt, beenden und zu den ersten zehn Deutschen gehören, die diese Herausforderung gemeistert haben.

<table>
<tr><td>

Interview mit Steve Kroeger

</td><td>

■ **Sie führen Menschen zu ihren persönlichen Gipfeln – wie gelingt Ihnen das?**

</td></tr>
</table>

Mit der von mir entwickelten »7-Summits-Strategie« begleiten mein motivationTEAM und ich unsere Klienten zu ihrem persönlichen Gipfel. Die 7-Summits-Strategie besteht aus sieben Prinzipien. Das erste Prinzip davon lautet: Erkenne Deinen persönlichen Gipfel. Der persönliche Gipfel ist ein individuelles Ziel, für das es sich zu kämpfen lohnt. Ein Traum, der Sie zu Bestleistungen motiviert. Ein Ziel, welches Sie »kickt!«. Denn nur, wenn das Ziel stark genug ist, sind Sie in der Lage Ihre Bestleistung abzurufen. Ein mittelmäßiges Ziel gibt uns nicht die Power, die wir benötigen, um Rückschläge hinzunehmen. Vielleicht reicht die Kraft, um zwei- oder dreimal wieder aufzustehen, aber danach schmeißen wir das Handtuch. Um die nötige Ausdauer für den »großen« Gipfelanstieg aufzubringen, brauchen wir den großen Erfolg vor Augen. Ich selber käme nie auf die Idee, mich mit den 4000ern in den Alpen zufrieden zu geben. Erst bei dem Gedanken an die höchsten Gipfel unserer Kontinente werde ich wach. Hohe Ziele provozieren einen Adrenalinschub in Ihrem Körper, der Sie im wahrsten Sinne des Wortes Berge versetzen lässt.

Als Personal Coach arbeite ich seit zehn Jahren mit Klienten, die über Jahre hinweg einen Gipfel besteigen und auf dem Weg dorthin feststellen, dass es gar nicht ihr persönlicher Gipfel ist. Sie verfolgen Ziele, die nicht ihre eigenen sind. Jeden Tag investieren sie viel Kraft und Zeit und trotzdem bleibt die wirkliche Zufriedenheit aus. An dieser Stelle werden zwei Dinge wichtig: Erstens der Mut zum Umdrehen und zweitens die Klarheit über den wirklichen »persönlichen Gipfel«.

Als Reiss Profile Master nutze ich die Visualisierung der 16 inneren Antreiber, um mit meinen Klienten zu erarbeiten, welcher persönliche

Gipfel als Nächstes bestiegen wird und, was mindestens genauso wichtig ist, auf welche Art und Weise. Erkenne Deinen persönlichen Gipfel – wenn er »kickt!«, bist Du richtig!

■ Wie hilft Ihnen Ihr Reiss Profile in der Selbstführung und -motivation?

Als kleines Kind saß ich auf der Rückbank bei meinem Vater im Auto, der mich fragte: »Was willst du später mal werden?« *Ich konnte es damals nicht formulieren, aber ich hatte zwei Bilder im Kopf: In dem ersten Bild habe ich mich gesehen, wie ich einen Vortrag halte und in dem zweiten Bild habe ich Berge mit schneebedeckten Gipfeln gesehen. Mit der 7-Summits-Tour, die 2013 mit der Besteigung des Mount Everest, dem höchsten Berg der Welt, endet, lebe ich meinen Traum! Ich glaube daran, das jeder mehrmals im Leben die Chance bekommt seinen Traum zu leben. Und ich glaube daran, dass jeder in der Lage ist, dies zu tun. Mein persönliches Reiss Profile hat mir einen starken Impuls dazu gegeben. Es hat mir genau das bestätigt, was ich immer als meinen Traum in mir getragen habe: Frei zu sein!*

Mir wurde klar, dass die 7-Summits-Tour meine Lebensmotive befriedigt. Dementsprechend habe ich 2007 den Beschluss gefasst, den jeweils höchsten Berg aller Kontinente zu besteigen. Um mich frei zu fühlen, habe ich die Menge meines Eigentums so weit reduziert, dass es in zwei Seesäcke und drei Sporttaschen passt. Bei meinem extrem geringen Sammel- und Sparmotiv (−2,00) ist Besitz für mich Ballast. Nicht nur beim Bergsteigen, sondern auch im täglichen Leben.

Die körperlichen Anforderungen, die diese Tour an mich stellt, steigen von Berg zu Berg und gipfeln bei der Besteigung des Mount Everest. Mein Streben nach meiner persönlichen körperlichen Höchstleistung (Körperliche Aktivität +2,00) kann ich beim Höhenbergsteigen optimal ausleben.

Höhenbergsteigen ist für mich Abenteuer, Abwechslung und Adrenalin. Auf jeden Berg muss ich mich anders einstellen. Neben den körperlichen steigen auch die mentalen Anforderungen. Die An- und Abreise stellen jedes Mal eine organisatorische Herausforderung dar. Die Konfrontation mit anderen Kulturen erfordert geistige Flexibilität. Routine ist für mich eins der schlimmsten Dinge, die ich mir selber antun kann. Um mich frei zu fühlen, suche ich die Herausforderung im Unbekannten (Emotionale Ruhe −1,70), und egal, was dort passiert, ich kann nur gewinnen!

Durch das Bereisen der unterschiedlichen Kontinente wie zum Beispiel Afrika treffe ich auf Menschen, die 365-mal im Jahr aufwachen und nicht wissen, was sie essen sollen. Sie haben nichts von dem, was uns wichtig erscheint, wie große Autos, extravagante Kühlschränke oder Krankenversicherungen. Aber sie haben etwas, was wir im Alltag häufig nicht haben: ein Lächeln im Gesicht. Mir wurde klar, dass wir Menschen in Deutschland gerne auf hohem Niveau jammern, und mir wurde klar, dass es mir ein Bedürfnis ist, Menschen in den ärmeren Kulturen zu unterstützen (Idealismus +1,6). Als Vermittler und Multiplikator kann ich Aufmerksamkeit für die Situation in anderen Kulturen erzeugen. Im Sommer 2010 wird beispielsweise durch den Kölner Domspitzen e.V. und Streetkids International ein Waisenhaus in Tansania eröffnet, wofür einer meiner Klienten 50000 Euro zur Verfügung gestellt hat.

- **Sie bereiten Teams vor und steigen mit ihnen auf die höchsten Gipfel unserer Kontinente, zum Beispiel den Kilimanjaro. Wie gelingt es Ihnen, die verschiedenen Persönlichkeiten auf ein Ziel hin auszurichten?**

Das zweite Prinzip in der von mir entwickelten 7-Summits-Strategie lautet: Kreiere Dein Expeditions-Team. Für einen Gipfelanstieg benötigen Sie ein auf ein konkretes Ziel hin ausgerichtetes Team. Wenn ich gemeinsam mit meinem motivationTEAM die Teilnehmer auf die Besteigung vorbereite, dann ist uns neben der körperlichen und mentalen Vorbereitung jedes Teilnehmers auch die Förderung des Teamgedankens fundamental wichtig. Eine erfolgreiche Besteigung ist mit einem Team um ein Vielfaches leichter oder vielleicht dadurch erst möglich. Während der Vorbereitungszeit erarbeite ich mit jedem Teilnehmer die Motivation, die ihn persönlich auf den Gipfel treibt. Das heißt, dass Einzelgespräche zu Beginn eine zentrale Rolle spielen.

In den gemeinsamen Vorbereitungsseminaren bespreche ich dann mit allen Teilnehmern ihre Reiss Profiles, damit jeder Teilnehmer Klarheit

über die Motive der anderen erhält. Jeder formuliert für sich und er-
läutert im Anschluss den anderen Teilnehmern eine Art persönliche
»Pflegeanleitung«, um bei dem angestrebten Ziel seine individuelle
Bestleistung abrufen zu können. Das Team als Ganzes erkennt über die
Darstellung des Teamprofils sehr schnell, welche tragenden Gemeinsam-
keiten und welche Unterschiede und möglichen Risiken und Chancen
die Gemeinschaft charakterisieren.

Das Ergebnis: Individuell motivierte Teammitglieder und ein Team, wel-
ches entschlossen ist, gemeinsam Grenzen zu erweitern.

- **Was kann eine Führungskraft von Ihnen als Motivationstrainer lernen?**

Die Klarheit über ihre eigenen Antreiber! Denn nur, wenn sich Füh-
rungskräfte der Motive ihres Handelns bewusst werden, sind sie in der
Lage, ihre eigenen und die Potenziale ihrer Mitarbeiter voll auszuschöp-
fen. Die Aufgabe einer Führungskraft ist es, zu verstehen, dass sich die
Lebensmotive von Mitarbeiter zu Mitarbeiter unterscheiden.

Führungskräfte sind dafür verantwortlich, ein Arbeitsumfeld zu kreie-
ren, welches ihren Mitarbeiten die Möglichkeit bietet, ihre eigenen PS
auf die Straße zu bringen, um im Arbeitskontext persönliche Bestleistung
abzurufen. Wenn sich jemand mit einem unaufgeräumten Schreibtisch
wohl fühlt, muss sich der Chef mit hohem Ordnungsmotiv nicht aufre-
gen. Individualisierte Führung ist der Schlüssel zum Erfolg! Erkennen
Sie den persönlichen Gipfel Ihrer Mitarbeit. Wenn er Ihren Mitarbeiter
»kickt!«, sind Sie richtig.

Auf meiner Website www.stevekroeger.com finden Sie Anregungen, wie
auch Sie mit der 7-Summits-Strategie Ihren persönlichen Gipfel errei-
chen.

Lothar Linz – Erkenntnisse eines Sport-Psychologen

»Jeder muss genug,
nicht gleich viel, bekommen.«

Lothar Linz schloss 1992 sein Studium der Psychologie in Bochum ab und arbeitete anschließend als wissenschaftlicher Mitarbeiter an den Universitäten Bochum und Hagen. Ab 1995 praktizierte er als Psychotherapeut und absolvierte Weiterbildungen in Psychosynthese, Systemtherapie, Atemtherapie und Wingwave-Coaching. Der Leistungssport begleitete Lothar Linz bereits seit seiner Kindheit, als er seine Leidenschaft für Tennis entdeckte. 1997 gründete er SportsGeist, ein sportpsychologisches Beratungsbüro, mit dem er die deutsche Herren-Hockey-Nationalmannschaft zum Weltmeistertitel 2002 und zur Olympia-Bronze-Medaille 2004 sowie die Damen-Mannschaft zum Europameistertitel 2007 begleitete. Er betreute nicht nur den Taekwando-Nationalkader, den Bundesliga-Eishockeyclub Kölner Haie und die Damen-Handball-Bundesligamannschaft des Bayer 04 Leverkusen, sondern auch Olympiasieger wie Britta Heidemann (Fechten) und die Paralympics-Siegerin Andrea Eskau (Handbike). In seiner Karriere hat er Einzelsportler und Mannschaften aus 30 Sportarten betreut und ist damit einer der erfahrensten Sportpsychologen Europas.

Interview mit Lothar Linz

■ **Wie kann man in der psychologischen Betreuung der Sportler deren Individualität berücksichtigen?**

Zunächst einmal kommt ja jeder Sportler mit seinem ganz persönlichen, individuellen Anliegen. Diese Anliegen hängen dann meist mit der Situation des Sportlers oder mit seiner Persönlichkeit zusammen – also zum Beispiel, dass er unter dem Wettkampfstress leidet. Andere wiederum fühlen sich im Wettkampf kaum gestresst und haben andere Sorgen oder Ängste. Zunächst einmal muss ich also genau erfassen, worum es geht. Und anschließend muss ich schauen, wie ich den Sportler individuell betreuen kann – worauf er anspricht, was er braucht. Mit einem Schema F, das ich jedem überstülpe, funktioniert die Betreuung nicht. Meist finde ich im Beratungsgespräch heraus, was seine Situation ist und was passieren muss, damit der Sportler das Gefühl hat, besser zu werden.

*Dann suchen wir gemeinsam nach Lösungen, die für ihn praktikabel
sein könnten. Der Athlet soll sie einfach ausprobieren und schauen, was
davon für ihn funktioniert. Im Beratungsprozess arbeite ich viel syste-
misch, vor allem mit der Aufstellungsmethodik. Aber es gibt auch diag-
nostische Instrumente, die ich bei Bedarf einsetze – die Talentdiagnostik
der Uni Potsdam beispielsweise. Oder eben auch das Reiss Profile.*

■ **Welches Schlüsselerlebnis hat Sie dazu gebracht, die
Individualität des Sportlers in den Mittelpunkt der
Beratung zu stellen?**

*Das mag kurios klingen – aber das habe ich schon in meiner Familie
gelernt. Wir sind vier Kinder – und so habe ich schon früh erlebt, dass
wir zwar viele Gemeinsamkeiten hatten, aber gleichzeitig auch sehr unterschiedlich waren. Auch mir selbst war es immer wichtig, in meiner
Familie als Individuum gesehen zu werden.*

■ **Auf welchen Ebenen unterscheiden sich Menschen?**

*Da gibt es klassische Ebenen, die ja heute auch schon sehr populär sind.
Zum Beispiel die Form der Ansprache – also die visuellen, taktilen, au-
ditiven oder kommunikativen Typen.*

*Vor allem im Mannschaftssport erlebe ich aber immer wieder, wie un-
terschiedlich Menschen sind, wenn wir uns auf gemeinsame Ziele, Werte
und Regeln einigen müssen. Dabei ist es wichtig, dass jeder gehört wird
und die Gruppe gemeinsam überlegt, wie sie mit abweichenden Meinungen umgeht, damit keine Gleichmacherei entsteht.*

*Motivation ist genauso individuell: Man muss schauen, was den Ein-
zelnen motiviert, wie und wodurch er sich motivieren kann. Das hat
zum einen was mit den Motiven, zum anderen aber auch mit dessen
Ansprache zu tun. Ein Trainer sollte sich also genau überlegen, wer
wie viel Führung, Selbstständigkeit oder Kreativitätsspielraum braucht.
In der Damen-Handballmannschaft des Bayer 04 Leverkusen gibt es
beispielsweise eine Spielerin, die auch im Nationalteam spielt. Obwohl
sie das von ihrem Ansehen in der Mannschaft und ihrer Leistung her
gekonnt hätte, wollte sie nicht die Führung der Mannschaft als Kapitän*

übernehmen. Sie hatte zwar durch ihren kämpferischen Einsatz eine Vorbildfunktion, wollte aber formal nicht mehr Verantwortung übernehmen. Ihr Machtmotiv war auch mit − 2 extrem gering ausgeprägt – es hatte also keinen Sinn, sie in eine Führungsrolle zu drängen. Dementsprechend haben wir in unseren Beratungsgesprächen gemeinsam nachgedacht, wie sie der Mannschaft auf eine andere Art und Weise am besten dienen kann.

Ein anderes Beispiel ist ein Fußballer, der ein hoch ausgeprägtes Status- und Anerkennungsmotiv hat. In einer Sportart wie Fußball und Eishockey, in der man extremen Meinungsschwankungen der Presse und Öffentlichkeit ausgesetzt ist, ist das natürlich problematisch. Spitzensportler werden beispielsweise in Fanforen regelrecht »durchgeprügelt«. Wir haben dann in unserem Beratungsgespräch besprochen, wie er damit umgehen kann. Zum einen geht es darum, die Informationen zu filtern – in diesem Fall, Fanforen zu meiden. Zum anderen, Bezugspersonen zu definieren, auf deren Meinung er Wert legt. Auch er selbst ist seitdem für sich eine Anerkennungsperson: Er schreibt nach jedem Training und jedem Wettkampf zehn gute Momente in ein eigens dafür angelegtes Buch. Diese Form der Eigenanerkennung schafft eine Stabilität, die unabhängig von der aktuellen öffentlichen Meinung über ihn ist.

■ **Wie sollte sich ein Trainer, der nicht Psychologe ist, auf die Individualität seiner Spieler einstellen?**

Der erste Schritt ist zu erkennen, dass es erlaubt ist, Spieler individuell zu behandeln. Während er beispielsweise in der Leichtathletik ein Teammitglied für die Weltmeisterschaft vorbereitet, trainiert ein anderer für die Qualifikation der Vereinsstaffel. Es muss erlaubt sein, dass ein Trainer dem Star mehr Zeit widmet und ihn anders anspricht. Manchmal kommt aus der Mannschaft der Vorwurf, der Trainer sei nicht gerecht. Wenn er dann das Gefühl bekommt, alle gleich behandeln zu müssen, ist er auf einem schlechten Pfad. Die Devise lautet: Jeder muss genug, nicht gleich viel bekommen. Nicht jeder braucht das gleiche Maß an Zuwendung – manche wollen auch weniger »betüddelt« werden als andere.

Im zweiten Schritt sollte sich der Trainer überlegen, wie er die Individualität im Training vor und während des Wettkampfes berücksichtigen kann. Selbst wenn er kein wissenschaftliches Tool wie das Reiss Profile hat, ist es das Einfachste, sein Gegenüber zu fragen: »Wie wirkt es auf dich, wenn ich dieses oder jenes mache? Was tut dir eigentlich gut? Kriegst du eigentlich mit, was ich sage?« – also ganz banale, aber trotzdem elementare Fragen. Und wenn dann der Sportler sagt, dass es ihn total runterzieht, wenn der Trainer mit verschränkten Armen am Mattenrand oder auf der Trainerbank sitzt, kann er sich überlegen, wie er das anders macht. Ähnliches gilt auch für den Mannschaftssport: Über Christoph Daum kann man meinen, was man will; doch als er mir einmal erzählte, er führe mit jedem Spieler erstmal ein längeres Gespräch, fand ich das sehr gut. Dirk Bauermann, der Trainer der deutschen Basketball-Nationalmannschaft, geht sogar zu den Spielern nach Hause, um sie in ihrem Umfeld zu erleben. Dort sind sie am entspanntesten und er sieht die Individualität des Sportlers besonders gut.

■ **Wie kann die Individualität eines Menschen innerhalb einer Mannschaft berücksichtigt werden?**

Man bewegt sich ja bei Teams immer im Spannungsfeld der Bedürfnisse der Gemeinschaft und der Bedürfnisse des Einzelnen. Der Fußballer Ailton ist für mich ein klassisches Beispiel, wie es nicht funktionieren kann – von ihm kommt der Spruch: »Ailton gut, alles gut.«

Natürlich brauchen Mannschaften einen Stürmer mit persönlichem Ehrgeiz, der scharf darauf ist, ein Tor zu machen. Andererseits sollte er nicht primär daran interessiert sein, sein Tor zu schießen, sondern daran, dass seine Mannschaft ein Tor schießt. Es ist immer ein Abwägen: Ich brauche das Individuum mit seinen Stärken und Bedürfnissen. Wer nicht seine Bedürfnisse verfolgt, hat keine Kraft in dem, was er tut. Und ich brauche auch verschiedene Typen in einer Mannschaft – einen Wühler und Arbeiter, einen Kreativen etc. Die Mischung macht's. Gleichzeitig müssen natürlich eine gemeinsame Spielidee, Spielphilosophie, und ein gemeinsames Ziel existieren und verfolgt werden.

- **Wo sehen Sie Parallelen zwischen der Arbeit eines Sporttrainers und einer Führungskraft in der Wirtschaft?**

Ich frag mal ganz einfach: Wo ist der Unterschied? Ich glaube eher, dass es sehr viele Parallelen zwischen Sport und Wirtschaft gibt. Das erwähne ich auch deutlich in den Veranstaltungen, die ich für die Wirtschaft mache. Letztendlich setzt sich die Gesamtleistung aus den Leistungen der Einzelnen zusammen. Das ist in der Wirtschaft wie im Mannschaftssport, ja sogar im Individualsport so. Am Beispiel der Olympia-Siegerin Britta Heidemann wird das deutlich: Natürlich spielen ihre persönlichen Fähigkeiten eine große Rolle, doch als ich gesehen habe, wer alles auf der Goldmedaillenfeier war, wurde deutlich, wie wichtig das System um Britta Heidemann ist. Dazu gehören neben der Familie Trainer, Sportpsychologen, Physiotherapeuten und viele mehr. Es ist das Zusammenwirken vieler Kräfte.

Auch für eine Führungskraft in der Wirtschaft ist das die Kunst. Wie bringe ich die verschiedenen Kräfte so zusammen, dass sie gemeinsam in die richtige Richtung wirken?

- **Welche Tipps möchten Sie Führungskräften mit auf den Weg geben, um Mitarbeiter zu Höchstleistungen zu bringen?**

Meine Tipps sind vielleicht wenig originell, aber trotzdem gültig: Die Individualität von Menschen muss berücksichtigt werden. Das fängt bei mir selbst an. Mein erster Tipp: Setzen Sie sich als Führungskraft mit sich selbst auseinander. Ich muss immer wieder reflektieren, wer ich bin und was meine Bedürfnisse sind. Nur wenn ich mit mir selbst in Kontakt bin, gewinne ich an Glaubwürdigkeit und Authentizität. Mein zweiter Tipp: Berücksichtigen Sie, dass andere in ihrer Grundstruktur anders sind als Sie selbst. Sie verhalten sich auch anders. Seien Sie tolerant und entwickeln Sie Fähigkeiten, die Ihnen helfen, mit dieser Individualität umzugehen.

Über die Autoren

Das Institut für Lebensmotive – unser Selbstverständnis

Das Institut hat es sich zur Aufgabe gemacht, Menschen, Teams und Organisationen dabei zu unterstützen, ihre inneren Motive und Energielieferanten und somit ihre »Antreiber« über verschiedene Methodiken und Instrumente besser kennenzulernen, diese zu reflektieren und in allen Lebensbereichen zu nutzen.

»Wir sehen die Welt nicht so, wie sie ist,
sondern so, wie wir sind.«

Unsere Überzeugung ist es, dass Sichtweisen und Lebensmotive unser Verhalten bestimmen und somit großen Einfluss auf die Ergebnisse nehmen.

Während in den vergangenen Jahrzehnten die fortschrittlichste Technik der entscheidende Erfolgsfaktor in der Wirtschaft war, ist es zum heutigen Zeitpunkt der Mensch und sein Wissen, was ins zentrale Blickfeld von Unternehmen rücken muss. Die Leistungen jedes Einzelnen und einer Organisation sind in der heutigen Wissensgesellschaft langfristig nur dann zu halten, wenn die individuellen Antriebsfaktoren und Motive Bestätigung erlangen.

Das setzt voraus, dass jeder Mensch zuerst verstehen muss, was ihn blühen und was ihn welken lässt, und dass er darüber hinaus lernt wertzuschätzen, dass andere Menschen andere Motive und somit Sichtweisen haben. Erst dann ist es nach unserem Verständnis möglich, Individuen, Teams und Organisationen nachhaltig zu verändern und für die Herausforderungen der Zukunft zu wappnen.

Das Institut für Lebensmotive bietet Ihnen verschiedene Leistungen rund um die Themen Persönlichkeitsentwicklung, Motivation, Work-Life-Balance und Führung: von Einzelcoachings über Trainings, Beratung und Vorträgen bis hin zur Ausbildung zum Reiss Profile Master.

Im Oktober 2008 erschien das erste Buch der Autoren: *30 Minuten für mehr Work-Life-Balance mit den 16 Lebensmotiven*, GABAL Verlag 2008.

Frauke Ion widmet sich der Weiterbildung von Erwachsenen, insbesondere im beruflichen Kontext, schon seit 1988. Sie blickt auf eine langjährige Führungserfahrung in weltweit agierenden Konzernen zurück und hat im In- und Ausland verschiedene Ausbildungen dafür absolviert. Sie ist neben der Reiss Profile Master Qualifizierung unter anderem zertifiziert für die Typologielehre nach Insights Discovery und DISG und lehrt die Programme von FranklinCovey. Als ausgebildeter Business-Coach machte sie sich 2005 mit *ion international* selbstständig und gründete 2006 gemeinsam mit Markus Brand das *Institut für Lebensmotive*.

Frauke Ion arbeitet bevorzugt zweisprachig in Deutsch und Englisch, entwickelt maßgeschneiderte Personalentwicklungskonzepte und begleitet Unternehmen als Consultant bei Personal- und Weiterbildungsmaßnahmen.

Kontakt: *ion@institut-fuer-lebensmotive.de*

Mit **Markus Brand** wird Personalentwicklung zu Persönlichkeitsentwicklung. In seinen Managementtrainings, Coachings und Vorträgen widmet sich der Diplom-Psychologe insbesondere den individuellen Komponenten von Motivation und Verhalten. Mit diesem Schwerpunkt machte er sich bereits als Buchautor, mit Zeitungs- und Buchbeiträgen sowie als TV-Coach einen Namen.

Vor seiner Trainer- und Coachkarriere arbeitete er als Führungs-kraft in einem Unternehmen für Personalmarketing.

Seit 2003 beschäftigt er sich kontinuierlich mit dem Reiss Profile. Als einer der weltweit erfahrensten Anwender bildet er als Cer-tified Reiss Profile Instructor auch Trainer, Coaches, Personalent-wickler und Recruiter in Deutschland und auf Mallorca zum Reiss Profile Master aus. Weitere Qualifikationen hat er als Insights-Discovery- und Wingwave-Trainer sowie durch Ausbildungen in systemischer Transaktionsanalyse und lösungsfokussierter Kom-munikation.

Kontakt: *brand@institut-fuer-lebensmotive.de*

Literaturverzeichnis

Bass, Bernard M.; Riggio, Ronald E.: Transformational Leadership. Mahwah: Erlbaum Assoc Inc, 2. Aufl. 2006

Collins, Jim: Good to Great: Why Some Companies Make the Leap ... and Others Don't. New York: Harpercollins 2001

Comelli, Gerhard; von Rosenstiel, Lutz: Führung durch Motivation: Mitarbeiter für Unternehmensziele gewinnen. München: Vahlen Verlag, 4. erw. und überarb. Aufl. 2009

Covey, Stephen R.: Die 7 Wege zur Effektivität: Prinzipien für persönlichen und beruflichen Erfolg. Offenbach: GABAL 2005

Covey, Stephen R.: Der 8. Weg: Von der Effektivität zur wahren Größe. Offenbach: GABAL 2006

Csikszentmihalyi, Mihaly; Charpentier, Annette: Flow: Das Geheimnis des Glücks. Stuttgart: Klett-Cotta 2008

Dumdum, U.; Lowe, K.; Avolio, B.: A meta-analysis of transformational and transactional leadership correlates of effectiveness and satisfaction: an update and extension. In: Avolio, B.; Yammarino, F. (eds.): Transformational and Charismatic Leadership: The Road Ahead. New York: JAI Press 2002

Groth, Alexander: Führungsstark in alle Richtungen. 360-Grad-Leadership für das mittlere Management. Frankfurt/M.: Campus Verlag 2008

Hare, Richard Mervyn: Moralisches Denken. Frankfurt/M.: Suhrkamp 1992

Heckhausen, Heinz: Motivation und Handeln. Lehrbuch der Motivationspsychologie. Berlin: Springer 1980

Heckhausen, Heinz: Jenseits des Rubikon. Der Wille in den Humanwissenschaften. Berlin: Springer, 1987

Hersey, Paul; Blanchard, Kenneth H.; Johnson, Dewey E.: Management of Organizational Behavior: Leading Human Resources. 1969 (8th Edition 2000)

Herzberg, Frederick: One More Time: How Do You Motivate Employees? (Harvard Business Review Classics). Mcgraw-Hill Professional 2008

Herzberg, Frederick: Herzberg on Motivation. New York: Penton Media Inc 1991

Hüter, Gerald: Wie hirngerechte Führung funktioniert. Neurobiologie für Manager. In: managerSeminare 130 / 2009, 30f.

James, William: Psychologie und Erziehung. Saarbrücken: VDM 2006 (Reprint)

Jenkins, A.C. et al.: Repetition suppression of ventromedial prefrontal activity during judgements of self and others. Proceedings of the National Academy of Sciences, Bd. 105 / 11, 2008, 4507–4512

Kehr, Hugo M.: Volition und Motivation: Zwischen impliziten Motiven und expliziten Zielen. Das »Schnittmengenmodell von Motivation und Wille« eröffnet neue Perspektiven für die Führungspraxis. In: Personalführung 4 / 2001, 20–28

Krumbach-Mollenhauer, Peter; Lehment, Thomas: Führen mit Psychologie. Die Managementpraxis fest im Griff. Weinheim: WILEY-VCH 2007

Lorenz, Michael; Rohrschneider, Uta: Praktische Psychologie für den Umgang mit Mitarbeitern: Die vier Mitarbeitertypen führen. Frankfurt: Campus Verlag 2008

Maslow, Abraham H.: Motivation und Persönlichkeit. Reinbek: Rowohlt 1981

McDougall, William: Charakter und Lebensführung. München: Lehnen, 2. Aufl. 1951

McDougall, William: Psychoanalyse und Sozialpsychologie. Marburg: Francke 1947

Murray, Henry A.; Shneidman, Edwin S: Endeavors in Psychology: Selections from the Personology of Henry A. Murray. New York: Harpercollins 1981

Reiss, Steven: Das Reiss-Profile. Offenbach: GABAL 2009

Reiss, Steven: Who am I? The 16 Basic Desires That Motivate Our Behavior and Define Our Personalities. New York: The Berkley Publishing Group 2000

Reiss, Steven: The normal Personality: A New Way of Thinking About People. Cambridge: Cambridge University 2008

Rosenthal, Robert 1968. Self-fulfilling prophecy. In: Psychology Today, 2, September, 46–51

Rosenthal, Robert 1968. Self-fulfilling prophecies in behavioral research and everyday life. In M.P. Douglass (Ed.), Claremont Reading Conference, 32nd Yearbook, Claremont University Center, Claremont, California, pp. 15–33

Roth, Gerhard: Persönlichkeit, Entscheidung und Verhalten. Warum es so schwierig ist, sich und andere zu ändern. Stuttgart: Klett-Cotta Verlag 2008

Schulz von Thun, Friedemann: Miteinander reden 1: Störungen und Klärungen. Allgemeine Psychologie der Kommunikation. Reinbek: Rowohlt Verlag 1981

Schulz von Thun, Friedemann: Miteinander reden 2: Stile, Werte und Persönlichkeitsentwicklung. Differentielle Psychologie der Kommunikation. Reinbek: Rowohlt Verlag 1989

Register

Anerkennung 14, 24f., 36, 39, 46, 49, 54f., 66, 75, 77ff., 82, 85ff., 90f., 101f., 113f., 117, 119, 121, 123, 128, 132, 151ff., 186, 208f.

Bedürfnispyramide 23ff.
Bedürfnisse 9, 24ff., 30, 39, 42, 60, 75, 85ff., 89, 95f., 108ff., 113f., 125, 128, 130f., 161, 180, 184, 207, 225, 229, 234f., 243f.
– Defizitbedürfnisse 24f.
– Ich-Bedürfnisse 24f.
– soziale 24f.
– Wachstumsbedürfnisse 24
Beziehungen 46, 49, 59f., 70, 77, 79, 82, 91, 104, 112f., 117, 119, 121, 123, 173ff., 219
– familiäre 118
– soziale 9
– zwischenmenschliche 52, 55
Business-Version 45, 57, 63, 192

Charisma 34f., 233

Deadwoods 37ff.
Delegieren 35, 86, 97, 129, 138, 149

Effektivität 138, 168, 180, 215
Effizienz 126, 154, 163, 168, 180
Ehre 45f., 49, 51, 57f., 63, 77, 79, 82, 87f., 92, 103, 117, 119ff., 165ff.
Emotionale Ruhe 46, 49, 65, 70, 77, 79, 82, 89ff., 107, 112f., 117, 119ff., 203ff.
Empirisch 28, 41
Entwicklungsquadrat 132
Eros 46, 49, 63, 77, 79, 82, 92, 105, 114, 117, 119, 121, 123, 192ff., 199
Essen 24f., 43, 46, 49, 64, 71, 77, 79, 82, 84, 106, 108, 112f., 117, 119, 121, 123, 180, 195ff.

Fachkompetenz 31f., 87
Familie 33, 40, 46, 49, 60f.,

Gutschein

Lieber Leser,

vielen Dank für Ihr Interesse an diesem Buch. Mit diesem Gutschein erhalten Sie eine Ermäßigung über 68 Euro zur Erstellung Ihrer Lebensmotivanalyse nach Steven Reiss (Reiss Profile).

Ihr Reiss Profile inkl. eines ausführlichen Rückmeldegesprächs für 222 Euro anstelle von 290 Euro.

Senden Sie uns diese Seite ausgefüllt mit Name, Anschrift, E-Mail-Adresse bitte per Post oder per Fax an diese Adresse:

INSTITUT FÜR LEBENSMOTIVE

Institut für Lebensmotive
Stadtwaldgürtel 77
50935 Köln
Tel.: 0221 – 13 98 5 95
Fax.: 0221 – 13 98 5 96

Name: _____

Anschrift: _____

_____

E-Mail: _____

Für Fragen und / oder weitere Informationen wenden Sie sich bitte an *info@institut-fuer-lebensmotive.de*

Frauke Ion: Veränderungen passieren nicht über Nacht oder in wenigen Tagen, es erfordert immer einen begleitenden Prozess.

Markus Brand: Mit ihm wird Personalentwicklung zu Persönlichkeitsentwicklung.

Institut für Lebensmotive

www.institut-fuer-lebensmotive.de

Die Institutsleiter Frauke Ion und Markus Brand unterstützen seit vielen Jahren Menschen, Teams und Organisationen dabei, ihre inneren Antreiber, Motive und Energielieferanten über verschiedene Methoden und Instrumente besser kennen zu lernen, diese zu reflektieren und in allen Lebensbereichen zu nutzen.

Neben der wissenschaftlichen Auswertung des Reiss Profiles (nach Prof. Steven Reiss) werden maßgeschneiderte Trainings, Seminare und Vorträge zu dem Thema sowie eine praxisorientiere Ausbildung zum Reiss Profile Master angeboten.

Unsere Schwerpunkte:

- ▶ Personalentwicklung
- ▶ Führungskräftetrainings
- ▶ Coaching
- ▶ Teamentwicklung
- ▶ Personalauswahl
- ▶ Vorträge
- ▶ Reiss Profile Masterausbildung